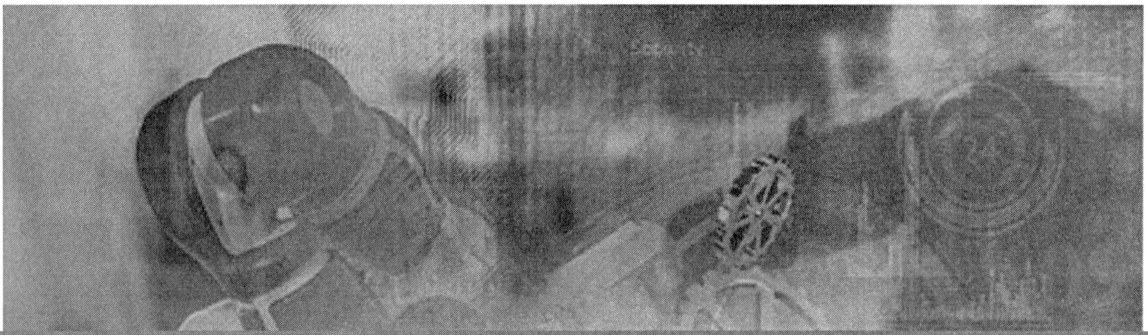

CAD와 함께하는

기계제도

이상우 서

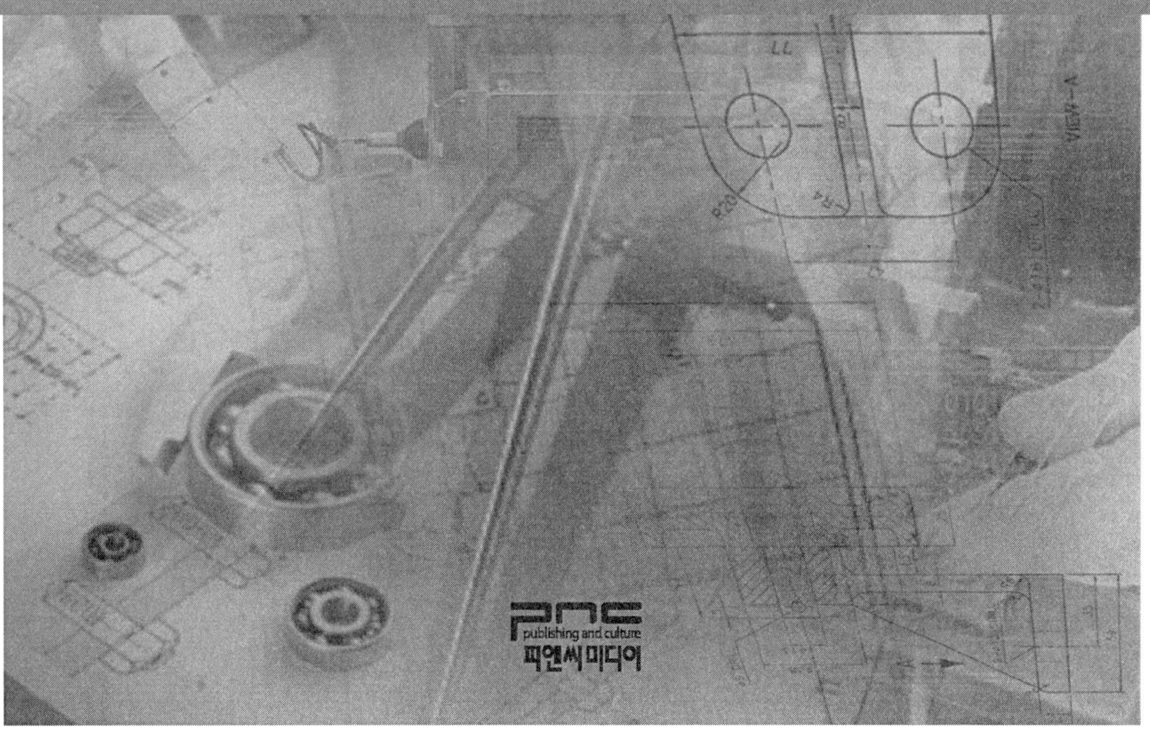

pnc publishing and culture
피앤씨미디어

머 리 말

현대의 다양한 자동화 장치 기계 구조물 등을 제작하려고 하면 먼저 면밀하고도 정교한 제작 계획을 세워야 하는데 이 계획을 실제로 종합하는 기술을 설계(design)라고 한다.

설계된 기계가 원래의 의도대로 제작(produce)되려면, 설계자의 의도가 제작자에게 정확히 전달(communication) 되어야 한다. 기계장치나 구조물 등에 대해 정해진 규약과 규칙에 따라 선, 문자, 기호 등 용지 위에 도면으로 표시되고 치수는 숫자로, 재료나 다듬질 정밀도 및 공차 등은 기호나 문자로 도면에 부기된다.

이처럼 2차원의 지면에 3차원의 장치 부품들을 도형 및 기호로 표시한 그림을 도면이라 하고 도면을 작성하는 과정을 제도(drawing)라 한다.

즉, 제도란 "정해진 규칙과 규약에 따라 도형으로 표현된 의사전달 매체"라고 정의할 수 있으며, 물체의 형상, 크기, 재료, 가공법, 구조 등을 선과 문자와 기호로 KS규약에 따라 정확하고 명료하며 간결하게 표현한 것으로 기본적으로는 국제표준(ISO)에 준하여 규정되었다.

자동화장치 및 기계장치의 제작에 있어서 가장 기본이 되는 작업이 도면을 그리는 것이며, 제도와 설계기술이 규격화 되어있고 발전된 나라일수록 선진국의 위치에 있게 되고, 설계자나 제도자 개개인의 의견에 따라 도면이 작성되고 작업자에게 전달된다면 규격화의 의미가 없어지게 된다.

현대의 제도는 대부분 CAD(Computer Aided Design) 소프트웨어(AutoCAD, CATIA, Solidworks, Pro-Engineer, Uni-Graphics)를 이용하고 있다. 따라서 도면의 작성, 수정 및 저장. 보관이 매우 용이해졌을 뿐만 아니라, 설계 데이터(data)를 바로 CAD와 연계하여 활용함으로 도면제작이 매우 편리해졌다. 또한 CAD 소프트웨어의 스케일(scale) 기능을 활용함으로 축척과 배척을 자유롭게 적용하여 출력할 수 있도록 되어있다.

물론 간단한 도면은 수작업(手作業)을 통한 제도를 할 수도 있으나, 수작업에 사용되는 제도용품의 기능 대부분이 CAD의 명령어에 포함되게 되었다. 부드러운 곡선을 잇는 운형자는 스플라인(spline) 또는 폴리라인(P-line)으로, 등분에 활용되던 디바이더(divider)는 분할(divide). 측정(measure) 또는 사각형 배열(rectangle array)로 대체 되는 등 CAD 없이는 도면도 없고, CAD 없이는 제도 또한 없게 되었다.

본 교재는 기계제도 이론을 바탕으로 컴퓨터를 활용한 CAD시스템을 통해 이론과 실습이 연동될 수 있도록 교재를 구성하였으며, 도면 작성에 중요시 되고 있는 투상법, 치수기입, 기하공차 및 기계요소의 제도에 중점을 두어 기술 하였고, 매 단원 끝에는 단원의 내용과 연관된 연습 도면을 제시하였다.

기계시스템 관련 학과는 물론 메카트로닉스(mechatronics) 학과와 로봇자동화(robot automation) 학과 등 자동화 관련 학과의 이론 강의 및 실습용 교재를 목표로 하였으며, 예제와 KS 기계제도 규격을 수록하였다.

끝으로, 집필하면서 참고했던 많은 문헌의 저자님들께도 감사의 마음을 전해드리며, 원고가 교재로 출판될 수 있도록 노고를 아끼지 않고 지원해주신 출판사 관계자 여러분께도 깊은 감사를 드립니다.

저자 이상우

차 례

제1장 제도의 기본

제2장 투 상 법

제3장 특수 투상법

제4장 단 면 도

제5장 치수 기입법

제6장 치수공차와 끼워맞춤

제7장 기하 공차

제8장 표면거칠기와 재료기호

제9장 나사의 제도

제10장 기타 요소의 제도

제11장 베어링의 제도

제12장 전동 요소의 제도

제1장 제도의 기본

1.1 제도 통칙

1) 제도의 의의

도면 작도법을 기본으로 한 설계기술과 제도 규격이 발전한 나라가 기술적인 면에서 선진국의 위치에 있다. 자동화장치 및 기계장치의 제작에 있어 설계자(designer)와 제작자의 사이에서 "의사전달"이라는 중요한 수단으로 사용되는 것이 "도면"이다. 따라서 제작을 위한 원활한 의사소통을 위해서는 국가적으로 통용되는 도면의 규칙에 대해 이해해야 한다. 제1장에서는 도면의 크기와 양식, 척도, 도면의 분류, 선과 문자 등을 다루게 된다.

(1) 설계와 제도

현대의 다양한 기계나 구조물 등을 제작하려고 하면 먼저 면밀하고도 정교한 제작 계획을 세워야 하는데 이 계획을 종합하는 기술을 설계(design)라고 한다.

설계된 기계가 원래의 의도대로 제작(produce)되려면, 설계자의 의도가 제작자에게 정확히 전달(communication) 되어야 한다. 기계장치나 구조물 등에 대해 정해진 규약과 규칙에 따라 선, 문자, 기호 등 용지 위에 도면으로 표시되고 치수는 숫자로, 재료나 다듬질 정밀도 및 공차 등은 기호나 문자로 도면에 부기된다.

이처럼 2차원의 지면에 3차원의 장치 부품들을 도형 및 기호로 표시한 그림을 도면이라 하고 도면을 작성하는 과정을 제도(drawing)라 한다.

(2) 제도(drawing)

제도란 "정해진 규칙과 규약에 따라 도형으로 표현된 의사전달 매체"라고 정의할 수 있으며, 물체의 형상, 크기, 재료, 가공법, 구조 등을 선과 문자와 기호로 KS규약에 따라 정확하고 명료하며 간결하게 표현한 것으로 기본적으로는 국제표준(ISO)에 준하여 규정되었다.

현대의 제도는 대부분 CAD(Computer Aided Design) 소프트웨어(AutoCAD, CATIA, Solidworks, Pro-Engineer, Uni-Graphics)를 이용하고 있다. 따라서 도면의 작성, 수정 및 저장. 보관이 매우 용이해졌을 뿐만 아니라, 설계 데이터(data)를 바로 CAD와 연계하여 활용함으로 도면 작성이 매우 편리해졌다. 또한 CAD 소프트웨어의 스케일(scale) 기능을 활용함으로 축척과 배척을 자유롭게 적용하여 출력할 수 있도록 되었다. 물론 간단한 도면은 수작업(手作業)을 통한 제도를 할 수도 있으나, CAD시스템에 자리를 내주게 되어 CAD 없이는 도면도 없고, 제도 또한 있을 수 없는 것이 현실이다.

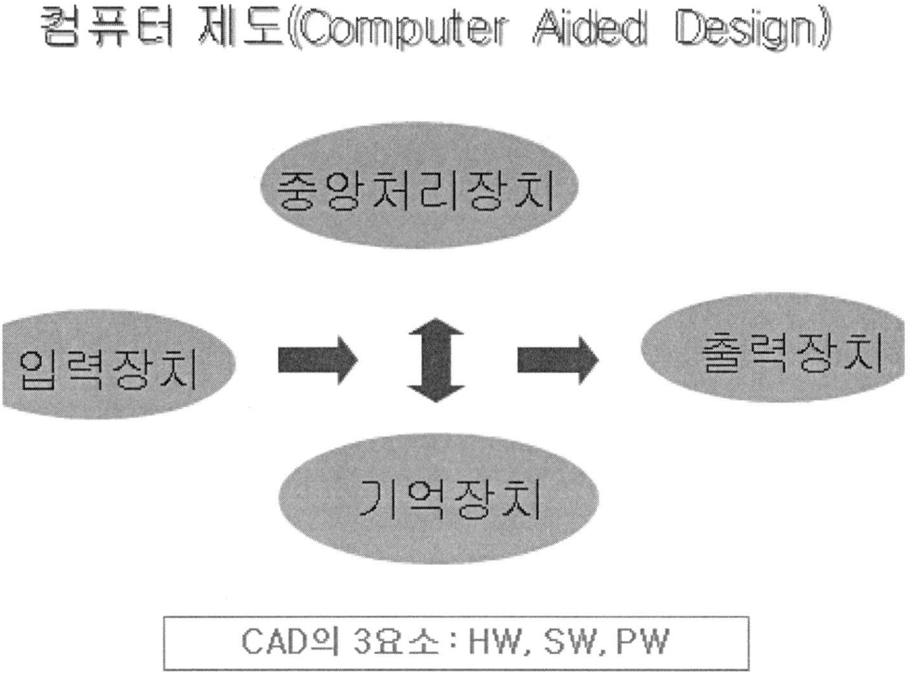

그림 1.1 CAD System

(3) 도면

도면의 가장 핵심적인 역할과 기능을 살펴보면 다음과 같다.

① 설계자와 제작자 사이의 정보전달(communication) : 도면은 제품이나 제작품에 대해 사용자 또는 제작자에게 설계의도를 전달하는 역할이 가장 중요하다. 현대와 같이 급변하는 정보화 사회에서는 도면을 파일로 만들어서 이메일(e-mail) 등 인터넷을 통해 원거리에도 신속하고 정확하게 필요한 곳에 전달하게 된다.

② 설계정보의 저장 : 컴퓨터 소프트웨어를 사용하여 도면을 작성하고 저장하기 때문에 수정과 보관이 용이하며, 저장장치의 대용량화로 인해 엄청난 양의 도면 데이터도 간편하게 저장할 수 있게 되었다. 또한 제품의 수명 주기(life cycle)가 급속히 짧아지는 시대에 대응하기 위하여 저장된 정보로 데이터베이스를 구축하여 신제품 또는 신모델 개발에 용이하게 활용할 수 있게 되었다.

③ 신제품 도면화 : 신제품에 대한 아이디어가 있을 때 이를 도면화하여 구체화 시킬 수 있으며, 주변 사람들과 토의를 통해 아이디어(idea)를 발전시킬 수 있다.

④ 도면의 이용 : 제작, 판매, 사용법, 재료구매, 공정관리 등 광범위하게 이용된다.

2) 제도의 표준 규격

- 제도 통칙 : KS A 0005(1966년 제정, 1988년 12월 3일 개정)
- 기계제도 통칙 : KS B 0001(1967년 제정, 1992년 7월 20 개정)

[표 1.1] 각국의 표준 규격

국 가	규 격 기 호	제정 연도
국 제	ISO(International Standardization Organization)	1947
한 국	KS(Korean Industrial Standards)	1966
일 본	JIS(Japanese Industrial Standards)	1952
미 국	ANSI(American National Standards Institute)	1918
독 일	DIN(Deutsche Industrie Normen)	1917
영 국	BS(British Standards)	1901
스위스	SNV(Schweitzerish Normen Vereinigung)	1918
프랑스	NF(Norme Francaise)	1918

[표 1.2] KS규격의 부문별 분류 기호

기호	A	B	C	D	E	F	G	H	K	L	M	P	V	R	W
부문	기본	기계	전기	금속	광산	건설	일용품	식료품	섬유	요업	화학	의료	조선	수송기계	항공

[표 1.3] KS 기계 부문의 분류

KS 규격 번호	분 류	KS 규격 번호	분 류
B0001~0891	기계기본	B5301~5531	측정 계산용 기계기구, 물리 기계
B1000~2403	기계요소	B6001~6430	일반기계
B3001~3402	공 구	B7001~7702	산업기계
B4001~4606	공작기계	B8007~8591	철도용품

◈ ㉿R 5034-1984 자동차용경보기 9,000 단 영 공 72.2.31 84.1.5 89.5.7

KS품목 / 규격번호(부문기호) / 제정 또는 최종 개정 연도 / 명칭 / 가격 / KS단순화 품목 / KS영문화 여부 / 허가공장 유무 / 제정일 / 개정일 / 확인일

3) 도면에 포함되어야 하는 기본 요건

- 물체의 형상, 필요로 하는 크기, 모양, 자세, 위치 정보를 포함할 것.
- 표면 상태, 재료, 가공 방법 등의 정보를 포함할 것.
- 명확하고 이해하기 쉬운 방법으로 표현되어야 할 것.
- 해석에 혼선이 생기지 않도록 명확히 표현되어야 할 것.
- 기술의 각 분야 공통의 적합성, 보편성을 가질 것.
- 무역 및 기술의 국제교류 입장에서 국제성을 가질 것.
- 복사, 도면의 보존, 검색 및 이용이 쉽도록 내용과 양식이 규격화 될 것.

1.2 도면의 종류와 크기

1) 도면의 종류

(1) 도면의 용도에 따른 분류

① 계획도(scheme drawing) : 설계자의 의도 또는 계획을 나타낸 도면.

② 제작도(manufacture drawing) : 작업 또는 제작에 필요한 도면. (대부분의 도면)

③ 공정도(process drawing) : 생산 공정의 전체 흐름을 한눈에 볼 수 있도록 한 도면.

④ 검사도(inspection drawing) : 제품 또는 생산품의 검사를 위한 도면.

⑤ 설치도(install drawing) : 구조물 등의 설치를 위한 도면.

⑥ 주문도(drawing for order) : 주문서에 첨부하여 제품의 주문 내용을 나타낸 도면.

⑦ 견적도(estimation drawing) : 견적서에 첨부하여 의뢰자에게 견적을 나타낸 도면.

⑧ 설명도(explanation drawing) : 사용자에게 구조, 기능, 성능 등 설명하기 위한 도면.

⑨ 승인도(approved drawing) : 수주자가 발주자에게 검토와 승인을 얻기 위한 도면.

(2) 도면의 내용에 따른 분류

① 부품도(part drawing) : 각각의 부품에 대하여 최종 다듬질 상태에서 구비해야 할 사항을 완전히 나타내기 위하여 필요한 모든 정보를 상세하게 나타낸 도면.

② 조립도(assembly drawing) : 2개 이상의 부품, 부분 조립품을 조립한 상태에서 그 상호 관계, 조립에 필요한 치수 등을 나타낸 도면.

③ 부분 조립도(partial assembly drawing) : 장치 일부분의 조립 상태를 나타낸 도면.

④ 상세도(detail drawing) : 중요부분을 더욱더 상세하게, 보통은 확대하여 표시한 도면.

⑤ 스케치도(sketch drawing) : 설계 기초단계 또는 제도 기초단계의 프리핸드(free - handed) 도면.

⑥ 접속도(electrical schematic diagram) : 전기 기기의 내부 및 기기 상호간 접속 상태 및 기능을 나타낸 도면.

⑦ 배선도(wiring diagram) : 장치 또는 그 구성 부품의 전선의 배치를 나타내는 도면.

⑧ 배관도(piping diagram) : 구조물, 장치 등 배관품의 접속. 배치를 나타내는 계통도.

⑨ 기타 : 구조도, 기초도, 배치도, 계통도, 전개도, 구조선도, 외형도, 장치도, 곡면선도

(3) 도면의 작성방법에 따른 분류

① 원도(original drawing) : 제도 용지에 연필로 그리거나 컴퓨터로 작성하여 최초로 출력된 도면으로 사도의 원본이 된다.

② 사도(traced drawing) : 연필로 그린 원도 위에 트레이싱 페이퍼(tracing paper)를 놓고 연필 또는 먹물로 필사 방식으로 그린 도면으로 청사진의 원본이 된다.

③ 복사도(copy drawing) : 사도를 원본으로 하여 복사를 뜬 도면으로, 청사진(blue print), 백사진(positive print) 및 복사 도면 등이 해당 된다.

2) 도면의 크기와 양식(KS A 0160, 도면의 크기 및 양식)

(1) 도면의 크기와 보관(KS A 5201, 제도용지의 규격 치수)

① 도면은 A열 규격을 사용한다. (A0 ~ A4, 다만 연장이 필요한 경우 연장 규격 사용)

② 도면은 긴 쪽을 좌우방향(landscape)으로 놓고서 사용한다.
(다만 A4는 짧은 쪽을 좌우방향(portrait)으로 놓고 사용하여도 좋다.)

③ 도면의 폭과 길이의 비는 1 : $\sqrt{2}$ 이며, A_0 규격의 넓이는 $1m^2$, B_0의 넓이는 약 $1.5m^2$에 해당한다.

④ 도면을 접어서 보관할 때의 크기는 A4로 하며, 표제란이 표면으로 나오게 한다.

⑤ 원도를 말아서 보관할 때는 그 안지름이 40mm 이상 되게 한다.

⑥ 도면을 철하여 보관할 때는 좌철 하는 것을 원칙으로 한다.

(2) 도면의 양식

① 필수 사항 : 윤곽선, 중심 마크(center mark), 표제란.

② 선택 사항 : 비교눈금, 도면구역 구분선 · 구분기호, 재단마크.

[표 1.4] 도면의 크기 및 윤곽 치수(단위: mm)

A열 크기					연장 크기				
호칭 방법	치수 a×b	c(최소)	d(최소)		호칭 방법	치수 a×b	c(최소)	d(최소)	
			철하지 않을 때	철할 때				철하지 않을 때	철할 때
A0	841×1189	20	20	25	A0×2	1189×1682	20	20	25
					A1×3	841×1783			
A1	594×841				A2×3	594×1261			
					A2×4	594×1682			
A2	420×594	10	10		A3×3	420×891	10	10	
					A3×4	420×1189			
A3	297×420				A4×3	297×630			
A4	210×297				A4×4	297×841			
					A4×5	297×1051			

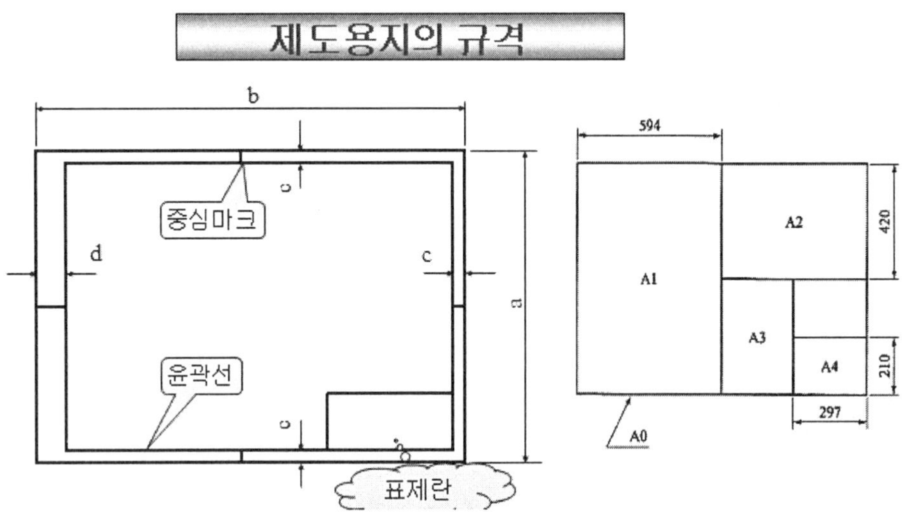

그림 1.2 도면의 크기와 표제란의 위치

(가) 윤곽선

· 굵기 0.5mm 이상의 실선으로 최소 10mm(또는 20mm) 간격을 둔다.

(나) 표제란

· 도번, 도명, 척도, 투상법, 제도자 소속, 도면 작성일, 제도자명 등을 입력한다.

· 제도용지 오른쪽 아래에 위치시킨다.

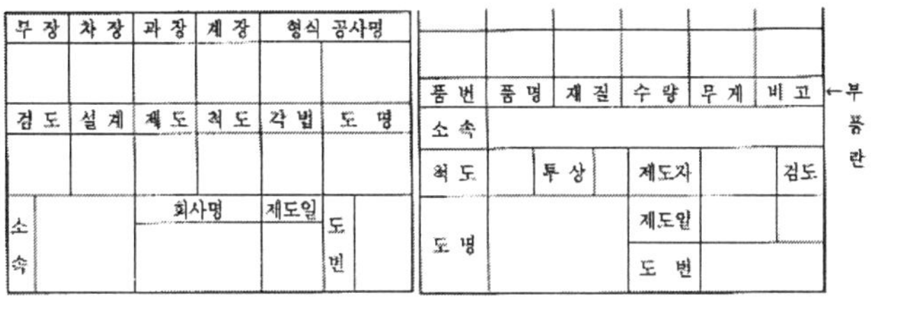

그림 1.3 표제란의 범예

(다) 중심마크

· 4변의 각 중앙에 표시하며, 그 허용차는 0.5mm로 한다.

· 굵기 0.5mm 정도의 실선으로 처리한다.

(라) 부품표

· 부품번호(품번), 부품명(품명), 재질, 수량, 비고 등.

· 일반적으로 표제란 위에 위치시키며, 부품수가 많은 조립도의 경우 별지 표기 가능함.

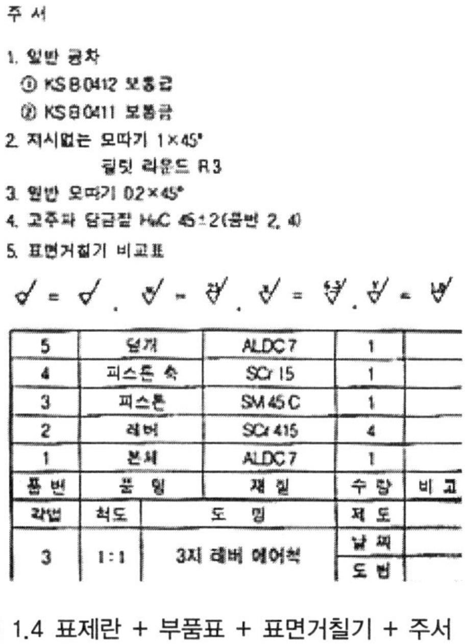

그림 1.4 표제란 + 부품표 + 표면거칠기 + 주서

(마) 비교눈금

- 길이 100mm를 눈금 간격 10mm로 10등분하여, 도면 하변 중심마크 좌우로 표시한다.
- 눈금선의 굵기는 윤곽선과 같고, 길이는 5mm이내로 한다.

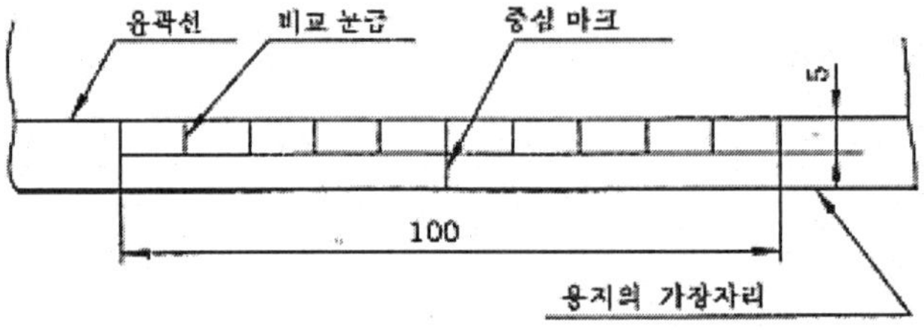

그림 1.5 중심 마크와 비교 눈금

(바) 도면 구역 구분선과 구분기호

- 도면 중 특정부분의 위치를 지시할 때 편의를 위하여 사용한다.
- 좌상 모서리에 변 : 1, 2, 3, … 의 아라비아 숫자로 표기한다.
- 세로의 변 : A, B, C, … 의 알파벳 대문자로 표기한다.
- 상하 좌우의 상대하는 변에 같은 기호로 기입한다.

(사) 재단 마크(mark)

- 도면을 절단해야 하는 경우, 용지의 영역을 쉽게 알 수 있게 표시한다.
- 자동 절단의 경우 센서(sensor)의 감지용 마크(mark)가 되도록 그림과 같이 네 군데의 모서리에 표기한다.

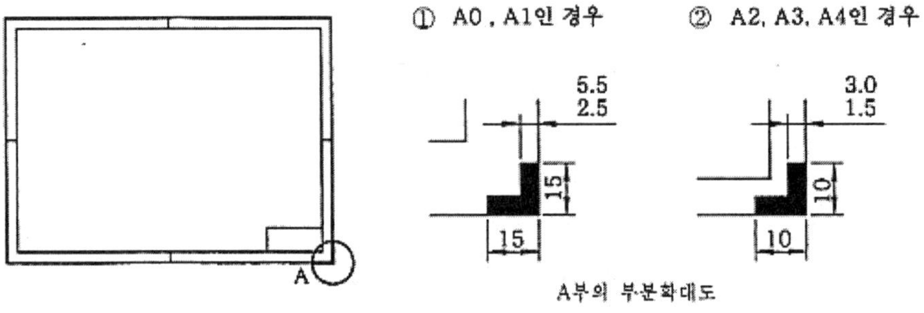

그림 1.6 도면 모서리의 재단 마크

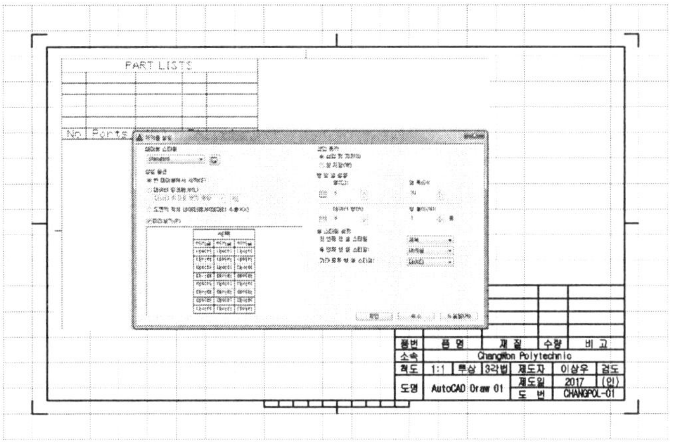

그림 1.7 CAD에서의 표제란 범예(A3 규격)

① limits : 0, 0 ~ 420, 297 ⇒ zoom - all

② grid : 20 ⇒ grid on(F7)

③ 제도용지 규격 : A3(420 × 297) / 윤곽선 규격 = 400 × 277(rectangle ⇒ explode)

④ 재단 마크 기준점(line) : 0, 0 ⇒ mirror 처리

⑤ template file로 저장하여 CAD 도면작업마다 활용

⑥ 부품표(partlist)는 테이블 기능으로 만들고, 원하는 위치에 편리하게 놓을 수 있음.(그림 = 좌 상단) (테이블의 위치 / 열 폭은 작성 후 조절점 드랙(drag)으로 자유롭게 조절 가능함)

1.3 척도(scale)

도면에 그려진 도형의 크기와 실물의 크기에 대한 비율로서 다음과 같이 세 가지의 스케일이 있다. 한정된 크기의 제도용지 내에 도형을 나타내기 위해서는 가독성 등을 고려하여 크기를 조정하여 나타내게 되며, 다음 사항을 주의해야 한다.

① 척도와는 상관없이 도형에 기입하는 치수는 실제 치수로 기입한다.

② 같은 도면에서는 동일 척도를 사용하는 것이 원칙이며, 다른 척도를 사용하는 경우에는 해당 위치에 각 도면의 척도를 표시해 주어야 한다.

(1) 척도의 종류

① 실척(현척, full scale) : 실물과 도형을 같은 크기로 제도하는 것으로, 물체와 도형에 대한 이해가 쉬워 가장 많이 사용된다.

② 축척(contraction scale or reduction scale) : 도형을 실물보다 작게 제도하는 경우이며, 주로 실물이 크거나 또는 모양이 간단할 때에 쓰인다.

③ 배척(enlarged scale) : 도형을 실물보다 크게 제도하는 경우이며, 소형이면서 형상이 복잡한 구조물 등의 제도에 사용된다.

◈ 척도를 따르지 않는 경우

- NS(None Scale or Not to Scale) : 비례척이 아님.
- 치수에 under line : 비례 치수가 아님. (해당 치수만 비례 치수가 아님)

(2) 척도의 표시방법

① "A : B"로 표시

② A : 그려진 도형의 길이

③ B : 대상물의 실제 길이

④ 현척 (1 : 1), 축척 (1 : X), 배척 (X : 1)

(3) 척도의 기입방법

① 도형의 전체적인 척도는 도면의 표제란에 기입한다. (두 개의 척도를 사용한 경우에는 괄호로 표시한다.)

② 부품마다 척도를 다르게 제도한 경우, 부품표에 척도를 표기할 수도 있다.

③ 동일한 도면에 서로 다른 척도를 쓸 때에는 해당 도면 위치에 적용된 척도를 반드시 표시해야 한다. (부품마다 척도가 다를 경우 ; 부품번호 옆에 기입한다.)

④ 척도를 따르지 않는 경우에는 "비례척이 아님" 또는 "NS(None Scale)"로 표시한다.

⑤ 착오의 우려가 없을 때에는 NS 표기를 생략할 수 있다.

⑥ 전체 도면 중에서 일부 치수만 척도를 따르지 않는 경우에는 치수 숫자에 그림처럼 언더 라인(under line)으로 표기한다.

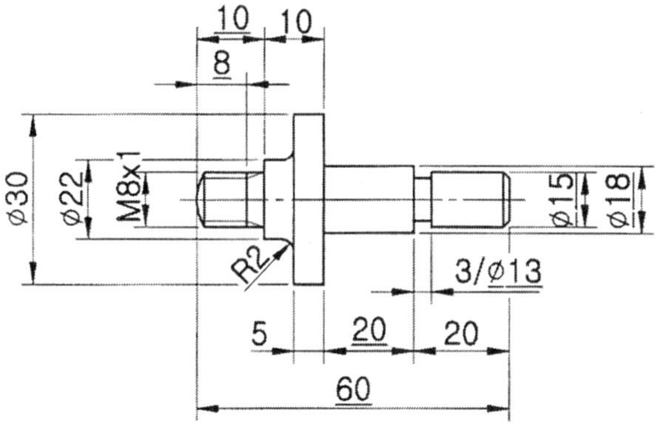

그림 1.8 도면의 일부가 비례치수가 아닌 경우

(4) 척도의 표준

KS에서의 표준 척도는 표와 같다.

[표 1.5] KS 표준 척도

척 도	란	척도 값
축 척	1	1:2 1:5 1:10 1:20 1:50 1:100 1:200
	2	1: $\sqrt{2}$ 1:2.5 1:2 $\sqrt{2}$ 1:3 1:4 1:5 1:5 $\sqrt{2}$ 1:25 1:250
현 척	-	1:1
배 척	1	2:1 5:1 10:1 20:1 50:1
	2	$\sqrt{2}$:1 2.5 $\sqrt{2}$:1 100:1

◈ **비고 :** 1란의 척도를 우선으로 한다.

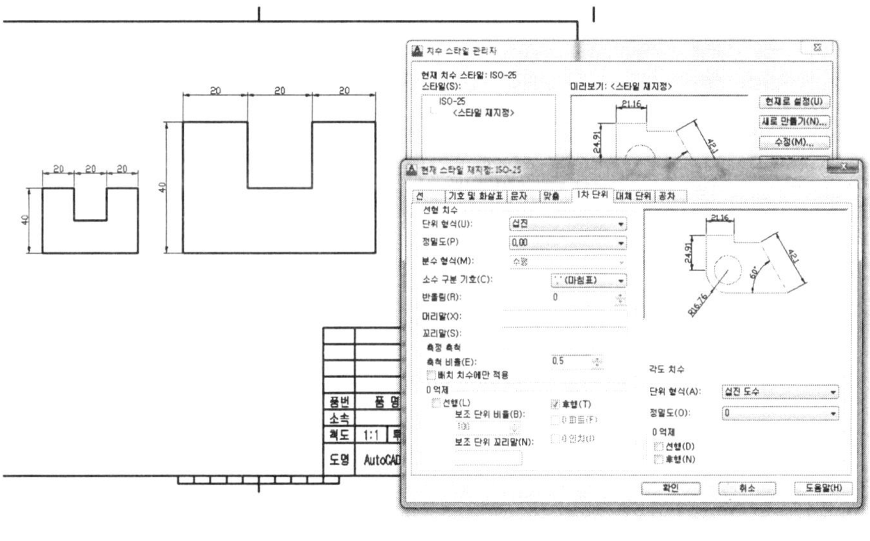

그림 1.9 CAD에서의 scale 처리

① 원시 도면을 복사 후 scale 적용 : 2배

② 치수 스타일 관리자 - 수정 - 1차단위 - 측정 축척 - 축척 비율 - 0.5 적용

③ dim - update - 확대된 도면 선택(확대된 도형에 치수기입을 새로이 하는 방법도 있음)

④ 배치(layout) 치수에만 적용할 수도 있음.

⑤ 축척의 경우에는 "축척 비율"을 배수로 적용함.

1.4 선과 문자(line & text)

1) 선의 종류와 용도

(1) 모양에 따라 분류한 선

① 실선(continuous) : 도면의 외형선 등 가장 많이 사용되는 연속선.

- 굵은 실선 : 외형 부분의 모양을 표시하는 실선(0.4 ~ 0.8mm)
- 가는 실선 : 치수선, 치수보조선, 지시선, 해칭선 등(0.3mm 이하)

② 파선(hidden) : 숨은선에 사용되는 규칙적으로 파단 된 선.

- 외형선의 약 1/2 굵기로 한다.
- 적어도 치수선보다는 굵게 표기 한다.

③ 일점쇄선(center) : 주로 중심선에 사용된다.

④ 이점쇄선(phantom) : 주로 가상선에 사용된다.

(2) 굵기에 따라 분류한 선

① 가는 선 : 굵기 범위 0.18 ~ 0.5mm(보통 0.35mm 이내)

② 굵은 선 : 굵기 범위 0.35 ~ 1mm (가는 선의 약 2배)

③ 아주 굵은 선 : 굵기 범위 0.7 ~ 2mm (굵은 선의 약 2배)

◈ 가는 선의 굵기를 1로 하였을 때, 선의 굵기 비율은 “1 : 2 : 4”가 된다.

◈ 선의 굵기 표준 종류 : 0.18, 0.25, 0.5, 0.7, 1mm의 6종이 있다.

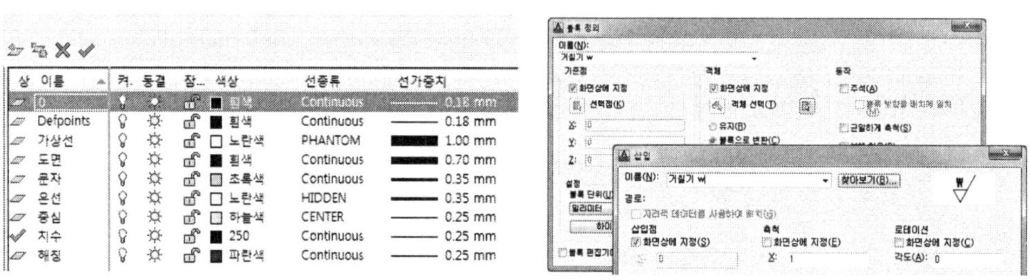

그림 1.10 CAD에서 선 종류 설정

① 도면층(layer) 특성 관리자에서 레이어 관리를 통하여 설정.

② 색상 - 선 종류 - 굵기(선 가중치) 등 설정 및 관리.

③ 일반 도면에서 적어도 5개 이상의 레이어 운용이 필요함. (템플릿을 활용하면서 CAD 고수로 가는 길 : 레이어, 문자 스타일, 치수 스타일, 점 스타일, 블록 정의 & 블록 삽입 정복해야...)

④ 표제란과 함께 템플릿 파일(template file)을 만들어 두면, CAD를 사용할 때마다 편리하게 이용됨.

⑤ 도면 요소별 on/off, 잠금, 색상 관리, 프린터 제외 등 융통성 있게 활용할 수 있음.

(3) 용도에 따라 분류한 선의 종류

[표 1.6] 용도에 따른 선의 종류

선의 명칭	선의 종류		선의 용도	참조 번호
외형선	굵은 실선	━━━━	대상물의 보이는 부분의 형상을 표시	1.1
치수선	가는 실선	────	치수를 기입하기 위하여 사용	2.1
치수보조선			치수 기입을 위하여 도형으로부터 이어지는 선	2.2
지시선			기술, 기호 등을 표시하기 위하여 인출해 내는 선	2.3
회전단면선			도형 내에 그 지분의 끊은 곳을 90° 회전하여 표시	2.4
중심선			도형의 중심선을 표시	2.5
수준면선			수면, 유면 등의 위치를 표시	2.6
은선	가는 파선 또는 굵은 파선	— — —	대상물의 보이지 않는 부분의 형상을 표시	3.1
중심선	가는 1점 쇄선	— - ——	도형의 중심을 표시 중심이 이동되는, 중심 이동 궤적을 표시	4.1 4.2
기준선			위치 결정의 근거가 되는 것을 명시할 때 사용	4.3
피치선			반복되는 도형의 피치(pitch)점을 표시	4.4
특수지정선	굵은 1점 쇄선	━·━━·━━	특수한 가공을 하는 부분 등 특별한 요구사항을 적용할 범위를 표시	5.1
가상선	가는 2점 쇄선	——·· ——	인접 부분을 참고로 표시	6.1
			공구, 지그 등의 위치를 참고로 나타내는 데 사용	6.2
			가동 부분에 대해 이동 중 특정한 위치 또는 이동 한계에 대한 위치를 표시	6.3
			가공 전 또는 가공 후의 형상을 표시	6.4
			반복 위치되는 곳(피치 점)을 표시	6.5
			도시된 단면의 앞쪽 가려진 부분을 표시	6.6
무게중심선			단면의 무게 중심을 연결한 선을 표시	6.7
파단선	불규칙한 파형의 가는 실선 또는 지그재그선	～～～～ —⋀——⋀—	대상물의 일부를 파단 하는 경계 또는 일부를 떼어 낸 경계를 표시(spline or sketch)	7.1
절단선	가는 1점 쇄선으로 끝 부분 및 방향이 변하는 부분을 굵게 한 것	━·——·━	단면도를 그리는 경우, 그 절단 위치를 표시	8.1
해칭선 (hatching)	가는 실선으로 규칙적이며 등간격으로 긋는다.		도형의 한정된 특정 부분을 다른 부분과 구별하는 데 사용(보기, 단면도의 절단된 면을 표시)	9.1

◈ 특수 용도의 선

선의 명칭	선의 종류		선의 용도	참조 번호
특수 용도의 선	가는 실선	————	외형선 및 은선의 연장됨을 표시	10.1
			평면이란 것을 나타내는 데 사용(대각선 표시)	10.2
			위치를 명시하는 데 사용	10.3
	아주 굵은 실선	━━━━	박판처럼 얇은 부분의 단면 도시를 표시	11.1

例 1 :

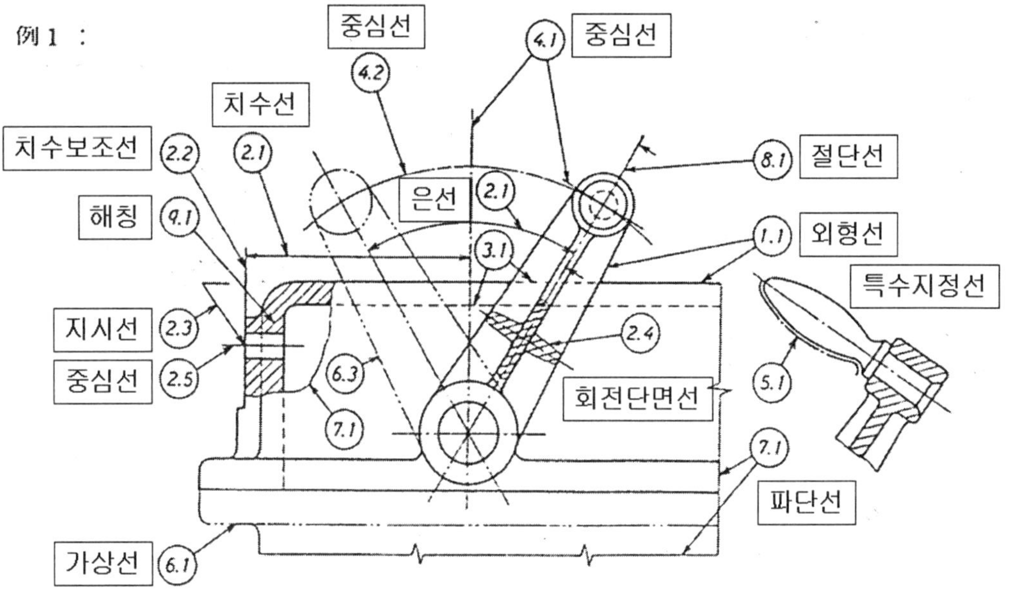

그림 1.11 선의 용도와 사용 예(1)

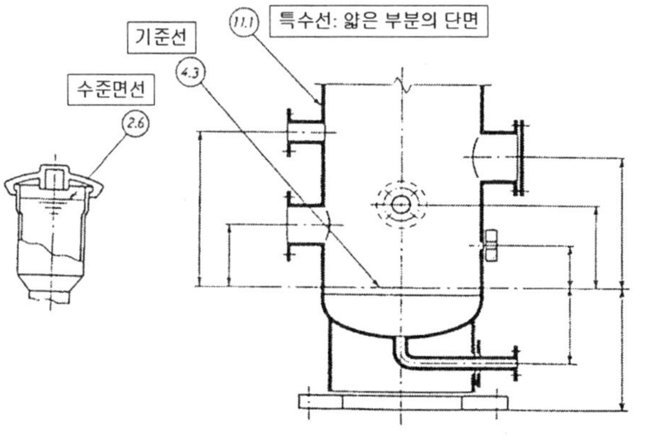

그림 1.12 선의 용도와 사용 예(2)

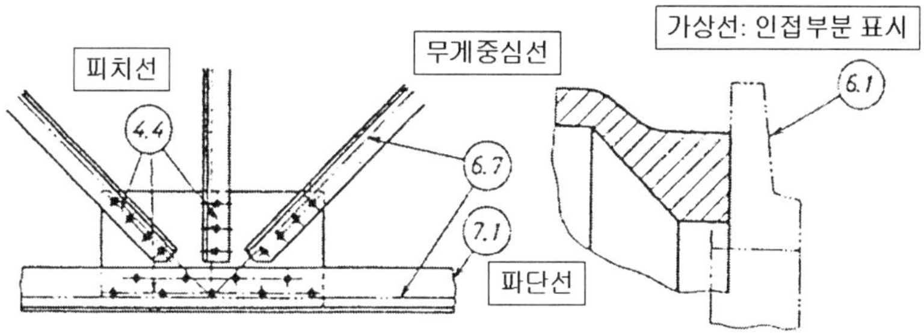

그림 1.13 선의 용도와 사용 예(3)

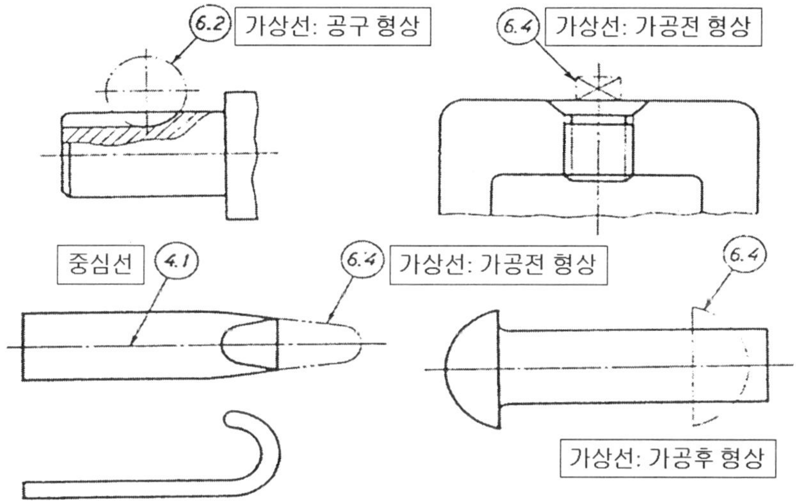

그림 1.14 선의 용도와 사용 예(4)

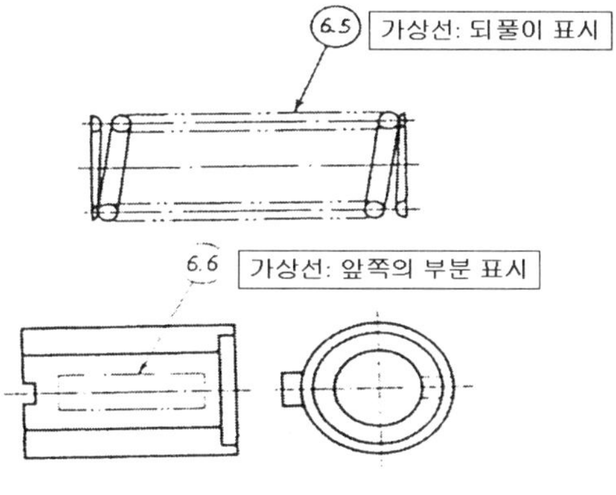

그림 1.15 선의 용도와 사용 예(5)

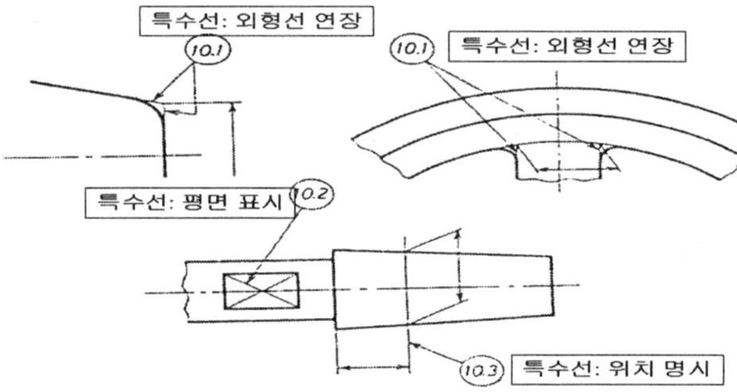

그림 1.16 선의 용도와 사용 예(6)

(4) 선의 우선순위

동일 도면의 동일 위치에 2종류 이상의 선이 겹치게 되는 경우 다음의 우선순위에 따라 선을 표시한다. CAD시스템을 활용하여 제도하는 경우에도 우선순위에 맞게 레이어(layer) 또는 속성(properties) 변경 기법을 활용하여 우선순위에 맞게 선의 종류를 변경해 주어야 한다.

① 외형선(굵은 실선)
② 숨은선(중간 파선)
③ 절단선(가는 실선)
④ 중심선(가는 1점쇄선)
⑤ 무게 중심선(가는 2점 쇄선)
⑥ 치수선 또는 치수 보조선(가는 실선)
⑦ 해칭선(가는 실선)

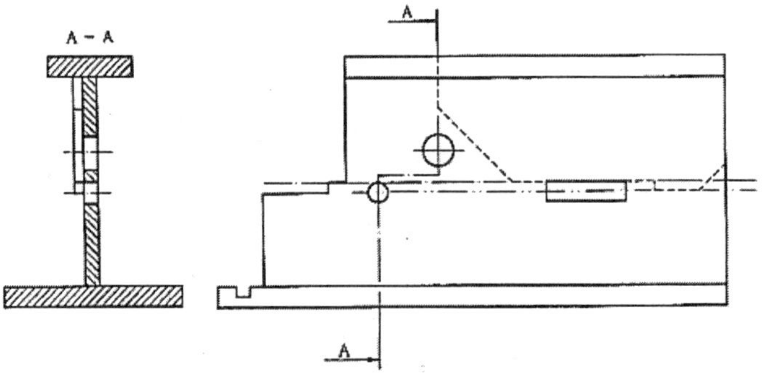

그림 1.17 선의 우선순위 범예

(5) 제작 도면으로 사용할 완성된 도면이 되기 위한 우선순위

치수, 치수공차, 끼워맞춤 공차 기호, 기하 공차 기호 및 표면 거칠기 기호 등을 기입하여 제작 도면을 완성하려면 그림과 같이 선보다 문자·숫자·기호를 우선하여 나타낸다.

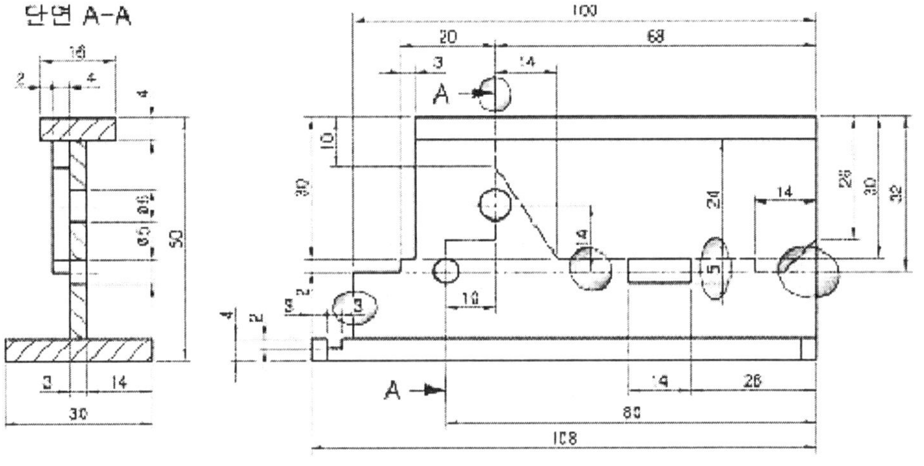

그림 1.18 선과 문자 및 기호의 우선순위

(6) 선 긋기에서 유의할 사항

① 평행선은 선 간격을 선 굵기의 3배 이상 되도록 한다. 또한 선과 선의 틈새는 0.7mm 이상으로 한다.

② 철망, 너얼링(knurling) 등 반복. 교차된 선를 나타낼 경우에는 그 선 간격을 선 굵기의 4배 이상으로 긋는다. (보기1)

③ 여러 개의 선이 한 곳에 집중하는 경우에는 선 간격이 선 굵기의 약 3배가 되는 지점에서 선을 멈추고 주위를 비우는 것이 좋다. (보기2)

④ 쇄선은 긴 쪽 선으로 시작하고 끝나도록 한다. (보기3)

⑤ 실선, 파선 등 선이 서로 만나는 부분은 연결되도록 한다. (보기4)

⑥ 중심선이 서로 교차하는 경우에는 긴 쪽 선이 만나도록 한다. (보기5)

⑦ 서로 인접한 평행 파선의 경우 서로 간격이 어긋나게 한다. (보기6)

⑧ 원호와 직선이 서로 만나는 부분은 층이 생기지 않도록 한다. (스플라인처럼)

⑨ 선과 선이 만나는 모서리에서는 서로 이어지도록 한다.

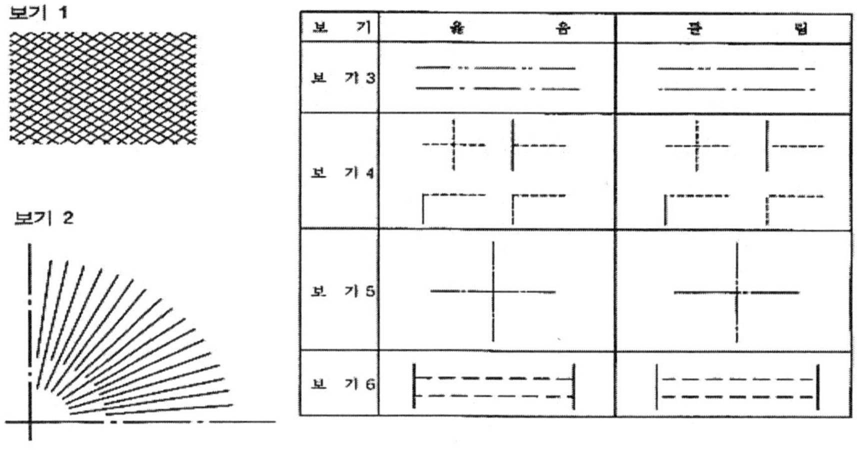

그림 1.19 선 긋기 유의사항

2) 문자(text)

제도에 사용되는 문자는 한자, 한글, 숫자 및 영문자 등이 사용되며, 숫자는 주로 아라비아 숫자로, 영어는 주로 로마자 대문자로 표기한다. 기호 등 특별히 필요한 경우에는 소문자를 사용하기도 한다.

① 한글 : 도면에서 한글의 크기는 2.24, 3.15, 4.5, 6.3 및 9mm의 5종류 사용. 적요의 기재, 부품표의 부품명, 도면 명칭 등 대부분의 주석(註釋)에 사용.

② 로마자(영문자) : 로마 문자의 크기는 2.24, 3.15, 4.5, 6.3 및 9mm의 5종류 사용. 재료기호, 끼워맞춤 방식에 따른 끼워맞춤 기호, 절단위치 등 표시에 사용.

③ 아라비아 숫자 : 치수, 부품번호, 제작 개수, 척도, 도면번호 등을 기입할 때 사용. 숫자의 크기는 ②의 경우와 같다. 분수를 나타낼 때는 정수 높이의 2배를 그 크기로 하고, 분수선은 수평이 되도록 중간에 긋는다.

④ 글자체 : 고딕체(쓰기 쉽고 보기 좋은 글자체를 선택)로 하고, 수직체 또는 15° 경사체를 사용하는 것을 원칙으로 한다.

⑤ 폭비 : 문자의 폭은 기준 높이의 80 ~ 85% 정도로 한다.

⑥ 문자의 크기 : 높이를 기준으로 하며 2.24, 3.15, 4.5, 6.3 및 9mm의 5종류를 표준으로 하지만, 실제 제도에 있어서는(CAD 포함) 엄격하게 이 높이를 그대로 준용하지 않아도 되며, 표준 높이를 기준으로 근사치로 기입해도 된다.

(1) 문자 쓰기의 원칙

① 용도에 따른 크기를 선택하여, 고딕체로 분명하고 균일하게 쓴다. 수직체 또는 15° 경사체로 쓴다.

② 한글, 로마자 및 아라비아 숫자의 크기는 높이 2.24, 3.15, 4.5, 6.3 및 9 mm의 5종류를 표준으로 한다.

③ 서체는 B형 입체와 사체 또는 J형 사체 3종류를 선택하며, 혼용하지 않는다.

④ 문장은 가로 쓰기를 원칙으로 한다.

⑤ 수기 제도에서의 문자 기입은 문자 템플릿(template)을 사용한다.

그림 1.20 B형 서체의 예

(2) 용도에 따른 문자의 크기의 범위(mm)

① 공차 치수 문자 : 2.24 ~ 4.5

② 일반치수 문자 : 3.15 ~ 6.3

③ 부품번호 문자 : 6.3 ~ 12.5

④ 도면번호 문자 : 9 ~ 12.5

⑤ 도면이름 문자 : 9 ~ 18

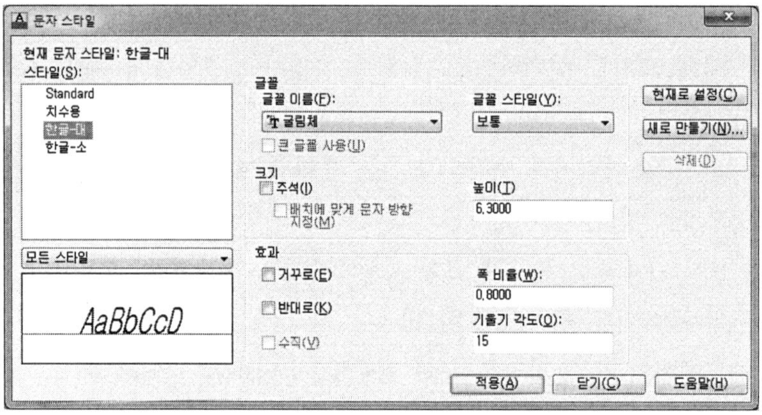

그림 1.21 CAD에서의 문자 설정

① 문자 스타일 관리자 이용

② 새로 만들기 : 크기별로 6개 정도의 스타일을 만들어 사용(한글 : 대, 중, 소 / 영문 : 대, 중 소)

③ 글꼴 / 높이 / 폭 비율 / 기울기 각도 등을 설정.

④ 한글 글꼴을 사용하는 경우 시스템 에러가 발생하는 경우가 있으므로, 도면작업 중간 중간 저장하는 요령이 필요함.

⑤ 도면 여러 곳에 문자를 입력하는 경우 "복사 - 붙여넣기" 후 글자를 수정하는 방법이 편리함. (워드 프로세서처럼 문자 입력에 자유성이 없는 것을 감안하여 입력한다.)

1.5 평면도법(CAD drawing)

(1) 주어진 직선의 수직 2등분

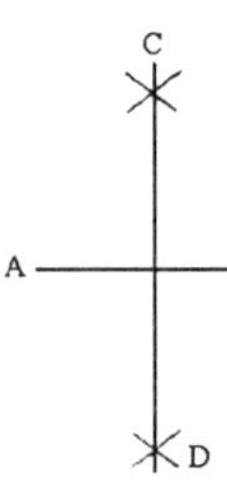

AB의 두 끝점 A 및 B를 중심으로 서로 같은 임의의 반지름으로 원호를 그려서 그들의 교점 C, D를 연결하는 직선은 AB의 2등분선이 된다.

(osnap - F3 = mid or 2point circle)

(2) 주어진 직선의 5등분

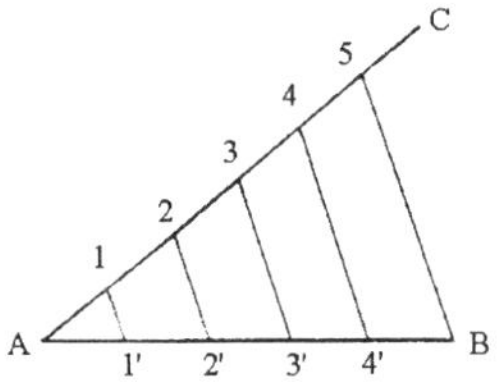

AB의 한 끝 A로부터 임의의 각의 직선 AC를 긋는다. A로부터 임의의 길이(A1)를 가지고 AC 위에 차례로 잘라서 얻은 점 5를 B와 연결한다. 5B에 나란히 직선을 각 등분점 (1,2,3⋯)으로부터 긋고 AB와의 교점 1', 2', 3' ⋯ 를 얻으면 이들은 AB의 5등분점이 된다.

(point + divide : 그림 1-24 참조)

(3) 주어진 직선의 한 끝에 수직선 긋기

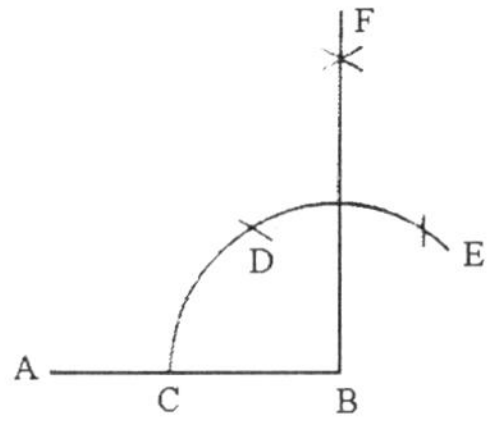

AB의 한 끝 B를 중심으로 임의의 반지름의 원호를 긋고, AB와의 교점을 C라 한다. 반지름 BC의 길이로 CD를 자르고 또 CD와 DE를 자른다. D 및 E를 중심으로 임의의 반지름 원호를 그려 교점 F를 얻는다. BF를 연결한다.

(90° arc or ortho mode - F8)

(4) 주어진 각의 2등분

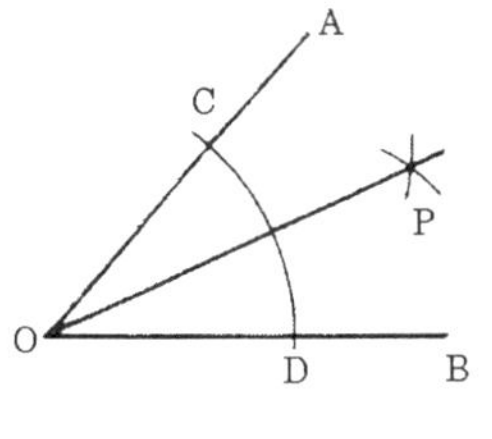

∠AOB의 O를 중심으로 임의의 반지름으로 원호를 그리고, AO 및 OB와의 교점을 C, D라고 한다. C 및 D를 중심으로 임의의 같은 반지름의 원호를 그려, 그 교점을 P로 하면 OP는 ∠AOB의 2등분선이 된다.

(circle or polar array or osnap = mid)

(5) 직각의 3등분

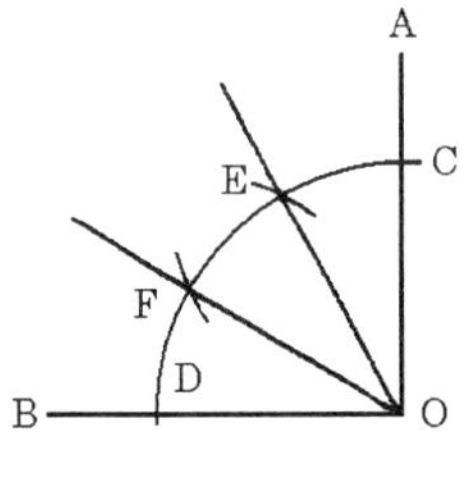

∠AOB의 O를 중심으로 임의의 반지름으로 원호를 그려서 AO 및 OB와의 교점 C, D를 얻고, 같은 반지름으로 D 및 C를 중심으로 CD를 잘라서 E 및 F를 얻는다. OE 및 OF는 직각의 3등분선이 된다.

(line or point + divide or polar array)

(6) 주어진 세 변을 가지는 3각형

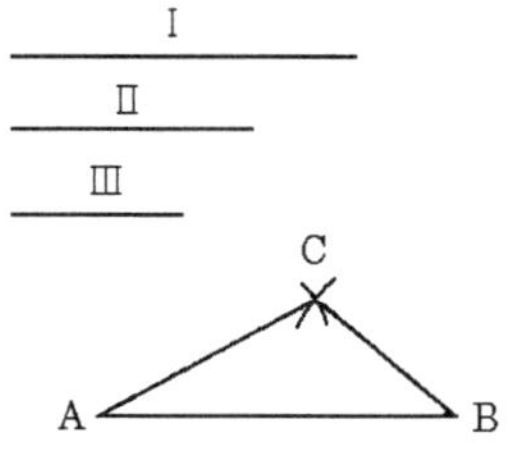

주어진 변 I과 같은 AB를 긋고 A를 중심으로 변 Ⅱ의 길이를 반지름으로 원호를 그리고 또 B를 중심으로 변 Ⅲ의 길이를 반지름으로 하는 원호를 그려 교점 C를 구한다. AC, BC를 직선으로 연결하면 주어진 조건의 3각형이 된다.

(line + circle + line)

(7) 주어진 한 변을 가지는 정5각형의 제도

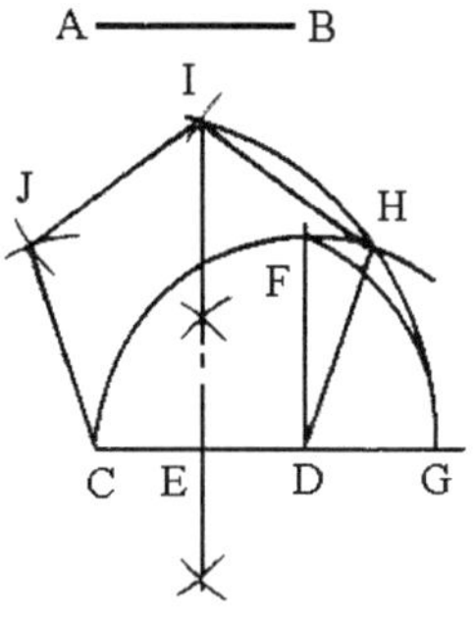

주어진 한 변을 AB라 한다. AB=CD가 되게 하고, D를 중심으로 CD의 길이를 반지름으로 하는 원호를 그리고 점 D에 세운 수직선과의 교점을 F로 한다. 다음 CD의 2등분점 E를 중심으로 EF의 반지름으로 원호를 그려서 CD의 연장선과의 교점을 G라고 한다. 또 C를 중심으로 CG를 반지름으로 하는 원호를 그려서 CF의 연장선과의 교점을 H라고 한다. H를 중심으로 CD의 길이를 반지름으로 하는 원호의 CD의 수직 2등분선을 잘라서 점 I를 얻는다. 다시 C 및 I를 중심으로 AB의 길이를 반지름으로 하는 원호를 그려 그 교점 J를 얻으면 C, D, H, I, J를 직선으로 연결하면 구하는 정5각형이 된다.

(polygon)

(8) 주어진 원에 내접하는 정5각형

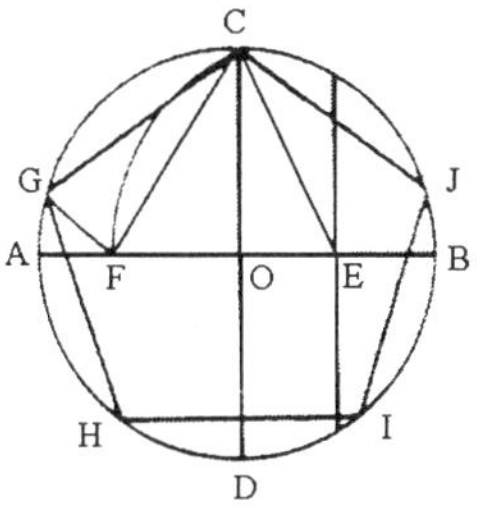

주어진 원 O의 중심을 통하여 AB⊥CD의 선을 긋는다. 다음 OB의 2등분점 E를 중심으로 CE의 길이의 반지름으로 원호를 그려서 AB와의 교점 F를 얻는다. 또 C를 중심으로 CF의 길이를 반지름으로 하는 원호를 그려서 원 O의 원주와의 교점을 G라고 하면, CF의 길이로 원 O의 둘레를 잘라서 H, I, J를 구하고 이들 점을 차례로 연결하면 된다.

(polygon + inscribe)

(9) 한 변이 주어진 임의의 정다각형(근사법)

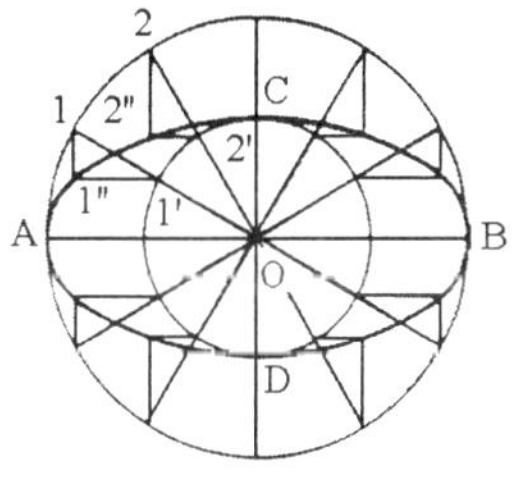

AB를 주어진 한 변의 길이로 하고 AB=CD로 한다. CD의 수직 2등분선을 긋는다. C를 중심으로 CD의 길이의 반지름으로 원호를 그려 교점 E를 구한다. CE를 연결한 직선을 6등분하고 다시 E로부터 1C의 길이로 차례로 7,8,9…를 자르면 이들 구분점을 중심을 점 D를 통하는 원은 요구하는 정 7,8,9각형의 외점원이 되므로 이 외접원을 AB의 길이로 분할하여 구하는 다각형을 얻을 수 있다. 이 때 맨 마지막 분할점에서 생기는 오차는 그때 제도하는 정다각형의 변수로 가감하여 수정하면 정확한 임의의 정다각형을 얻을 수 있다.

(polygon + edge)

(10) 주어진 장축과 단축을 가지는 타원

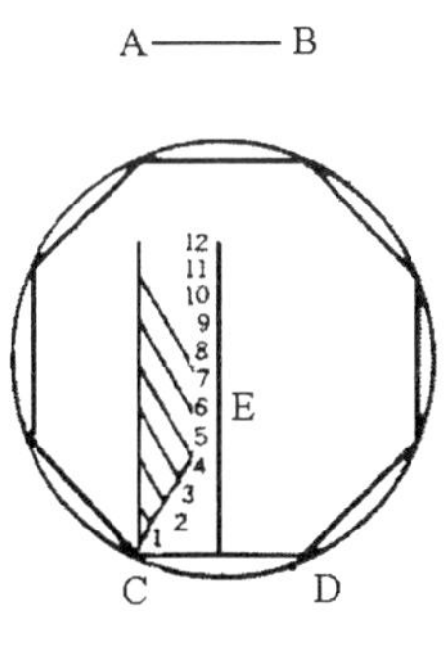

서로 수직하게 교차하는 장축 AB 및 단축 CD를 긋는다. 다음 O를 중심으로 AB 및 CD지름으로 하는 동심원을 그리고, 두원의 둘레를 같은 수로 임의 등분하고 각 등분점 1, 2, 3 … 및 1', 2', 3' … 을 구하고 이들 점을 차례로 원활한 곡선으로 연결하면 타원이 된다.

(ellipse)

(11) 주어진 각에 내접하는 주어진 반지름의 원

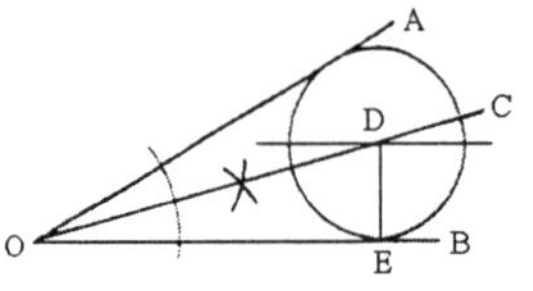

주어진 ∠AOB의 2등분선을 긋는다. 다음 주어진 반지름의 길이를 수직거리로 가지는 OB에 대한 평행선을 긋고 ∠AOB의 2등분선과 교점 D를 얻는다. D를 중심으로 주어진 반지름 DE로 원을 그리면 된다.
(circle - TTR)

(12) 주어진 두 원에 외접하고 주어진 반지름을 가지는 원의 제도

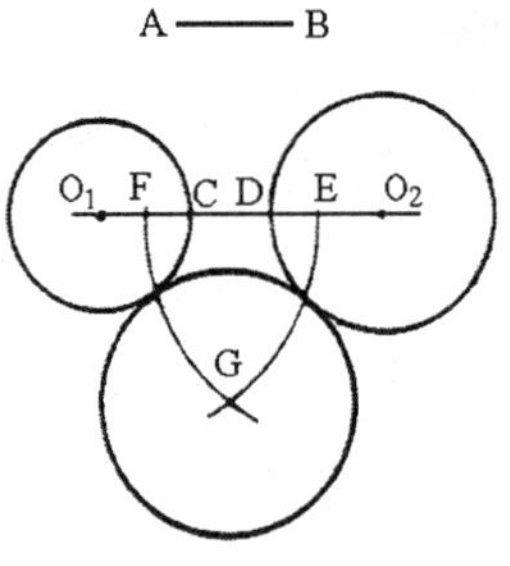

주어진 원 O_2, O_1의 중심점을 연결하고 두 원주와의 교점을 C, D라고 한다. 다음 C로부터 주어진 반지름 AB의 길이로 CO_2를 잘라서 점 E를 얻는다. 또 D를 중심으로 AB의 길이로 DO_1을 잘라서 점 F를 얻는다. 다음 O_2을 중심으로 O_2E의 반지름으로 원호를 그리고, 또 O_1을 중심으로 O_2F의 반지름으로 원호를 그리면 두 원호의 교점 G를 얻을 수 있다. G를 중심으로 AB의 반지름으로 그리는 원은 구하는 원이 된다.
(circle - TTR)

(13) 주어진 3점을 통하는 원호

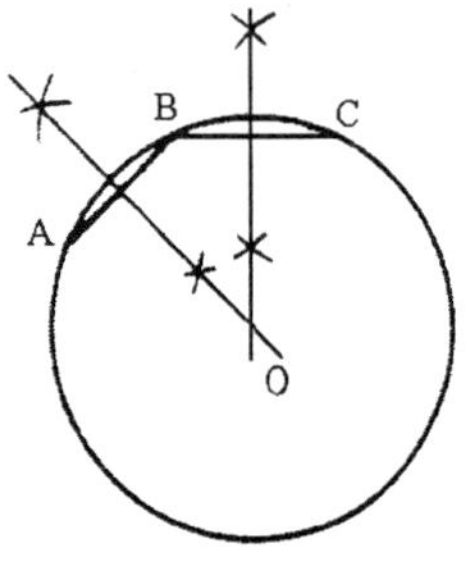

주어진 3점 A, B, C를 직선으로 연결하고 AB, BC의 수직 2등분선의 교점 O를 얻는다. O를 중심으로 OA를 반지름으로 하는 원호는 주어진 3점을 통과한다.
(circle - 3point)

(14) 주어진 직사각형의 면적과 같은 정4각형

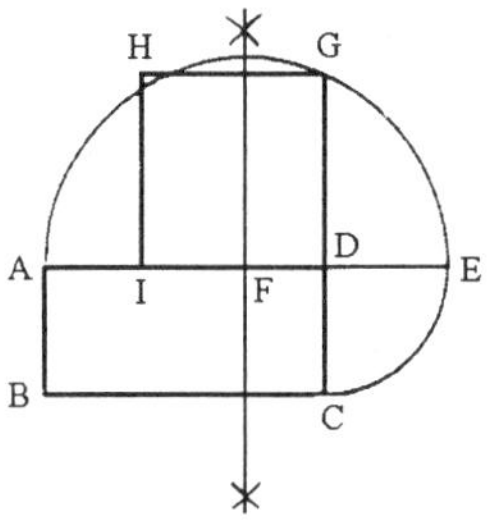

직사각형 ABCD의 한 변 AB를 연장하고 CD=DE가 되게 한다. 다음 AE를 2등분하는 점 F로부터 AF의 길이를 반지름으로 하는 원호를 그려, CD의 연장과의 교점 G를 얻으면 DG는 구하는 정사각형 DGHI의 한 변이 된다.

(rectangle)

(15) 주어진 원둘레와 같은 길이의 선분(근사법)

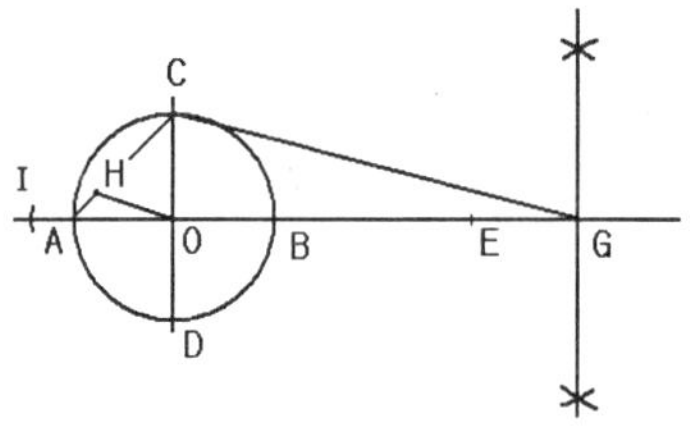

주어진 원 O의 중심을 통하여 AB⊥CD를 긋는다. AB를 연장하고 AB=BE=EF를 자른다. EF의 2등분점 G와 C 및 A와 C를 연결하고 HO∥CG의 점 H를 AC상에 잡는다. 다음 A를 중심으로 AH의 길이를 반지름으로 하는 원호를 그려 AB의 연장상의 교점 I를 얻으면 FI는 구하는 길이의 직선이다.

(properties – 원의 특성 ; 반지름, 지름, 원주, 면적 등)

(16) 인벌류트(involute) 곡선

기초원 O의 외주에 감은 실을 팽팽히 당기면서 풀어갈 때 실의 선단이 그리는 궤적을 곡선화 한 것을 인벌류트 곡선(involute curve)이라고 한다.

가공이 쉽고, 중심거리 변화에도 속도비가 일정하게 유지되는 등 장점이 많기 때문에 대부분의 기어(gear) 치형 곡선에 사용된다.

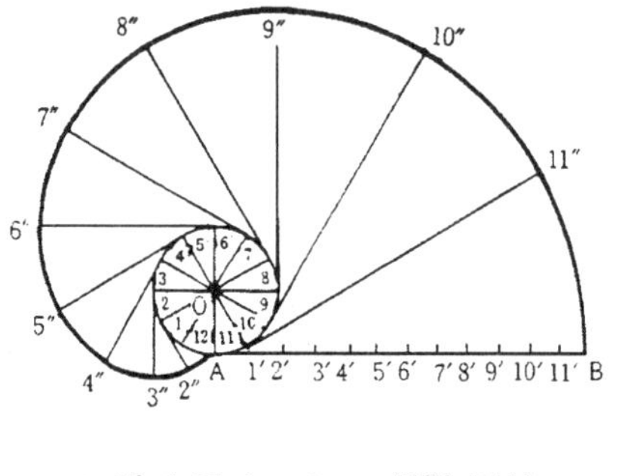

그림 1.22 involute 치형 곡선

(17) 사이클로이드(cycloid) 곡선

직선상을 굴러가는 원의 원주상 정점의 궤적을 사이클로이드라고 부른다.

가공 및 제작은 어려우나 정밀기계, 계측기, 시계 등에 적용되는 기어의 치형 곡선이며, 이뿌리가 약한 단점과 정숙하게 구동되며 마멸이 적다는 장점이 있다.

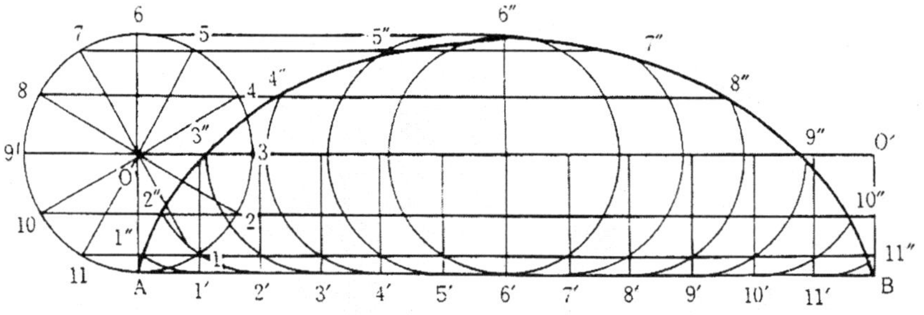

그림 1.23 cycloid 치형 곡선

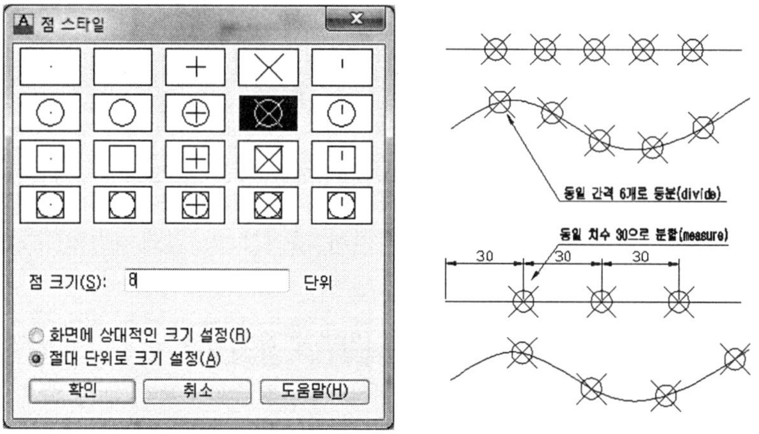

그림 1.24 CAD에서의 개수 분할(divide)과 길이 분할(measure)

① 점 스타일(point style)을 먼저 설정(크기 8mm - 반경 기준, 화면 비율 %로 지정할 수 있음)

② 그리기 - 점 - 등 분할 / 길이 분할 ⇒ 객체 선택

③ "등분 = 등분할"과 "길이 분할 = 치수 지정" 가능

④ 직선, 곡선, 커브, 원, 다각형 등 모든 객체에 적용 가능함.

⑤ 점(point)의 중심에 대한 객체 스냅(Object snap ; F3)은 노드(node)임.

연습 1 Line drawing 1

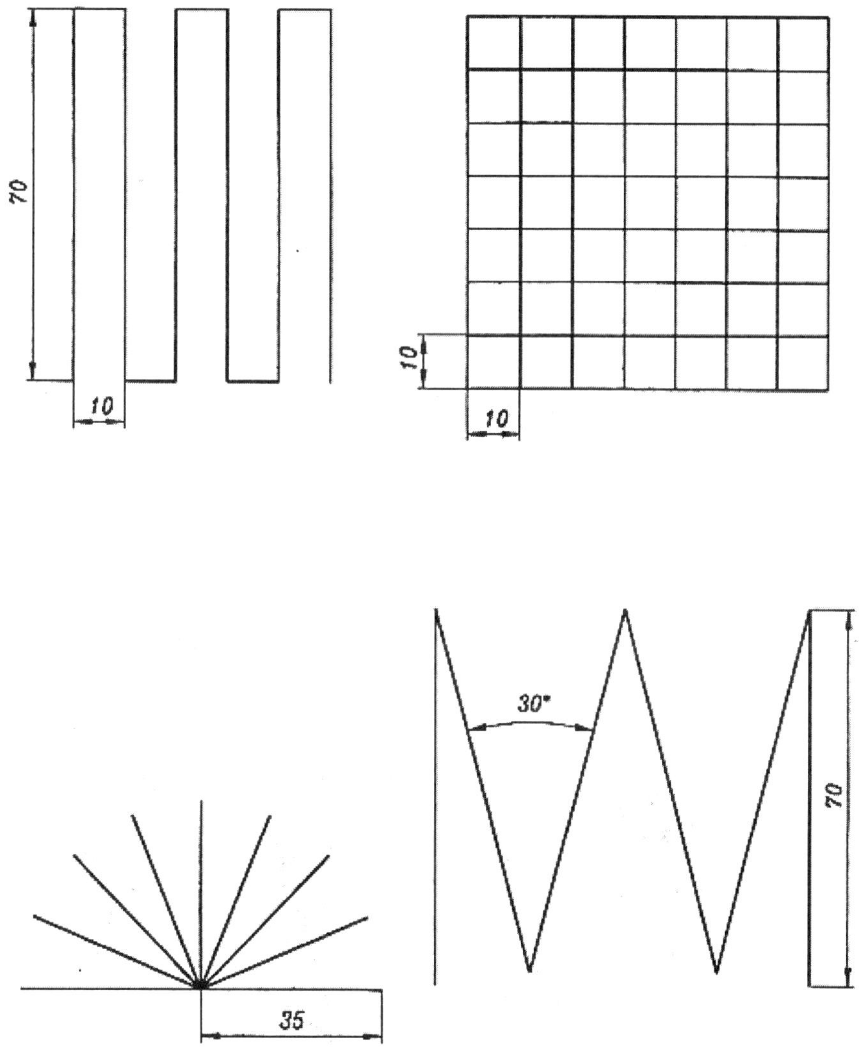

연습 2 Line drawing 2

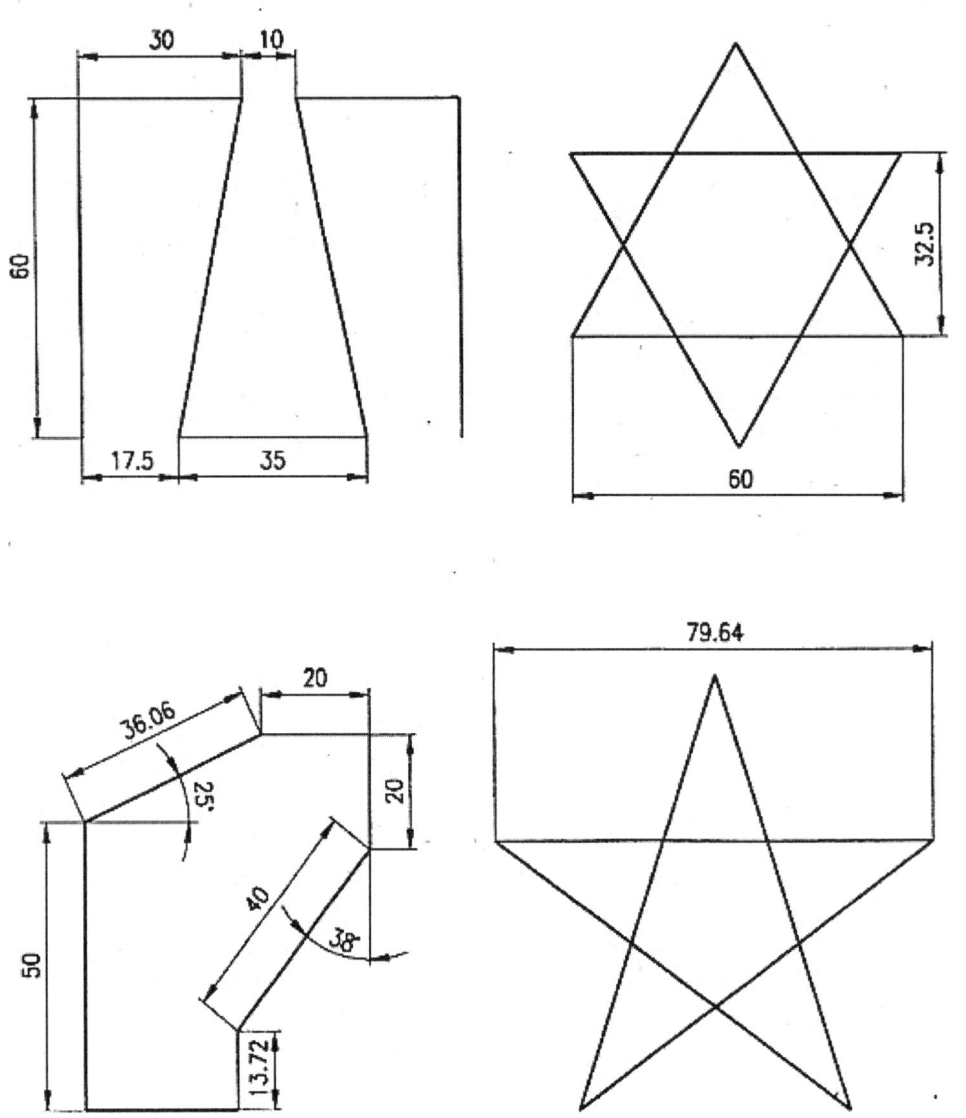

연습 3 Line drawing 3

제2장 투 상 법

2.1 투상법

하나의 평면에 광선을 투사하여 물체의 모양을 원하는 크기로 평면의 종이 위에 표현하는 방법을 투상법(投像法)이라 한다. 이때 광선에 해당하는 선이 투상선이 되며, 화면 또는 종이에 그림자로 또는 거울처럼 반사되어 투영되는 평면을 투상면이라 하며, 투상면에 투영되어 그려진 그림을 투상도(投像圖)라 한다. 제도는 이 투상도를 도면화 하는 것이다.

투상법을 두 종류로 분류하면 투시 투상과 평행투상으로 구분할 수 있으며, 기계제도의 표준은 평행투상(평행투상 - 직각투상 - 정투상 - 제3각법)이다.

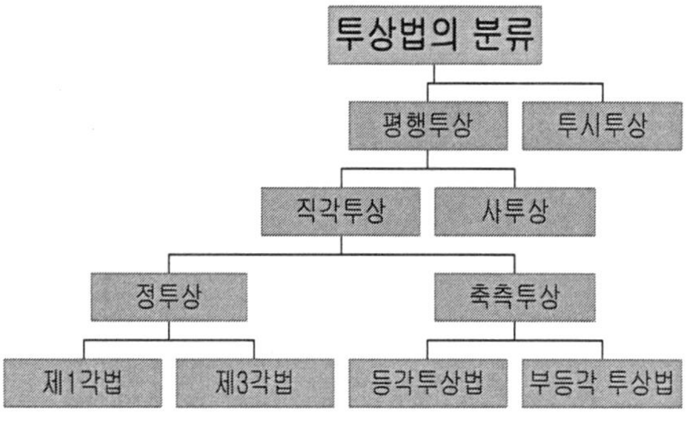

그림 2.1 투상법의 분류

1) 투시 투상법

조감도처럼 물체의 모양을 보이는 그대로, 투영되는 그대로 그리는 방법이다.

(1) 투영 방법 : 그림과 같이 소점에서 물체의 각 점과 점을 잇는 선으로 표현된다.

(2) 용도 : 조감도가 대표적인 용도이다.

(3) 특징 : 눈에 가까울수록 물체가 크게 나타나고 멀수록 작게 나타나므로 원근감이 잘 나타나고, 물체를 보이는 그대로 표현한 것이다.

(4) 조감도 : 항공 촬영처럼 물체를 내려 보는 투시 투상이다.

(5) 소점(消點) : 물체에서 시작된 선을 연결하면 한 점에 모이게 되는데, 이 시선의 끝점에 해당하는 점을 소점(VP ; vanishing point)이라 한다.

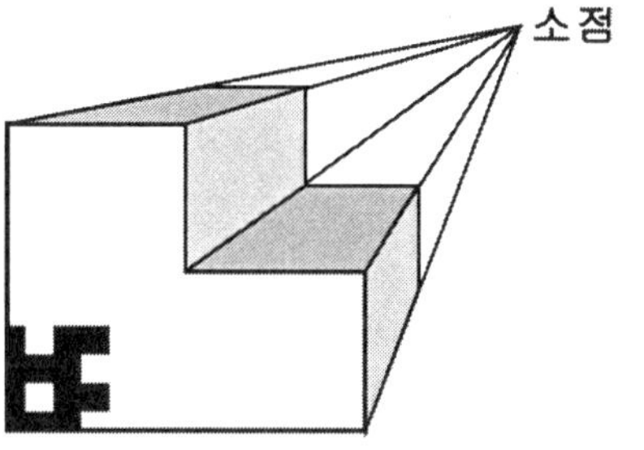

그림 2.2 투시 투상도

2) 사투상법

직각 투상법과 대비되는 투상법으로 투상면에 대해 일정 각도로 기울어진 평행선으로 투상하여 물체를 입체적으로 나타내는 방법이다.

(1) KS에 규정된 사투상법 : 경사각을 45°로 하고 안쪽 길이를 실제 길이로 하는 것을 원칙으로 한다.

(2) 용도 : 건축, 그릇, 기계 등의 설명도 등에 쓰인다.

(3) 특수 사투상법 : 시각적 효과를 달리하기 위하여 양쪽 경사각이나 길이를 달리하면 하나의 물체를 여러 가지로 나타낼 수 있다.

(가) 캐비닛도(cabinet projection drawing)

- 투상선이 투상면에 대하여 63°26'인 경사를 갖는 사투상도.
- 3축 중 Y, Z축은 실제 길이를 나타내므로 정면도는 실제 크기이다.
- X축은 보통 실제크기의 1/2로 나타낸다.

(나) 카발리에도(cavalier projection drawing)

- 투상선이 투상면에 대하여 45°인 경사를 갖는 사투상도.

- 3축 모두 실제의 길이를 나타낸다.
- X축을 수평하게 45° 기울여 그리는 것이 보통이다.

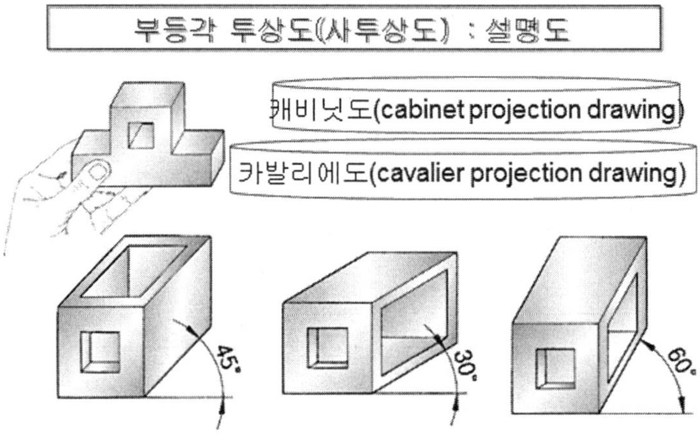

그림 2.3 사투상의 예제

3) 축측(軸側) 투상법

축 방향에서 투상한다는 의미이며, 정면, 평면, 측면의 모양을 하나의 투상면 위에서 동시에 볼 수 있도록 그리는 투상법으로 등각 투상도와 부등각 투상도가 대표적이다.

(1) 투상방법 : 각이 서로 120°를 이루는 3개의 축을 기본으로 하여, 이들 축에 물체의 높이, 너비, 안쪽 길이를 옮겨 나타내는 방법.

(2) 용도 : 물체를 입체적으로 알기 쉽게 나타내므로 설명도에 쓰인다.

(3) 기본 축의 방향을 달리하면 물체의 등각 투상도를 다 방향으로 나타낼 수 있다.

등각 투상도의 용도 : 조립도, 부품도, 설명도

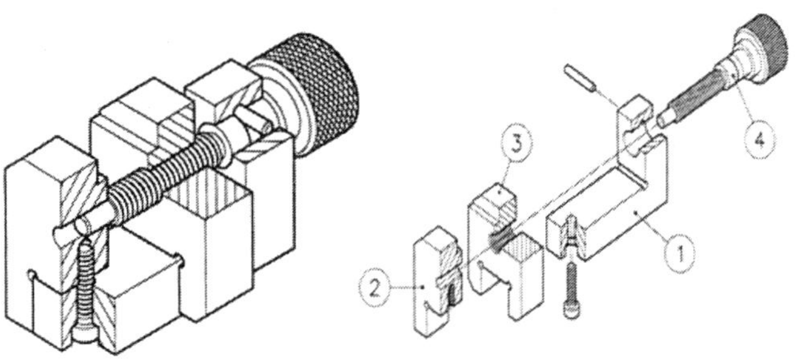

그림 2.4 등각 투상도의 주요 용도

(가) 등각 투상도

- 3좌표축의 투상이 서로 120º 등간격이 되는 축측 투상.
- X축과 Y축이 수평선과 이루는 각이 30º.
- 정면, 평면, 측면을 동시에 입체적으로 볼 수 있음.

(나) 2등각 투상도

- 3좌표축 투상의 교각 중, 2개의 교각이 같은 축측 투상.

(다) 부등각 투상도

- 3좌표축 투상의 교각이 각기 다른 축측 투상.

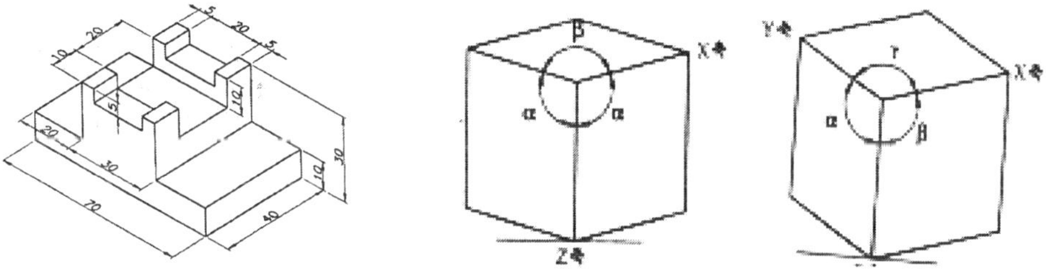

(a) 등각 투상도 (b) 2등각 투상도 (c) 부등각 투상도

*주) CAD 등각투상도 : 3차원 모델링 작성후 UCS 변경하면서 치수 기입(XY 평면상에 치수 기입)

그림 2.5 축방향 투상도의 종류

2.2 정투상도

① 물체의 각 면과 바라보는 위치에서 투상선을 평행하게 연결하면, 실제 크기의 투상도를 투상면(제도용지)에 얻게 되는 원리이다.

② 정투상도는 물체의 각 투상도를 배열하는 방법에 따라, 즉 물체를 몇 번째 투상각에 위치시켜서 투상 하는가에 따라 제3각법과 제1각법으로 구분된다.

③ 제3각법은 환태평양 국가(KS, JIS, ASA 등)에서 사용하고, 제1각법은 유럽(DIN, NF, SNV 등) 국가에서 채택하고 있다.

④ 정투상 도면의 명칭

- 정면도(front view) : 앞에서 보는 투상. 입화면에 투상된 그림.
- 평면도(top view) : 위에서 보는 투상. 평화면에 투상된 그림.
- 우측면도(right view) : 우측면에서 보는 투상. 우측 입화면에 투상된 그림.
- 좌측면도(left view) : 좌측면에서 보는 투상. 좌측 입화면에 투상된 그림.
- 저면도(bottom view) : 밑에서 보고 그린 것. 하면 평화면에 투상된 그림.
- 배면도(back view) : 뒤에서 보고 그린 것. 후면 입화면에 투상된 그림.

(1) 제3각법

① 물체를 투상공간의 제3각 내에 놓고 투상하는 방법이다.

② 투상면(화면) 뒤쪽에 물체를 놓고 투상한다.

③ 눈 → 화면 → 물체의 순서가 된다.

④ 물체 외부를 펼쳐서 표현하는 방식이므로 실물의 형상을 유추하기에 비교적 용이하므로 기계제도에 적용된다.

⑤ 물체를 투명한 유리상자 내에 위치시키고, 반사되는 투상을 도면으로 본뜨기 하여 그리는 원리이다. (물체의 각 면을 거울면으로 보고 반사시켜 제도하는 방식)

(2) 제1각법

① 물체를 투상공간의 제1각 내에 놓고 투상하는 방법이다.

② 투상면(화면)의 앞쪽에 물체를 놓고 투상한다.

③ 눈 → 물체 → 화면의 순서가 된다.

④ 투상 시점이 물체 내부에 있는 것으로 건축 및 선박 제도에 적용된다.

⑤ 물체를 스탬프로 생각하고 물체의 각 면으로 도장을 찍는 원리로 투상하여 제도하는 방식이다.

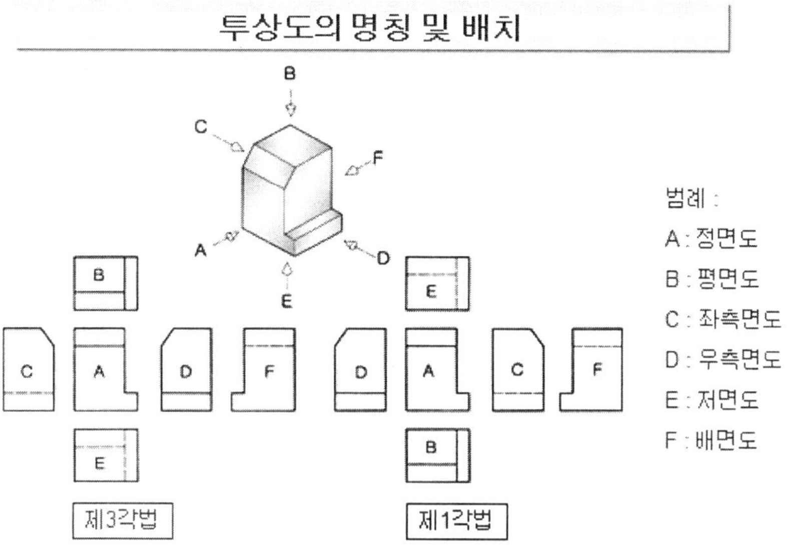

그림 2.6 정투상도의 배치

(3) 제3각법과 제1각법의 비교

[표 2.1] 제3각법과 제1각법의 비교

위치 / 각법	기준	평면도 위치	우측면도 위치	좌측면도 위치	배면도 위치	특 징
제3각법	정면도	위	우측	좌측	우측면도 우측	물체 파악이 용이하다. (기계제도)
제1각법	정면도	아래	좌측	우측	좌측면도 우측	투상시점 안쪽 경우 유리하다. (건축. 선박의 제도)

비고 : 배면도, 저면도의 위치는 참고.

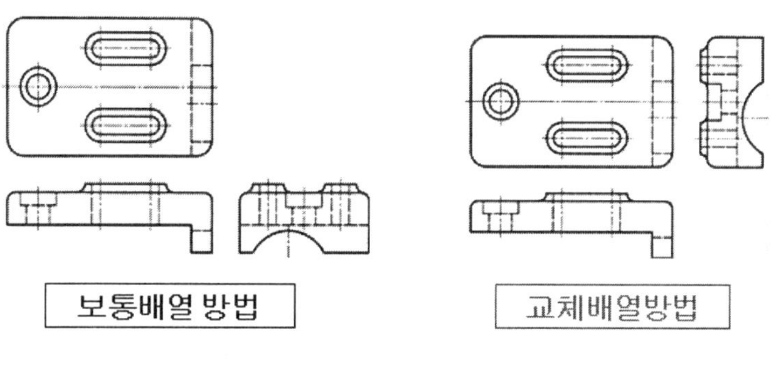

그림 2.7 정투상도의 교체배열 허용

(4) 투상법의 기호

① 일반적으로 표제란에 “제3각법” 또는 “제1각법”으로 문자로 기입한다.

② 문자 대신 아래의 그림처럼 기호를 사용하기도 한다.

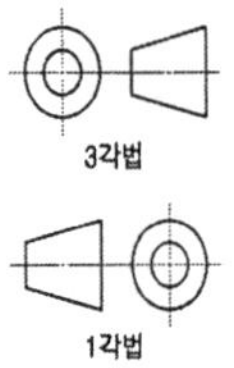

품번	품 명		재 질		수량	비 고
소속	ChangWon Polytechnic					
척도	1:1	투상	(투상 기호)	제도자	이상우	검도
도명	AutoCAD Draw 01			제도일	2017	(인)
				도 번	CHANGPOL-01	

그림 2.8 투상법의 기호 사용예

2.3 도형의 도시 방법

1) 주 투상도(정면도) 선택 방법

(1) 물체의 모양, 기능, 특징 등이 가장 잘 나타나는 면.

(2) 은선의 표현이 최소화 되는 면.

(3) 작업순서 또는 가공공정 순서와 일치되는 방향을 정면도로 한다.

(4) 물체가 안정감을 갖도록 배치.(보통 길이가 긴 방향을 좌우로 나타냄.)

(5) 기어, 베어링 등은 축과 직각 방향의 도면을 정면도로 한다.

(6) 원통형 물체는 일반적으로 길이방향(축선방향)을 좌우로 하여 정면도를 취한다.

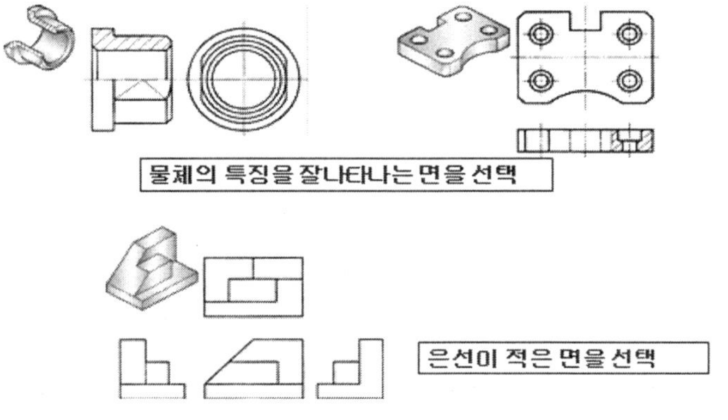

그림 2.9 정면도의 선택 방법

2) 투상도 수의 결정

(1) 1면도(정면도 1개로 투상 하는 경우)

보통 얇은 판, 원 기둥 및 원통, 정사각형 기둥 및 정사각형 파이프 모양 등과 같이 단면의 모양이 일정할 때에는 치수보조 기호(t, SR, □ 등)와 함께 정면도 1개의 도면으로도 충분한 표현을 할 수 있다.

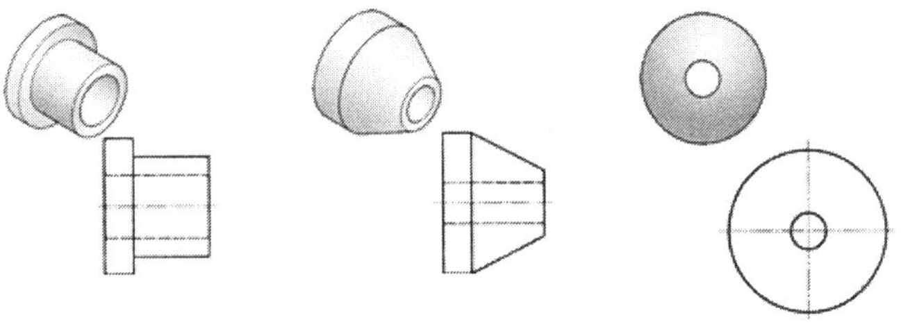

그림 2.10 정면도(1면도)의 제도

(2) 2면도(정면도와 평면도 또는 정면도와 측면도 2개의 도면으로 투상 하는 경우)

직육면체, 원기둥 등과 같은 모양을 이루고 있는 물체들은 주로 정면도를 기준으로 하여 측면도 또는 평면도를 선택하여, 2개의 투상도로 표현한다.

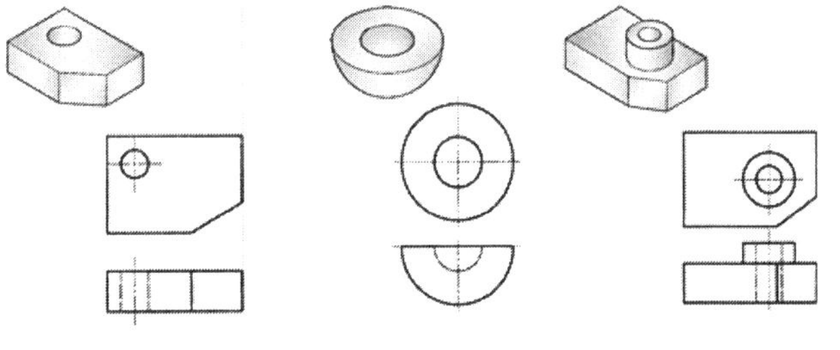

그림 2.11 2면도의 제도

(3) 3면도(정면도, 우측면도, 평면도 배열)

그림과 같이 정면도, 우측면도(좌측면도), 평면도 또는 저면도의 3개 투상도면을 설치하여 도형을 표현하는 방법이다.

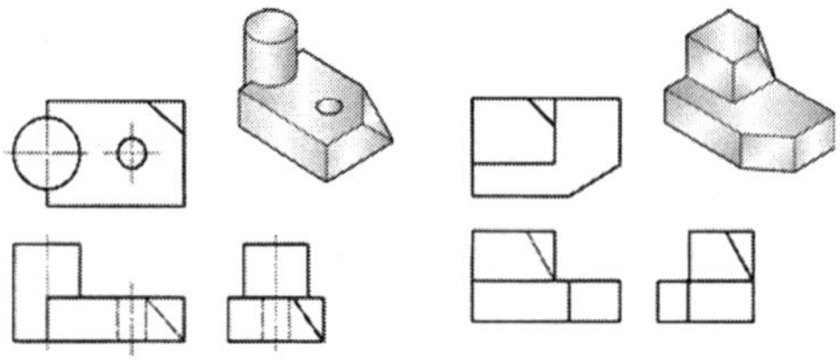

그림 2.12 3면도의 제도

3) 투상도가 놓이는 자세와 배열 위치 결정

물체의 모양을 그리기 위해서는 안정적이고 자연스럽게 놓이는 모습과, 물체의 형태에 따라 투상도의 수와 배열 위치 등이 여러 가지로 달라질 수 있다.

(1) 투상도의 자세와 위치를 결정하는 방법

① 원통 축이나 직육면체와 같이 길이가 긴 물체

길이 방향으로 놓은 자연스럽고 안정감 있는 상태로 그린다.

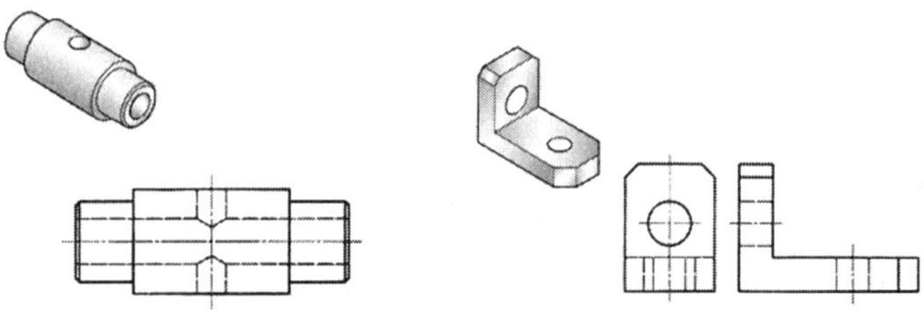

(a) 길이가 긴 원통 축 (b) L자 모양의 물체

그림 2.13 길이가 긴 물체의 투상 위치

② 물체의 중요한 면이 뚜렷한 경우

길이가 짧은 원통은 투상 면에 수평으로, 얇은 두께를 갖는 판형 육면체는 그림과 같이 위와 아래의 수직 배열이 되도록 배치하여 그린다.

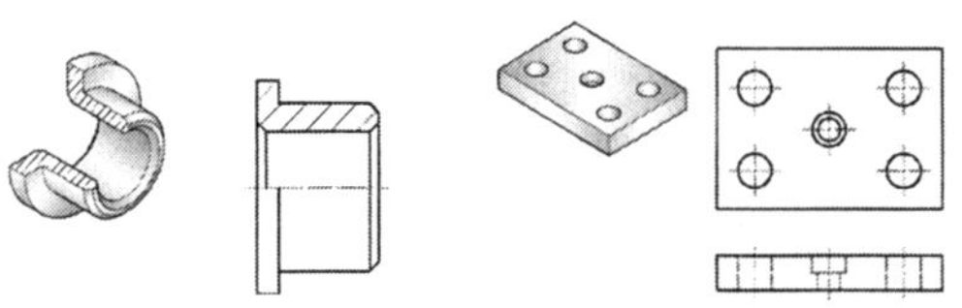

(a) 길이가 짧은 원통의 투상 (b) 얇은 두께를 갖는 육면체의 투상

그림 2.14 중요 면의 모양에 따른 투상 위치

③ 물체의 특징을 뚜렷하게 나타낼 때의 투상도 배열

물체의 특징이 가장 잘 나타나는 면을 정면도로 선택하고, 그 다음 투상도의 선택도 정면도를 가장 잘 보완하는 도면을 선택하여 위치시킨다.

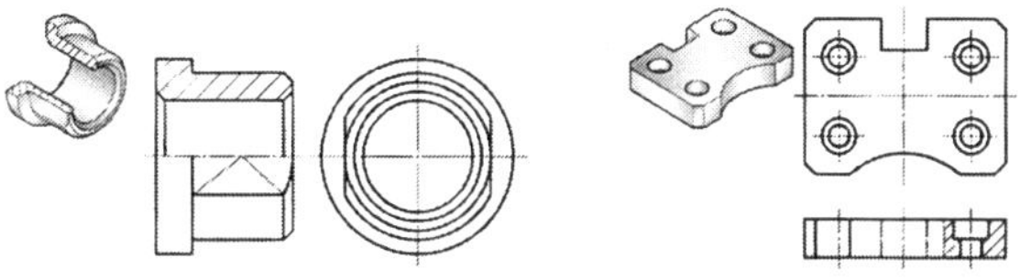

그림 2.15 정면도와 그 다음 투상도의 선택

④ 가공 상태에 따른 투상도의 배치

가공이 많은 쪽이 오른쪽에 오도록 하며 실제 선반가공 또는 밀링가공의 상태로, 길이 방향을 좌우로 놓고 투상도를 그린다.

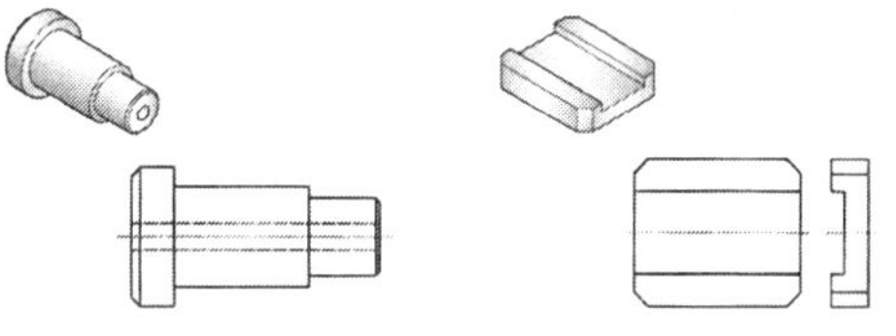

그림 2.16 수평과 수직 방향으로 배열된 가공 상태로 배열하기

⑤ 투상도의 수 결정과 생략

투상도 수는 도형의 이해할 수 있는 범위 내에서 최소화의 원칙으로 나타내는 것이 좋으며, 주 투상도인 정면도만으로 충분히 표현되는 경우에는 두께기호(t) 또는 원통기호 등 보조기호를 사용하여 1개의 도면으로 나타낸다.

⑥ 물체의 특징에 따른 정면도의 선택

링(ring), 벨트 풀리(belt pulley), 기어(gear), 바퀴(휠, wheel) 등은 축과 직각방향에서 본 도면을 정면도로 하는 것이 원칙이며, 원으로 보이는 부분이 형상을 잘 나타내는 특수한 경우 축 방향에 보는 것을 정면도로 한다.

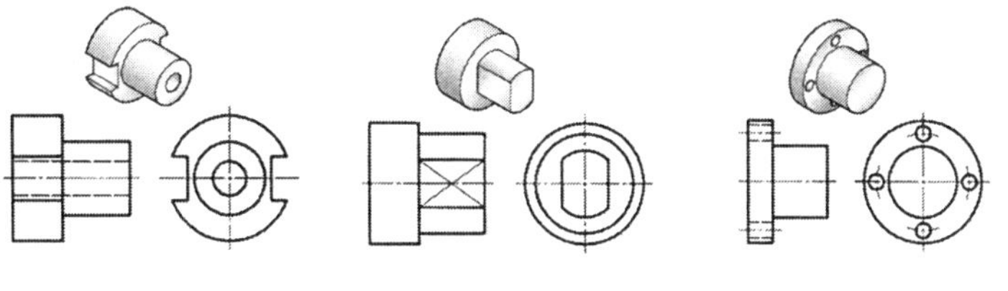

그림 2.17 원형 물체의 특징에 따른 정면도 선택과 배열하기

연습 1 모델링을 보고 정면도, 평면도, 우측면도를 완성하시오.

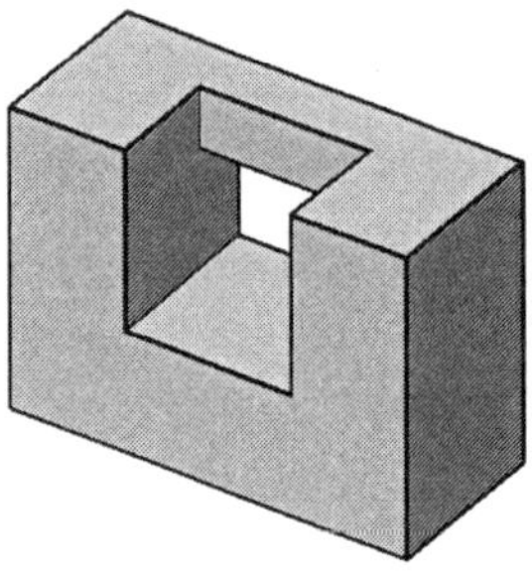

①

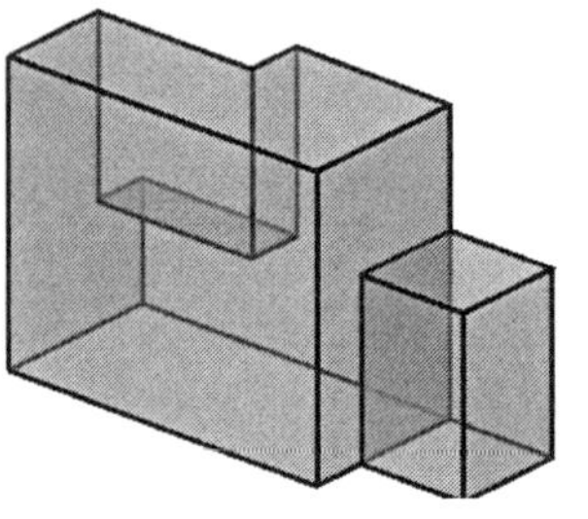

②

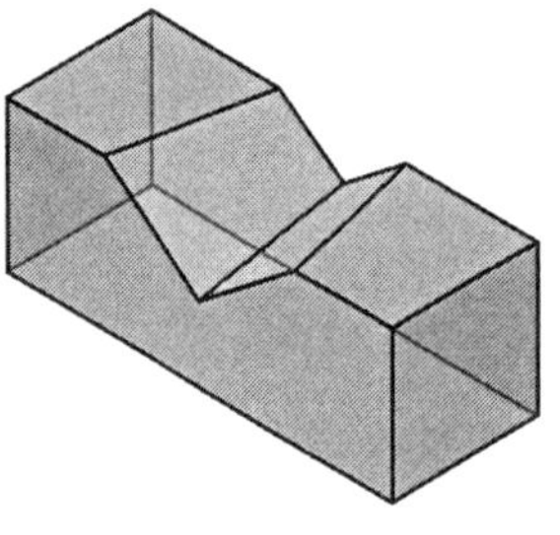

③

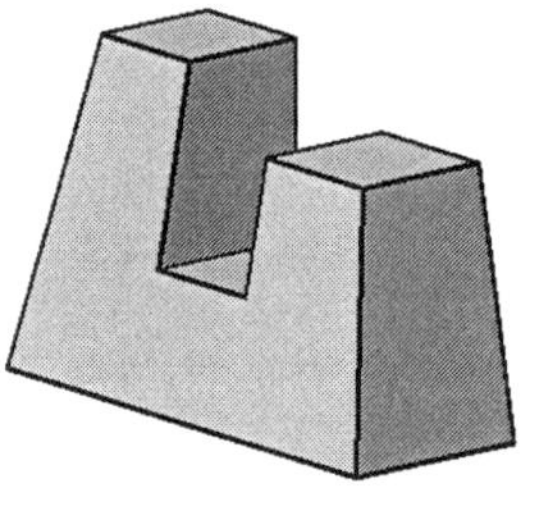

④

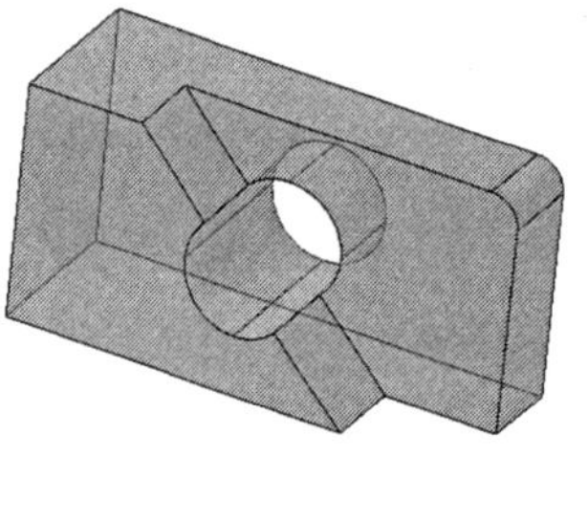

⑤

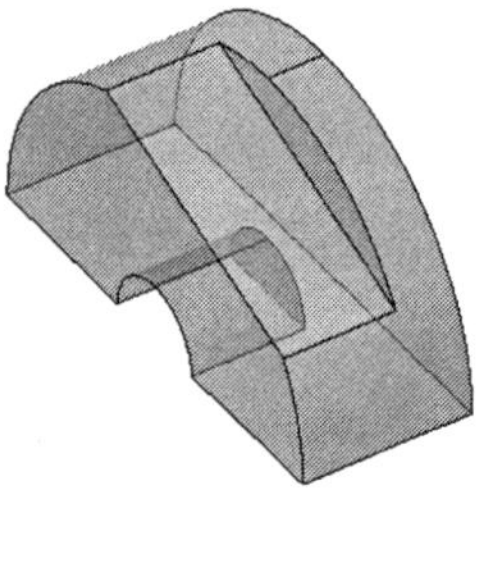

⑥

연습 2 은선이 실선으로 잘못 그려진 곳을 찾아 정정하시오.

(1)

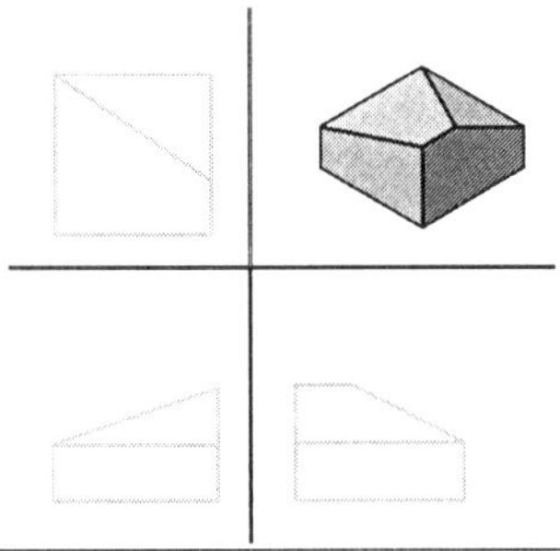

(2)

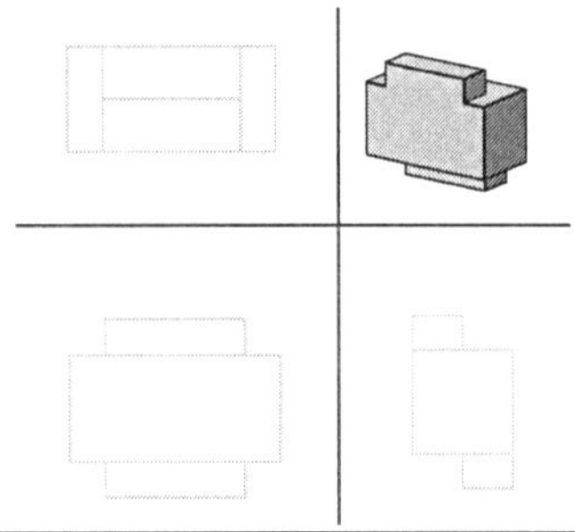

(3)

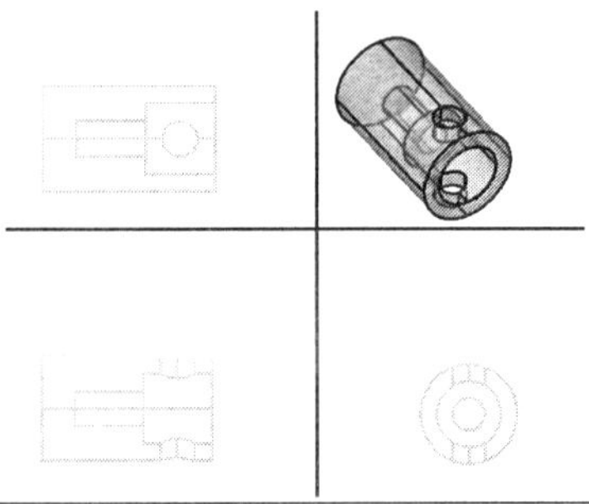

(4)

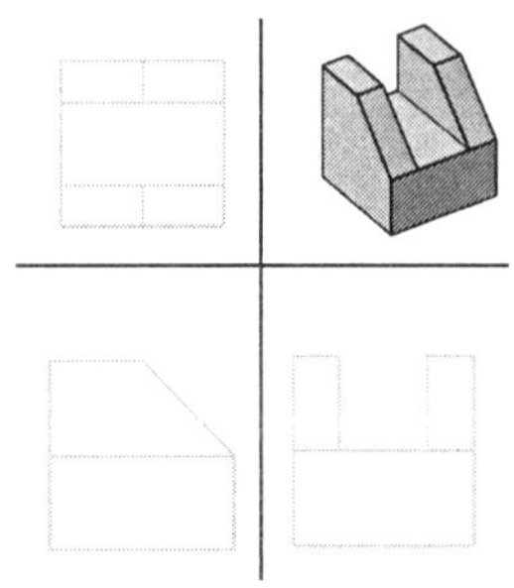

(5)

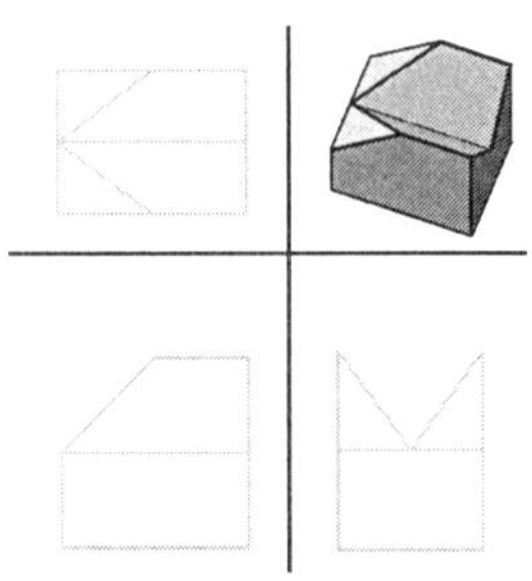

(6)

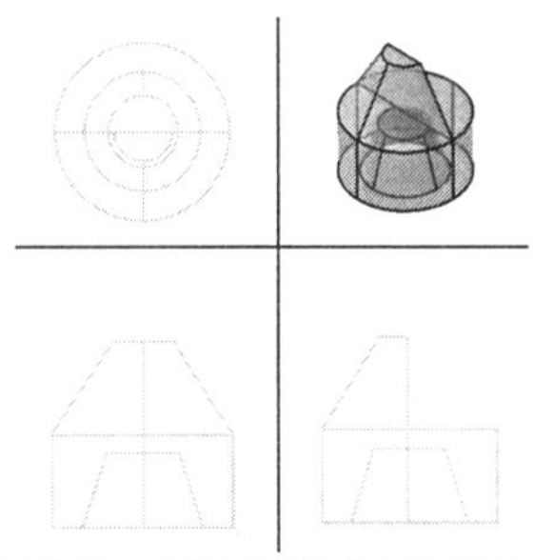

(7)

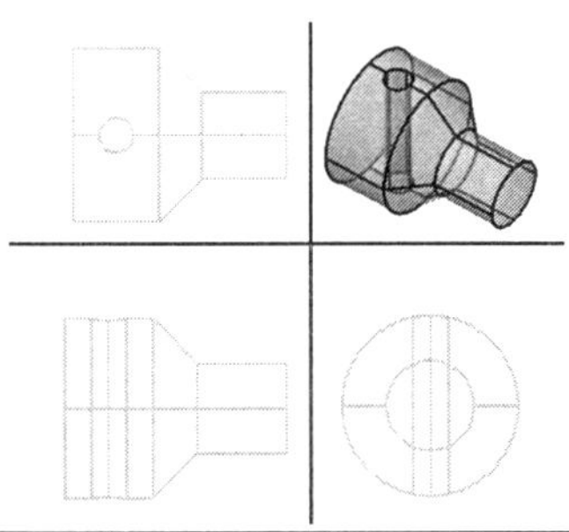

(8)

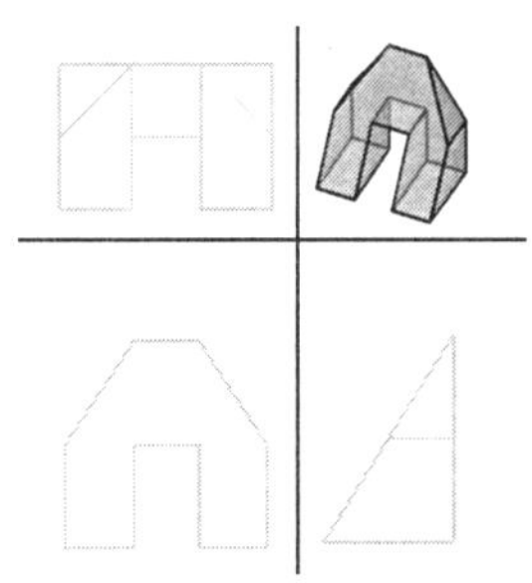

(9)

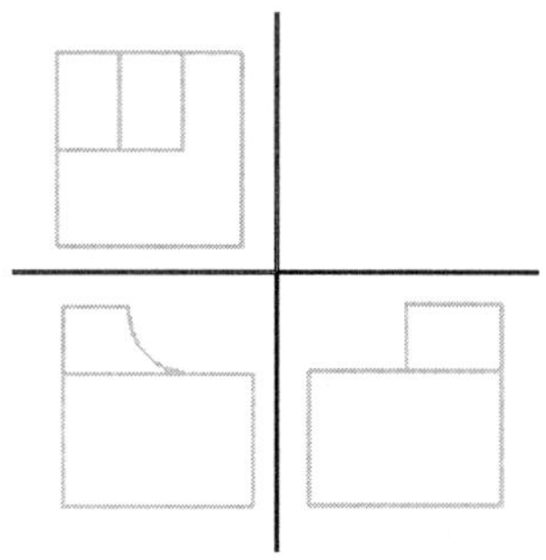

(10)

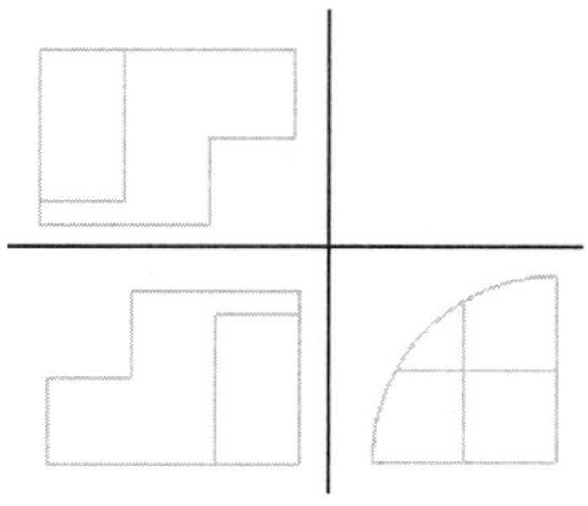

(11)

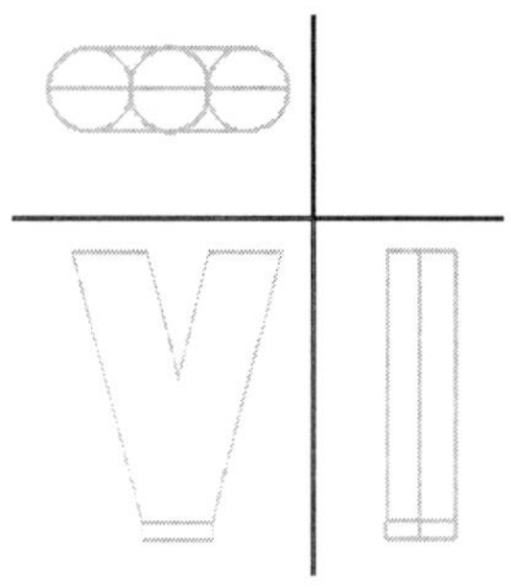

(12)

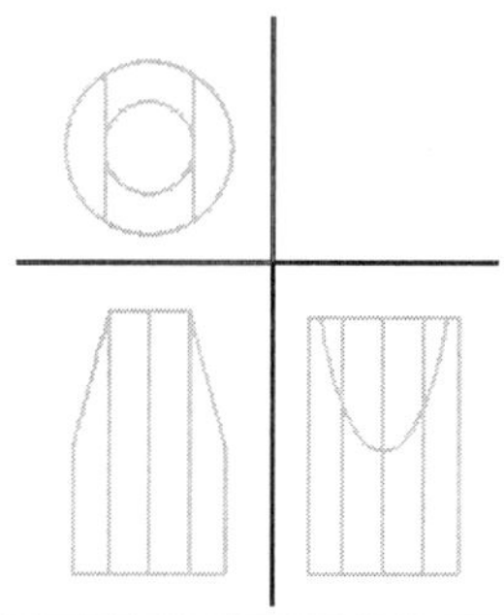

(13)

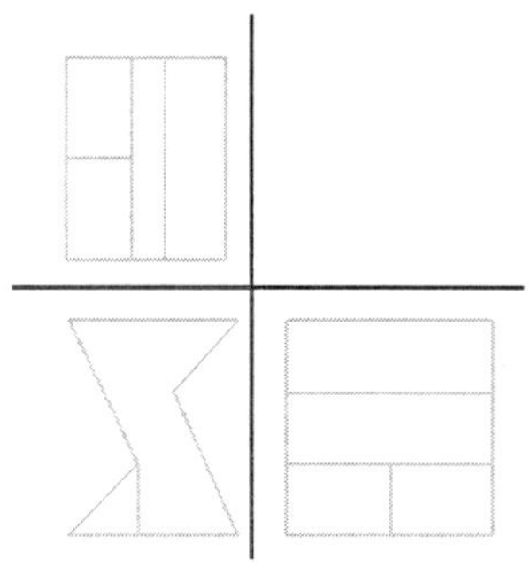

(14)

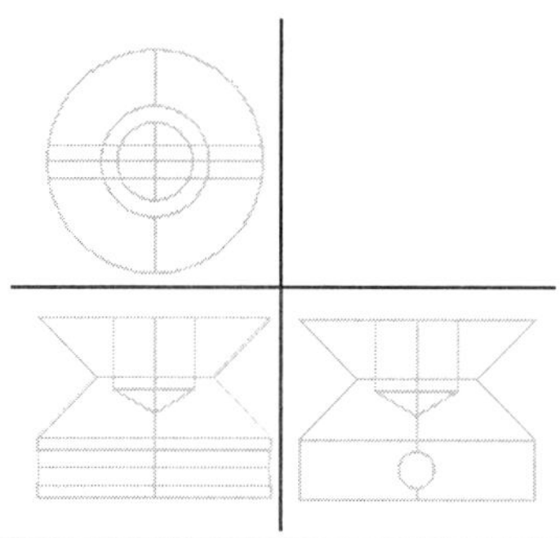

(15)

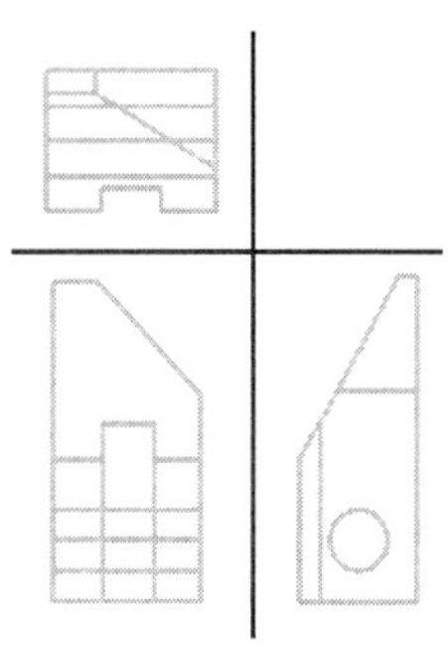

(16)

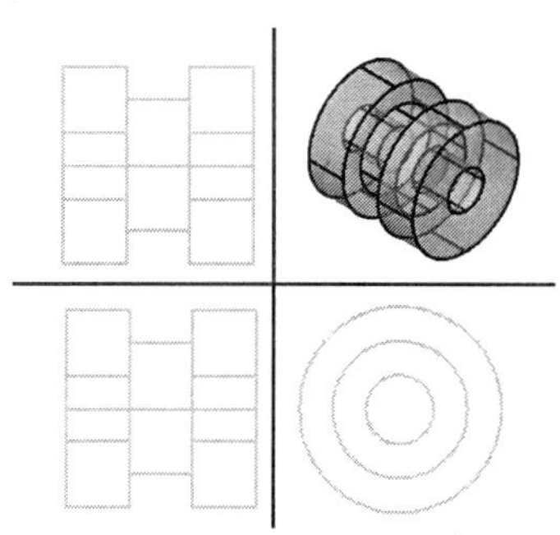

연습 3 누락된(실선, 은선) 선을 찾아 정투상을 완성하시오.

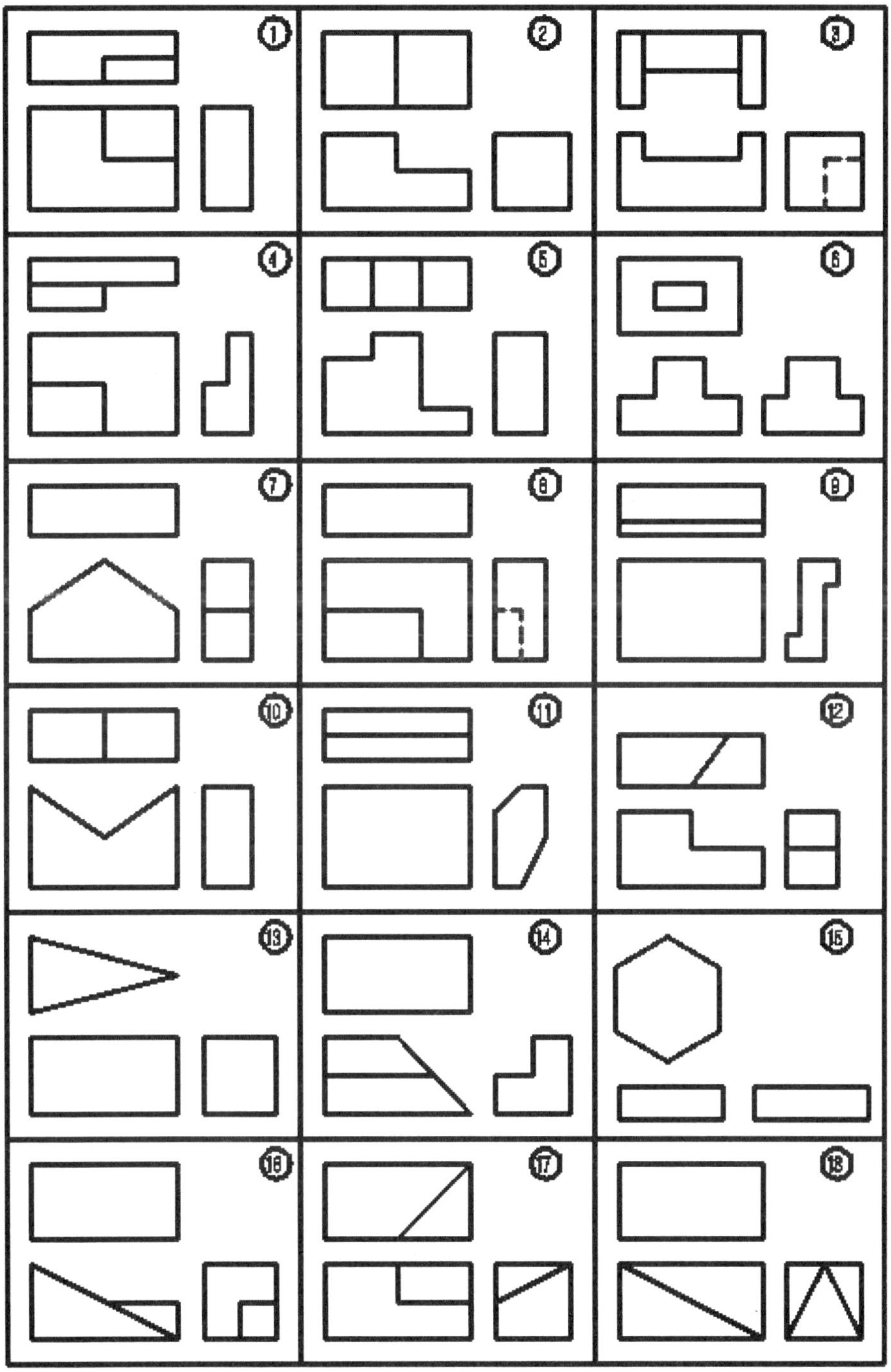

연습 4 모델링을 보고 정투상 3면도를 완성하시오.

(1)

(2)

(3)

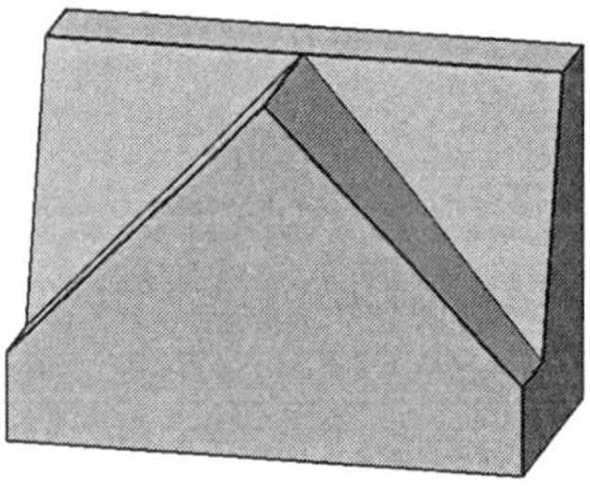

(4)

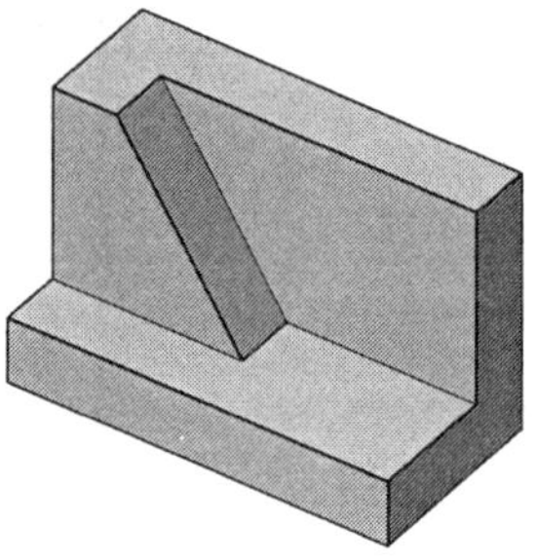

(5)

(6)

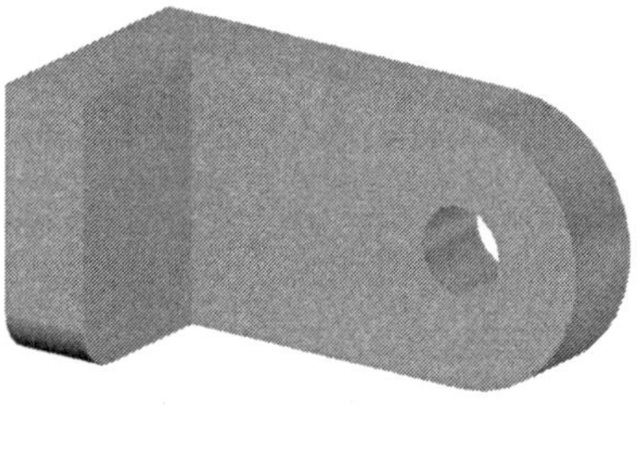

(7)

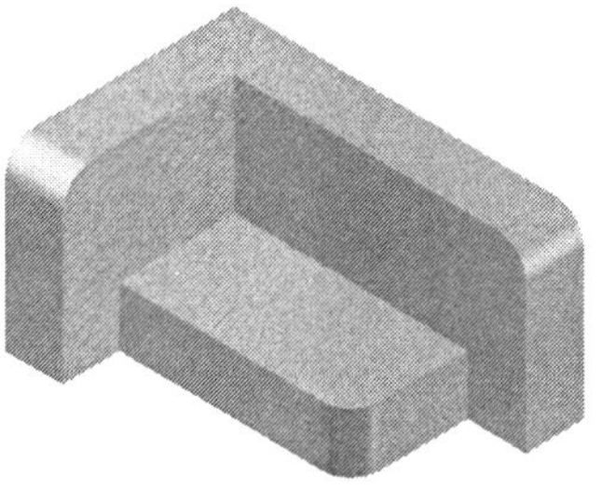

(8)

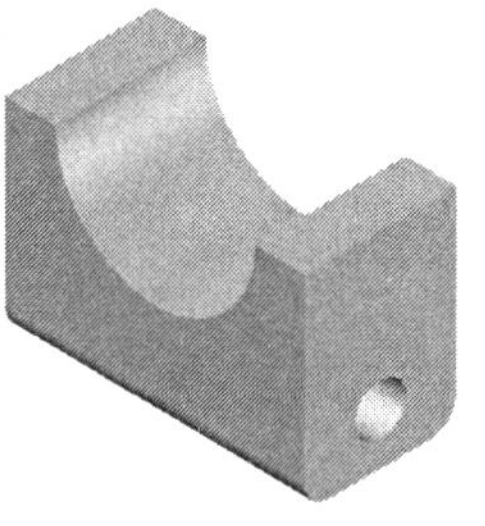

(9)

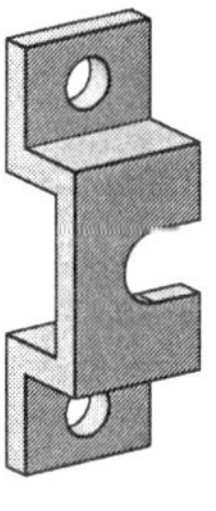

(10)

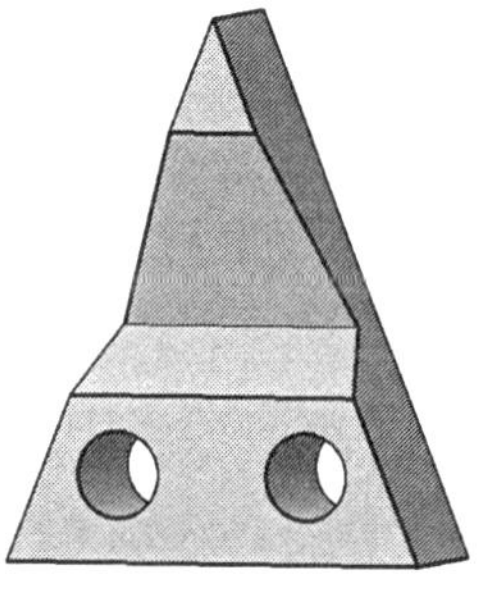

(11)

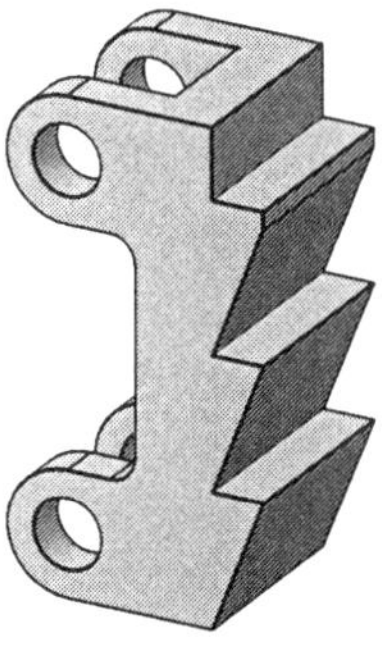

(12)

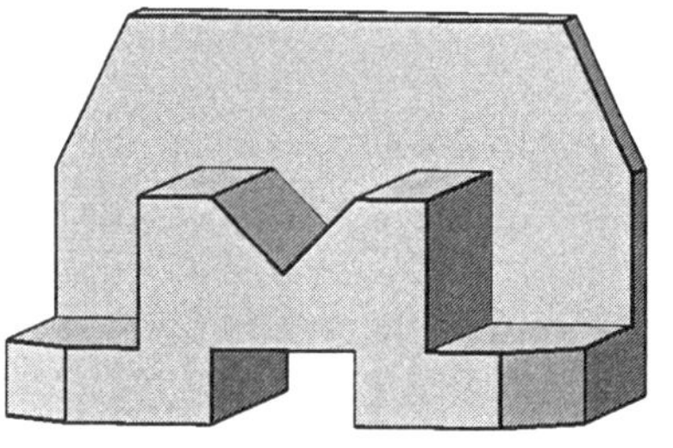

제3장 특수 투상법

물체의 형상이 복잡하여 정투상 방식으로 표현하게 되면 오히려 실제의 형상과 치수를 파악하기 어려운 경우가 있다. 이 경우 경사면에 평행한 보조투상(경사투상), 회전투상 및 기타 다양한 특수투상을 사용하게 된다. 이번 단원에서는 정투상면에 평행하지 않은 특수투상법을 활용하여 도면을 작성하는 방법을 알아본다.

3.1 보조 투상도

경사면을 가지고 있는 대상물에서 그 경사면의 실제 크기와 모양을 나타낼 경우에 사용되는 투상도로 다음과 같은 경우가 해당된다.

① 물체의 경사면의 실제 모양을 나타내고자 할 필요가 있을 경우에는, 그 경사면과 같은 각도의 투상 위치에 그림과 같이 보조 투상도를 나타낸다. 그림처럼 보이는 필요한 부분만을 나타내는 것을 부분 보조 투상도라고 한다.

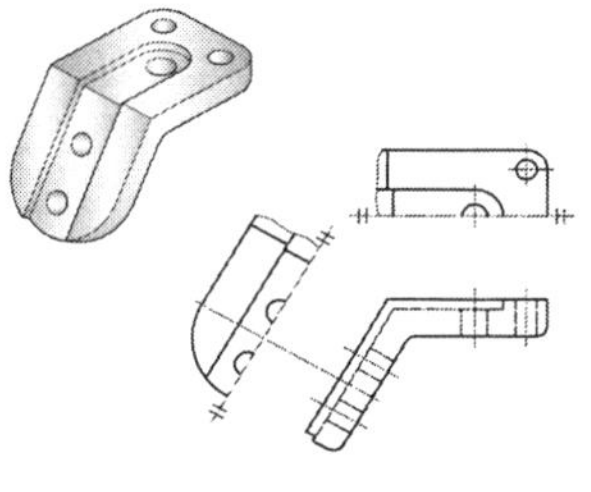

그림 3.1 경사면의 보조 투상도

② 지면의 여백이 충분하지 않는 등 보조 투상도를 경사면과 마주보는 위치에 배치할 수 없는 경우에는 그림(a)와 같이 그 연관 관계를 화살표와 알파벳 대문자로 나타낸다. 또한 그림(b)와 같이 중심선을 연장하여 두 투상도의 관계를 명확하게 나타내는 방법도 있다.

③ 보조 투상도(필요 부분만을 나타내는 부분 보조 투상도도 포함)의 배치 관계가 분명하지 않을 경우에는 그림(c)와 같이 도면 구역의 구분기호를 부기한다.

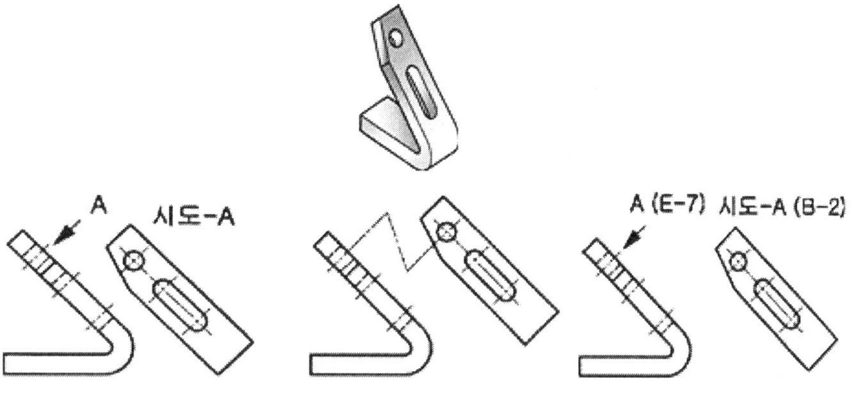

(a) 수평배열　　(b) 인접 배열　　(c) 투상도 위치의 구역 표시

그림 3.2 보조 투상도의 배열 방법

3.2 회전 투상도

대상물의 일부가 특정 각도를 가지고 있을 경우 투상면에 그 실형이 나타나지 않는다. 이 경우 그 부분을 회전시켜 그리는 투상도이다. 이때 도면을 잘못 해독할 우려가 있을 때에는 회전투상에 적용한 가이드(guide) 선을 남긴다.

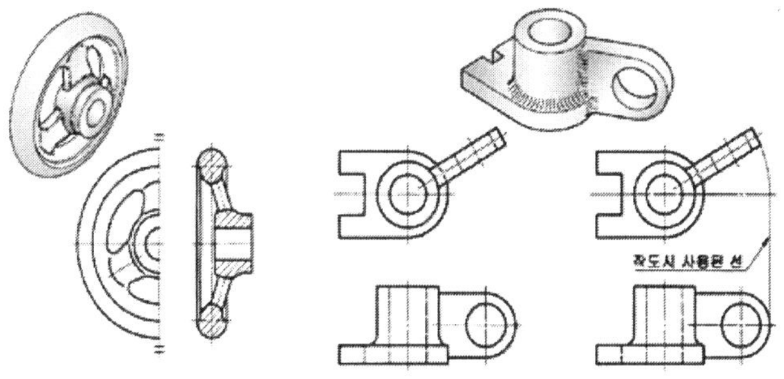

(a)　　(b)　　(c)

그림 3.3 회전 투상도

3.3 부분 투상도

그림의 일부만 도시할 필요가 있을 때 그 필요 부분만을 투상하여 그린다. 이 경우 생략한 부분과의 경계는 파단선으로 나타내고, 명확한 경우에는 파단선도 생략할 수 있다.

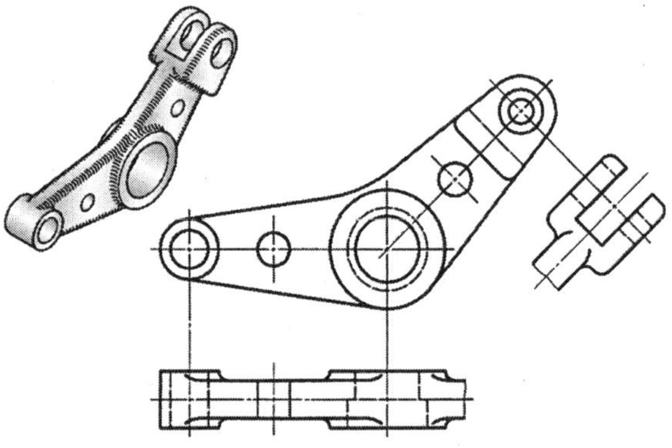

그림 3.4 부분 투상도

3.4 국부 투상도

대상물의 구멍, 홈 등 특정한 부분만의 모양을 도시하는, 극히 일부분만을 그리는 투상도이다. 이때 투상 관계를 나타내기 위하여 원칙적으로 주 투상도로부터 국부 투상도까지 중심선, 기준선, 치수선 등으로 연결한다.

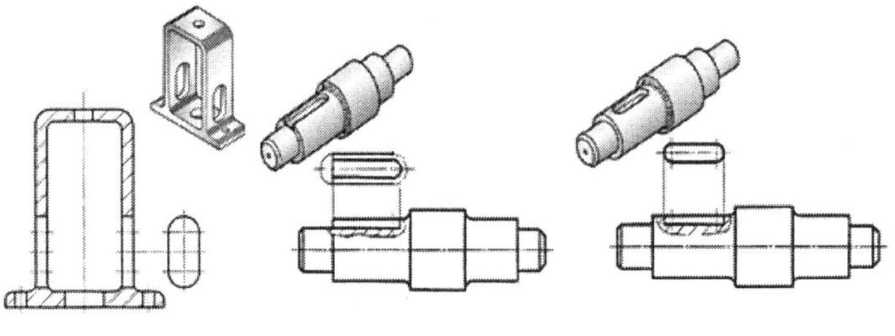

그림 3.5 국부 투상도

3.5 부분 확대도

특정한 부분의 도형이 작아서 그 부분을 자세하게 나타낼 수 없거나 치수 기입을 할 수 없을 때에, 그 부분에 대해 가는 실선으로 구역을 표시하고 한글이나 알파벳 대문자로 표기한다. 동시에 그 해당 부분에 대해 인접한 곳에 확대도를 나타내고, 확대를 표시하는 문자기호와 척도를 기입한다. 확대한 투상도의 척도를 나타낼 필요가 없는 경우에는 척도 값 대신 "확대도"라고만 부기할 수도 있다.

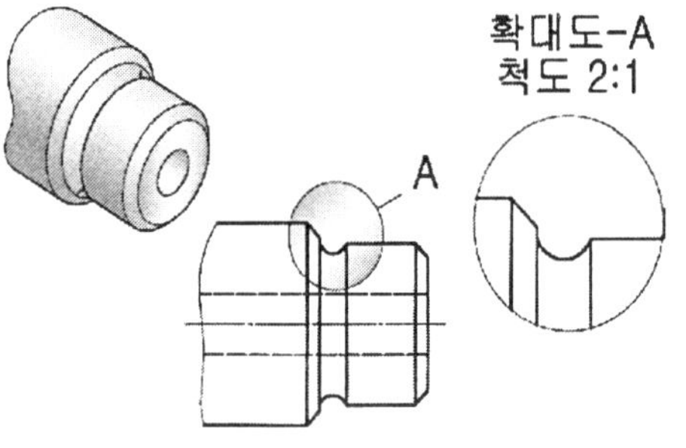

그림 3.6 부분 확대도

3.6 대칭 도형의 생략

물체의 모양이 대칭이어서 전체의 모양을 나타내지 않아도 도형을 충분히 파악할 수 있는 경우에는 그림과 같이 대칭 도형의 일부를 생략하여 나타낼 수 있다.

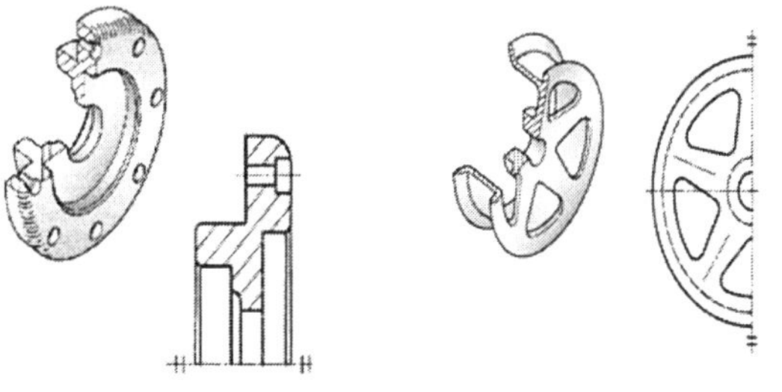

(a) (b)

그림 3.7 대칭 도형의 생략

① 대칭 중심선의 한쪽 모양만을 그리고, 그 대칭 중심선의 양 끝 부분(외형선으로부터 약 3mm의 바깥지점)에 그림과 같이 짧은 2개의 나란한 가는 실선(약 3 mm간격, 선 굵기 0.35mm정도)의 대칭 기호를 기입한다.

② 대칭의 물체라도 중심선을 지난 지점까지 파단선을 사용하여 부분투상도 방식으로 제도한 경우에는 대칭 도시기호의 기입을 생략할 수 있다.

3.7 반복되는 도형의 생략

① 같은 종류, 같은 모양의 것이 다수 연이어 있는 경우에는 도형을 생략할 수 있다. 다만, 그림 기호를 사용하여 생략할 경우에는 그 뜻을 알기 쉬운 위치에 기술하거나, 지시선을 사용하여 기술한다.

② 실제 도형 대신 그림 기호를 피치선과 중심선과의 교점에 기입한다.

③ 도면 오독의 우려가 있을 경우에는 양끝 부분(한 끝은 1피치 분) 또는 요점만을 실형 또는 도면 기호로 나타내고, 다른 쪽은 피치선(pitch line)과 중심선(center line)과의 교점으로 나타낸다. 다만, 치수 기입에 의하여 교점의 위치가 명확할 때는 피치선에 교차되는 중심선을 생략하여도 좋다. 또, 이 경우에는 반복 부분의 수를 치수 기입 또는 주기에 의하여 기입하여야 한다.

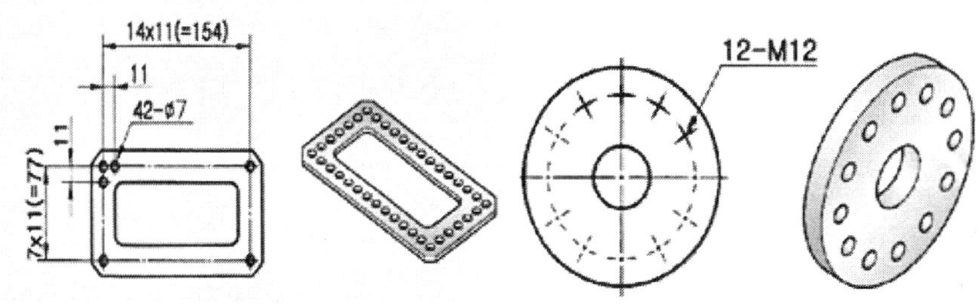

그림 3.8 반복되는 도형의 생략

3.8 중간 부분의 생략

① 동일 단면으로 길이가 긴 형상, 같은 모양이 규칙적으로 이어지는 형상, 또는 긴 테이퍼 등의 형상은 지면 상 중간 부분을 잘라내서 도시한다.

보기 1. 축, 막대, 관, 형강
2. 래크(rack), 공작 기계의 어미 나사(lead screw), 교량의 난간, 사다리
3. 테이퍼 축 등이 해당되며 잘라 낸 끝 부분은 파단선으로 나타낸다.

② 요점만을 도시하는 경우 혼동의 염려가 없을 때는 파단선을 생략할 수 있다.

③ 긴 테이퍼 부분, 또는 끼워맞춤 부분을 잘라낸 경우 경사가 완만한 것은 실제의 각도로 도시하지 않아도 좋다.

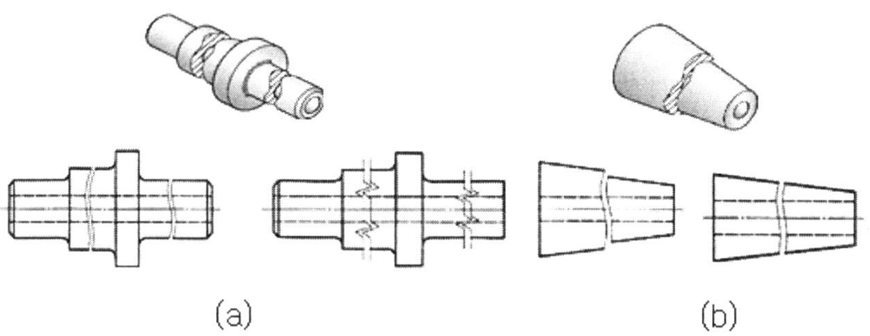

그림 3.9 중간 부분의 생략

3.9 특별한 경우의 도시 방법

(1) 전개도

① 주로 판형 대상물의 펼쳐진 모양을 도면으로 표시하는 경우이며 3가지 전개도법이 있다. (평행선법, 방사선법, 삼각형 전개도법)

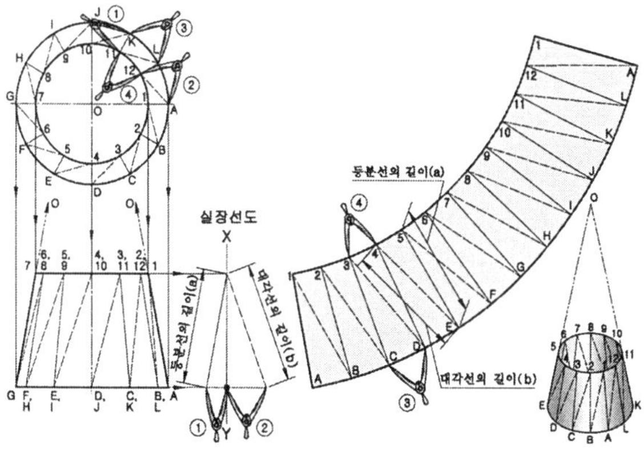

그림 3.10 삼각형 전개도법

② 전개도의 특정 위치에 통일되게 “전개도”라 기입한다.

② 판금제품의 경우에도 아주 굵은 실선으로 전개도를 표시하게 되는데 특히, 이음(seam) 부분 또는 마감(curl) 부분의 부분 확대도에 적용된다.

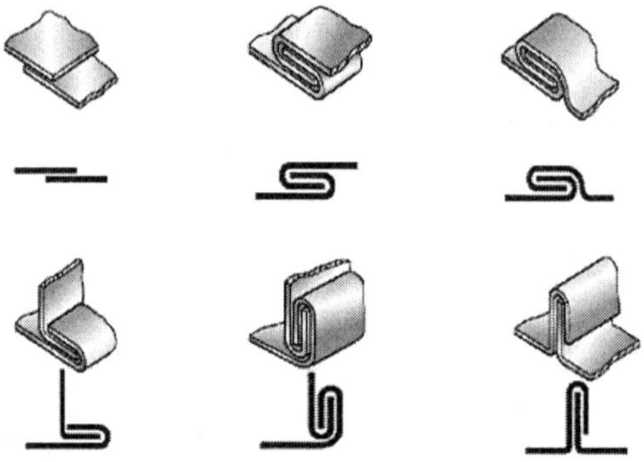

그림 3.11 판금 제품의 이음(seam)

(2) 간략 도시(생략 도시)

① 은선의 경우 도형을 이해할 수 있는 경우에 생략 가능하다.

② 보조 투상도에 보이는 부분 전체를 나타내면 도리어 도면을 이해하기 어렵게 될 경우에는 전체 표현을 생략하고, 부분 투상도와 보조 투상도를 혼합하여 이해를 쉽게 하도록 나타내는 것이 좋다.

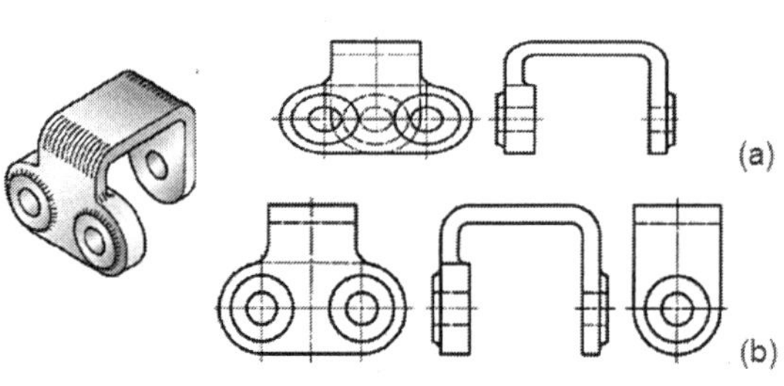

그림 3.12 간략 도시

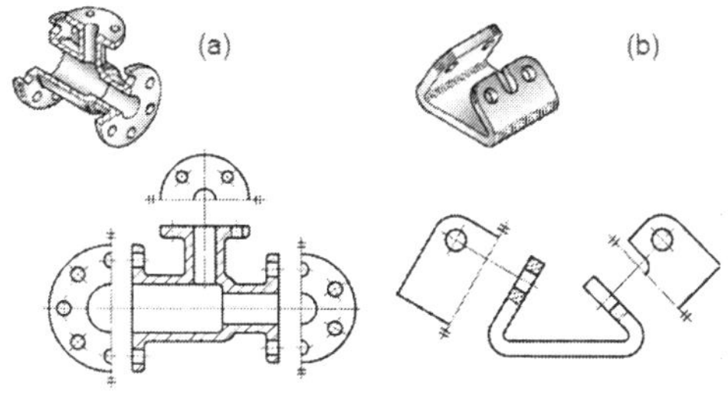

그림 3.13 플랜지(flange)와 경사면의 간략 도시

③ 단면의 앞쪽에 보이는 선의 경우 그것이 없어도 이해할 수 있는 경우에는 생략하거나 원래의 형상대로 투상하는 것이 이해를 돕는다.

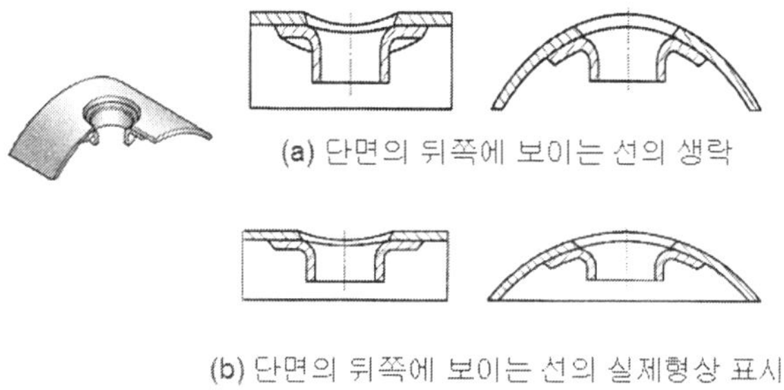

그림 3.14 단면의 생략과 간략 도시

④ 일부분에 특정한 모양을 가진 형상은 그 부분이 위쪽에 오도록 하는 것이 좋다. (예, key홈이 있는 boss구멍, hole 또는 홈이 있는 관(pipe)이나 실린더(cylinder), 분할 ring 등)

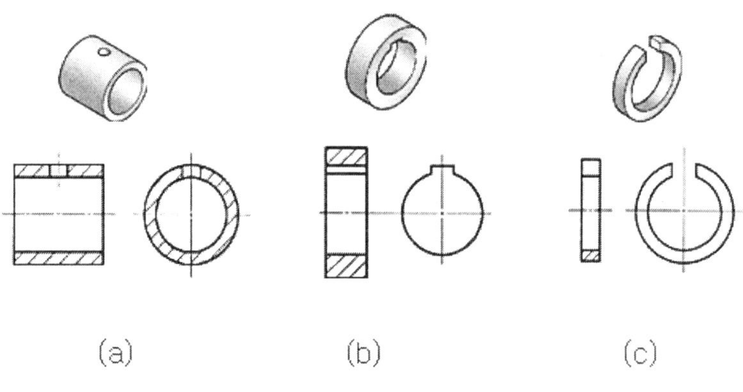

그림 3.15 특정한 형상을 가진 경우의 도시

⑤ 플랜지 등 피치원에 배치되는 볼트(bolt)의 경우 측면도 및 단면도에서 피치원이 나타내는 원통에 해당하는 가는 1점 쇄선과 그 한쪽에만 1개의 구멍을 도시하고 다른 위치의 볼트의 도시를 생략할 수 있다. (단면의 명확한 위치 표시 필요.)

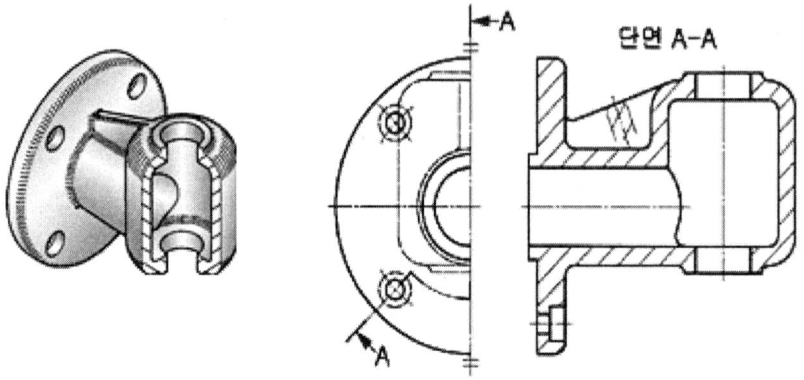

그림 3.16 bolt의 생략 도시

(3) 2개 면의 교차 부분을 표시

① 교차되는 부분에 라운드(round)처리가 있는 경우, 대응하는 도면에는 그림과 같이 교차 위치에 굵은 실선으로 표시한다.

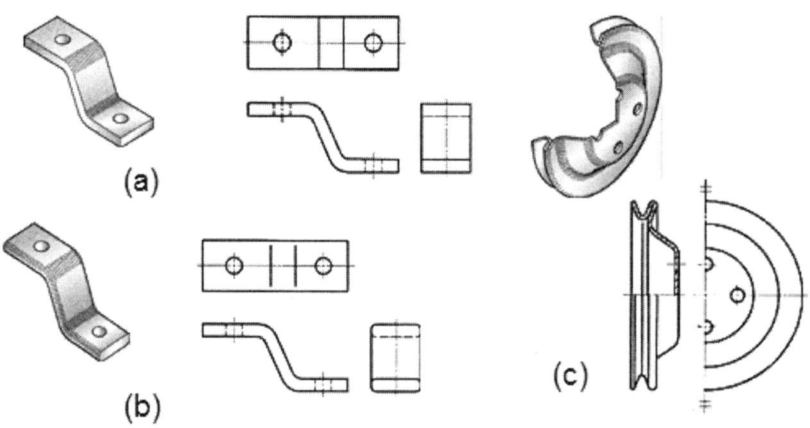

그림 3.17 round 형상의 간략 도시

② 리브(rib) 등을 표시하는 선의 끝 부분은 직선 그대로 마감되도록 간략하게 도시할 수 있으며, 관련 있는 둥글기의 반지름(R1, R2)이 현저하게 다를 경우에는 끝 부분을 안쪽 또는 바깥쪽으로 구부려서 마감 도시할 수 있다.

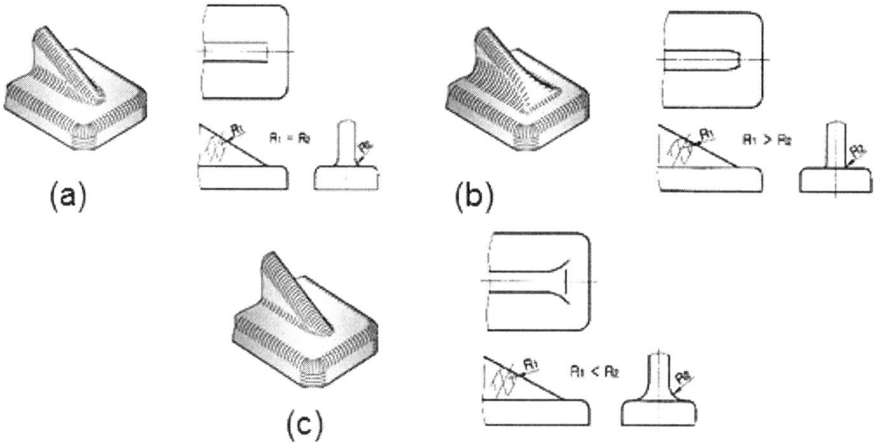

그림 3.18 rib 형상의 간략 도시

③ 곡면과 곡면의 교차 또는 곡면과 평면이 교차하는 부분의 선은 직선으로 표시하든가 직각투상 또는 정투상의 경우처럼 원호로 표시한다.

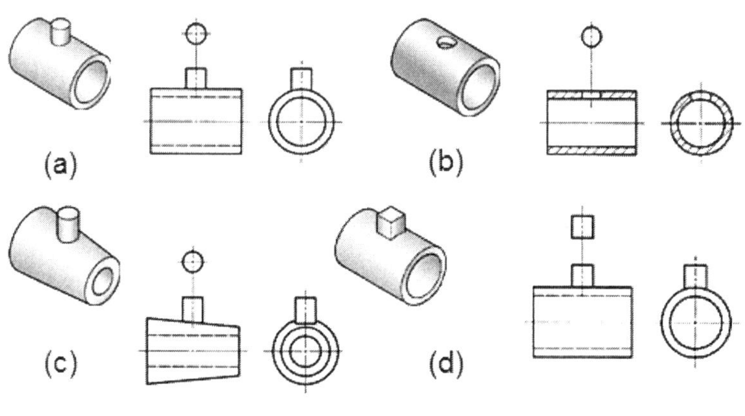

그림 3.19 원통 형상의 간략 도시

(4) 곡면에 대응하는 평면의 도시

가는 실선으로 대각선을 도시하며, 반단면도의 경우 나머지 1/2부분만 대각선을 기입하도록 한다.

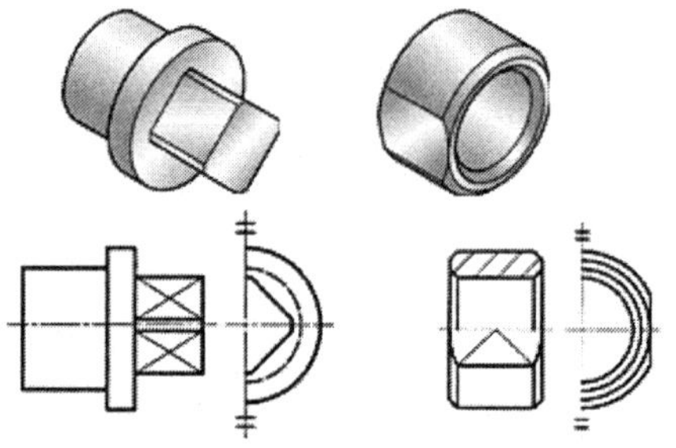

그림 3.20 곡면에 나타내는 평면의 도시

(5) 가공 전 또는 후의 모양의 도시(가상선의 도시)

① 가공 전의 모양을 표시하는 경우에는 가는 2점 쇄선으로 도시한다.

② 조립 후의 모양 또는 가공 후의 모양을 표시하는 경우에도 가는 2점 쇄선으로 도시한다.

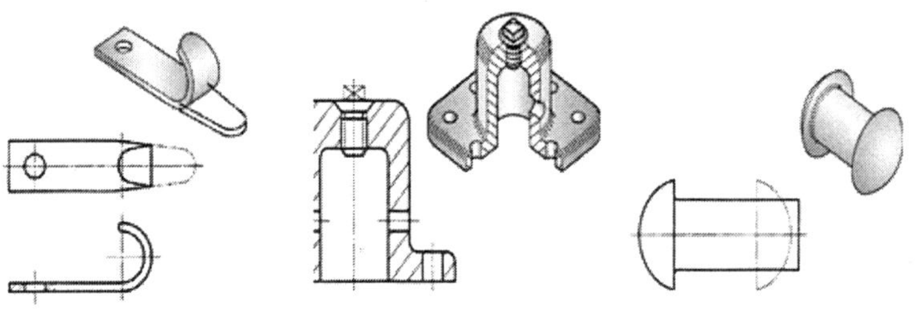

(a) (b) (c)

그림 3.21 가공 전, 조립 후, 가공 후 형상 변화에 대한 도시

(6) 가공에 사용되는 공구(cutter) 및 지그(jig) 등의 도시

가공에 사용되는 커터(cutter) 등은 가는 2점 쇄선(가상선)으로 간략하게 도시한다.

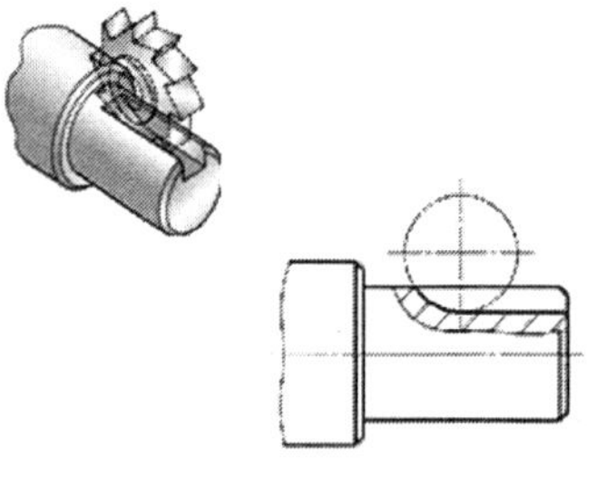

그림 3.22 가공 공구의 형상 도시

(7) 단면 앞쪽 형상에 대한 도시

단면의 앞에 위치하는 키이(key)홈 등의 형상 또한 단면도 내에 가상선에 해당하는 2점 쇄선으로 도시한다.

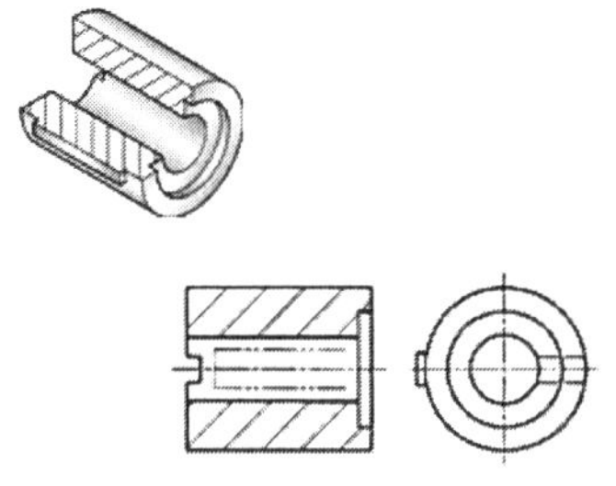

그림 3.23 단면의 앞쪽 형상에 대한 도시

(8) 인접 부분의 도시

① 대상물의 도형은 인접 부분에 숨겨지는 형상이 있어도 은선은 나타내지 않는다.

② 단면도에 있어서의 인접 부분에는 해칭을 하지 않는다.

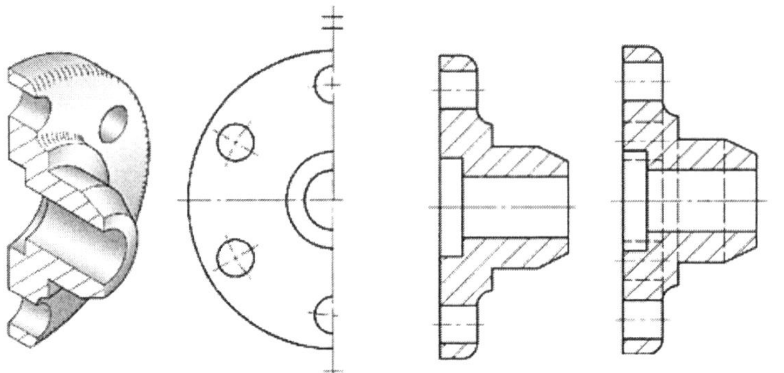

(a) 좋은 보기 (b) 나쁜 보기

그림 3.24 인접부분의 도시와 은선 생략

6) 특수한 가공 범위의 표시

(1) 가공면의 일부분에 특수한 가공을 해야 하는 경우 그 위치에 외형선에 평행한 굵은 1점 쇄선으로 나타내고 지지선 등을 사용하여 표면처리 방법 등 특수 가공에 대한 사항을 기입한다.

(2) 도형 중 특정 범위를 지시할 필요가 있을 경우에는 그 범위를 굵은 1점 쇄선으로 구별 짓는다.

(3) 어느 한정된 범위에만 공차값을 지시는 경우 그림과 같이 굵은 1점 쇄선으로 그 범위를 지정한다.

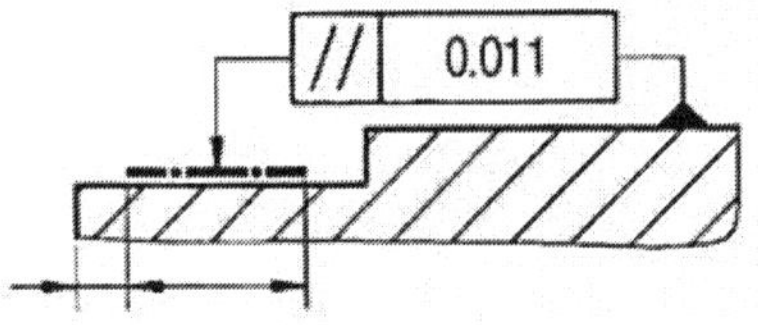

그림 3.25 한정된 범위에 대한 특수가공 또는 공차값 지정

7) 무늬 등의 표시(반복도형의 부분 표시)

널링(knurling), 철망, 줄무늬 강판 등 규칙적이고 반복적인 특징을 갖는 형상의 경우 그 일부분만 나타내어 도시한다.

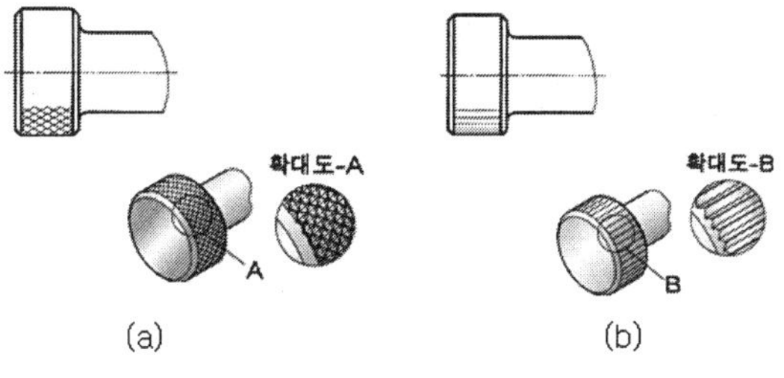

그림 3.26 knurling의 부분 도시

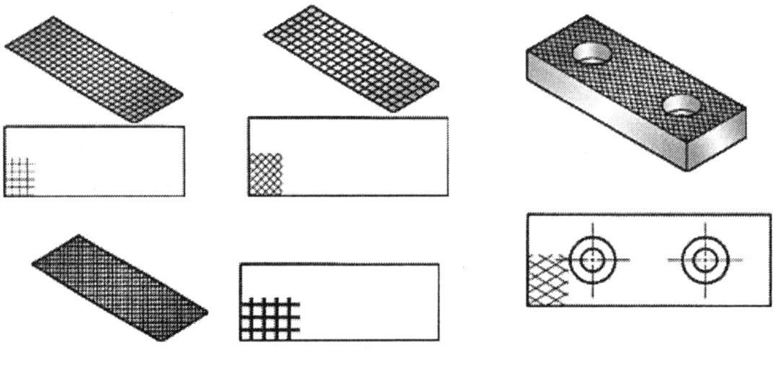

그림 3.27 철망 등 규칙적인 형상의 부분 도시

연습 1 투상 도면 연습1

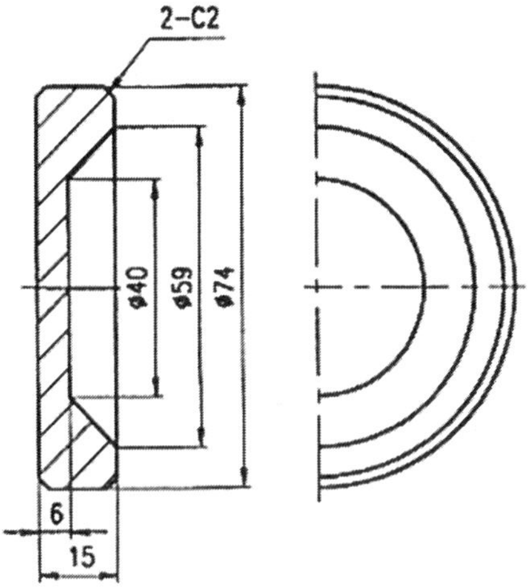

WASHER

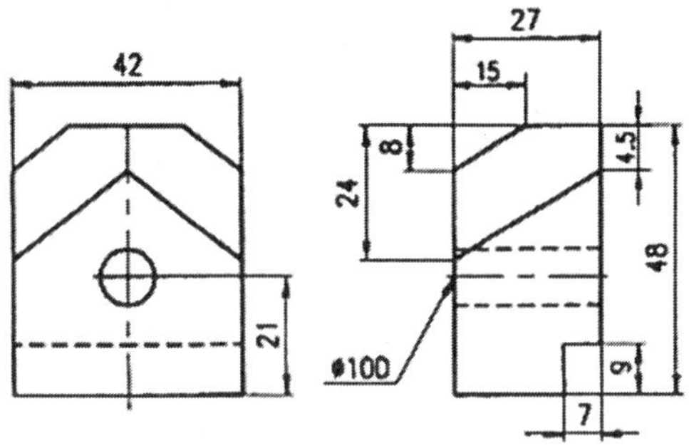

LOCATOR

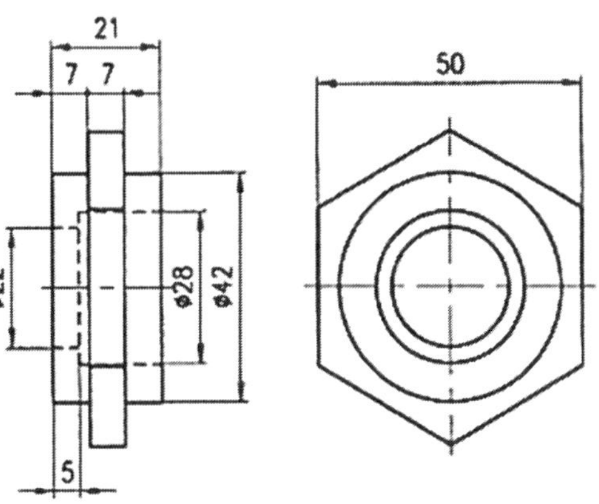

HEX CAP

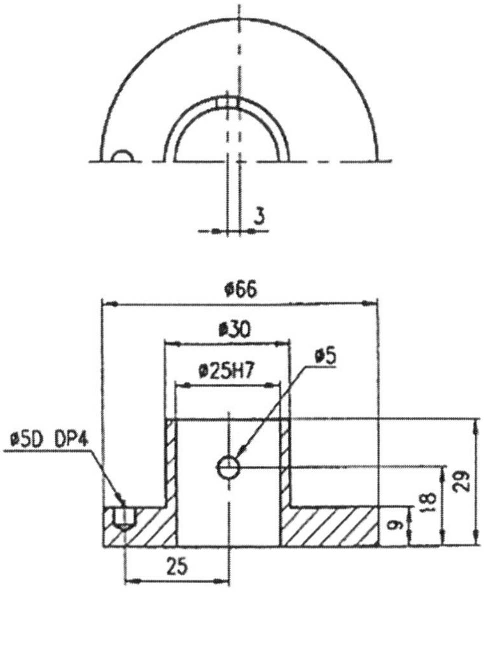

BODY

연습 2 투상 도면 연습2

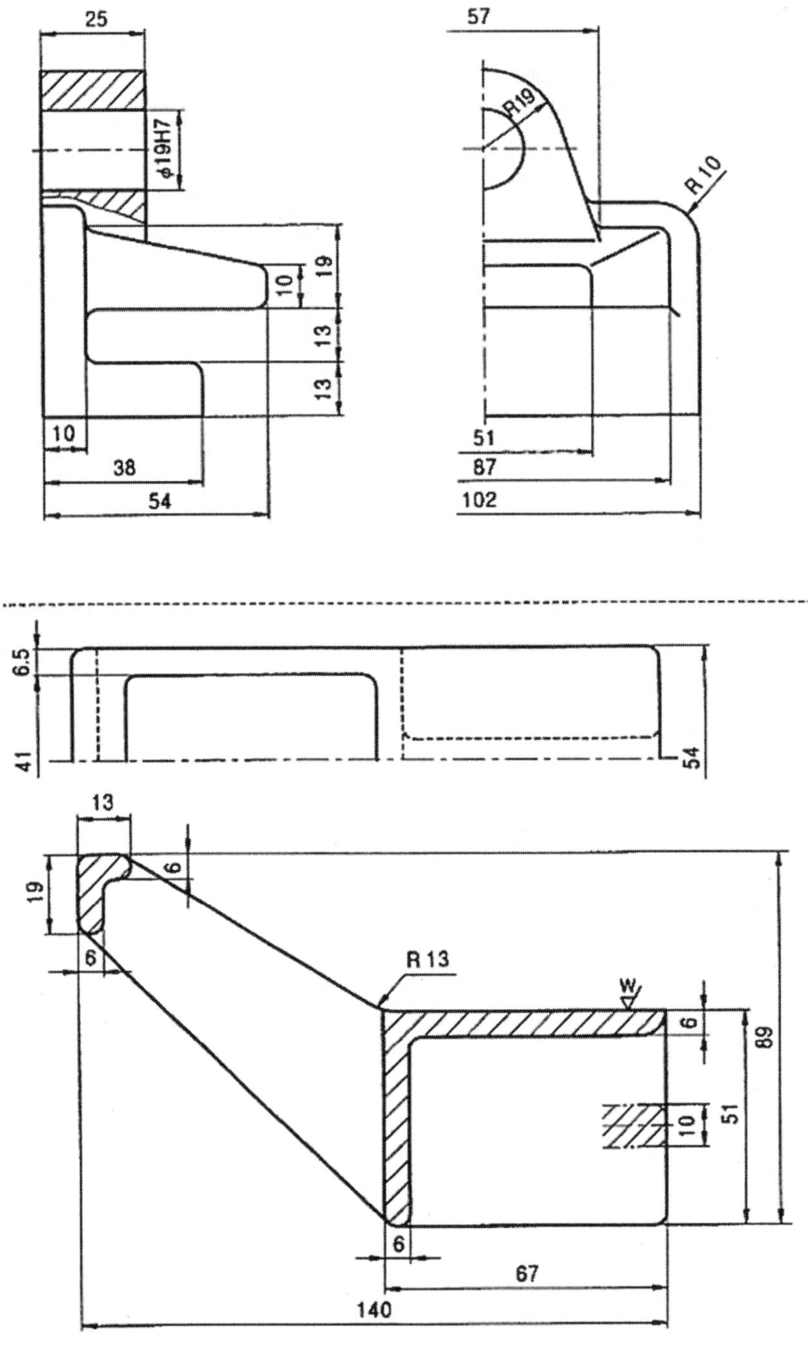
25
φ19H7
19
10
13
13
10
38
54
57
R19
R10
51
87
102
6.5
41
54
13
19
6
6
R13
W
6
89
10
51
6
67
140

제4장 단 면 도

물체의 내부 형상이 복잡할 때 정투상법으로만 도형을 나타내게 되면, 많은 은선이 표현되어 외곽선과 겹치게 되므로 도형의 내부를 이해하는데 오히려 혼란을 줄 수 있다. 따라서 물체의 내부를 명확하게 도시할 필요가 있는 곳에서 절단 또는 파단하여 내부가 보이는 것으로 표현하게 되면, 대부분의 은선이 표시되지 않고 대신 외형선으로 그려진다. 이러한 기법이 단면도법이며, 단면도법에 따라 그려진 도면을 단면도(sectional view)라 하는데 이번 단원에서는 여러가지 단면도에 대해 다룬다.

4.1 단면 표시법

1) 단면도 표시 원칙

(1) 원칙적으로 단면은 기본 중심선에서 절단한 면으로 표시하고, 은선은 표시하지 않는다. 이때 절단선은 표시하지 않는다.

(2) 필요에 따라 단면은 기본 중심이 아닌 곳에서 절단한 면으로 표시해도 좋다. 단, 이 경우 절단위치를 표시해야 한다.

(3) 단면을 분명하게 하기 위해서는 해칭(hatching)을 한다.

(4) 은선은 단면에 되도록 기입하지 않는다.

(5) 관련도에는 단면을 그리기 위하여 제거된 부분도 나타낸다.

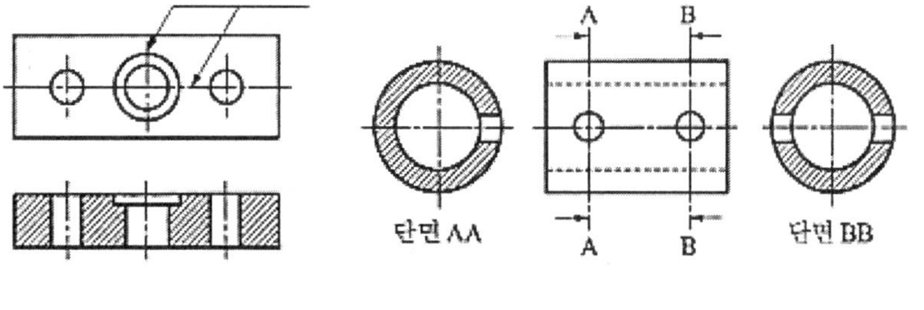

그림 4.1 단면도 기본 원칙

2) 해칭(hatching)의 기본 원칙

(1) 기본중심선 또는 기준선에 대하여 45°의 가는 실선으로 등간격으로 그린다.
[등간(等間), 등형(等形), 등각(等角), 등향(等向)]

(2) 단면이 서로 인접한 경우에는 해칭의 방향을 바꾸거나, 해칭의 간격을 다르게 하여 구별하도록 한다.

(3) 동일한 부품의 단면은 떨어져 있어도 해칭의 각도와 간격을 동일하게 해주어야 한다. 또한 단면의 범위가 클 때에는 주변만 해칭한다.

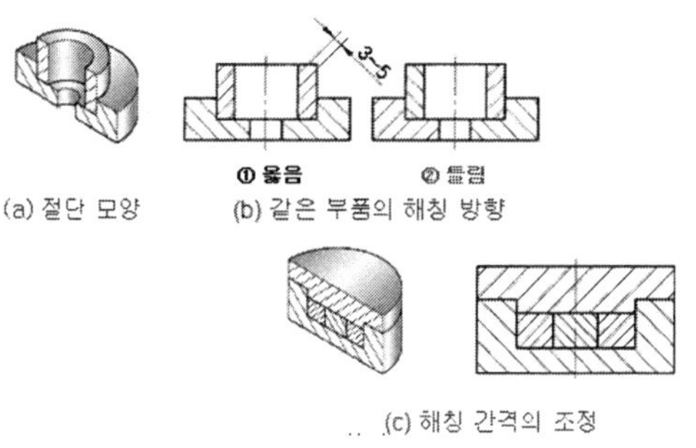

그림 4.2 해칭선의 각도, 방향 및 간격

(4) 필요한 경우 해칭 대신 해칭 할 면의 가장자리만을 스머징(smudging) 방법으로 채색할 수 있다.

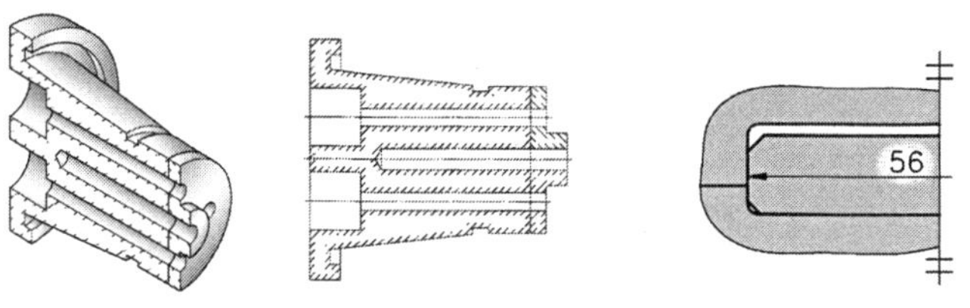

그림 4.3 edge hatching & smudging

(5) 해칭할 부분에 치수가 놓이는 경우 치수 문자 부분은 해칭이나 스머징을 중단하고 치수를 기입한다.

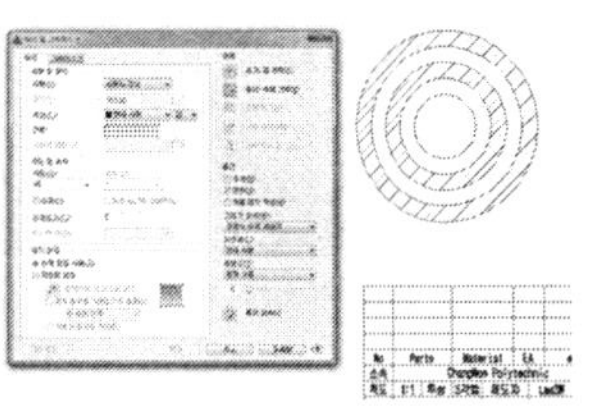

① 사용자 정의 : 일반 직선형 해칭으로 해칭의 각도(45도)와 간격을 설정.

② 미리 정의 : 솔리드해칭(스머징)을 포함 CAD 자체의 패턴 적용.

③ 그라데이션(gradation) : 스머징(smudging)처럼 단일 색상 적용.

④ 점 선택/객체 선택 : 해칭 구역이 다수일 때 객체 선택을 하면 밖에서부터 순차 해칭 적용.

그림 4.4 CAD에서의 hatching

3) 단면도 그리는 순서

(1) 절단면 상에 나타난 외형선, 중심선을 먼저 그린다.
(2) 절단면 앞에 있는 보이는 선을 그린다.
(3) 보이지 않는 부분은 은선으로 그린다. 단, 은선은 최대한 생략하도록 한다.
(4) 단면을 완성하고 해칭을 한다.
(5) 관련도에 절단선 표기를 넣어 완성한다.

4.2 단면도의 종류

(1) 전단면도(full section view)

물체를 절반으로 절단하여 투상도 전체를 단면으로 표시한 것을 전단면도 또는 온단면도(full section view)라하며, 절단면은 투상도에 평행하고 기본 중심선을 지나는 것이 원칙이나, 형상에 따라 반드시 기본 중심선을 지나지 않아도 된다. 은선은 최대한 생략되도록 하며, 절단면 앞쪽에 위치되는 선 또한 도형 이해에 관련이 없는 경우 생략한다.

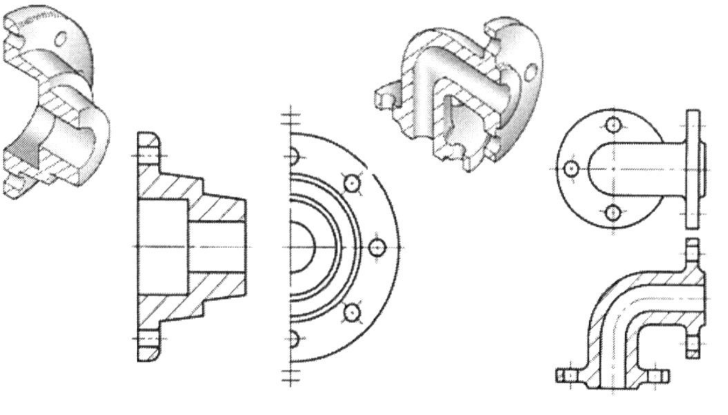

그림 4.5 전단면도(full section view)

(2) 반단면도(half section view)

대칭인 물체를 1/4로 절단하여 단면도록 나타낸 것으로 반단면도 또는 한쪽단면도라 하며 절단선은 기입하지 않는다. 따라서 한쪽은 단면도(보통 좌측과 위에 위치), 다른 한쪽은 외형도로 표시된다. (외형도 절반과 단면도 절반이 조합된 형태)

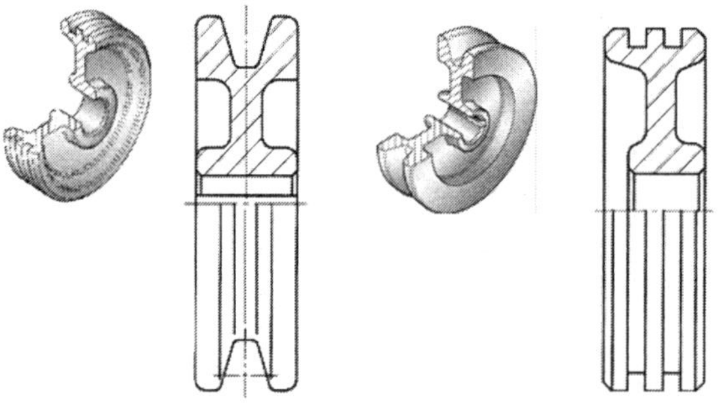

그림 4.6 반단면도(half section view)

(3) 부분 단면도(local section view)

물체의 필요한 일부분만을 절단하여 단면으로 나타낸 것으로 절단부의 경계는 가는 실선의 부드러운 곡선으로 파단선(spline or pline or sketch) 처리를 하며, 부분단면도는 다음과 같은 경우에 사용하게 된다.

① 단면으로 표시할 부분의 범위가 좁은 경우.

② key, pin, cotter, 나사 등과 같이 길이 방향으로 절단하지 않는 부품의 경우.

③ 단면의 경계가 혼동되기 쉬운 경우.

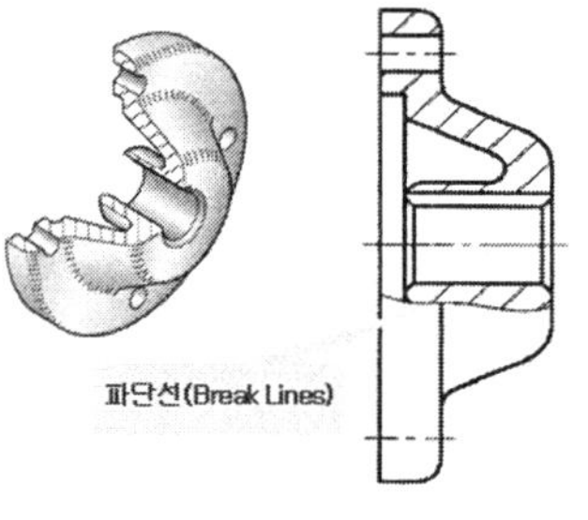

그림 4.7 부분단면도와 파단선

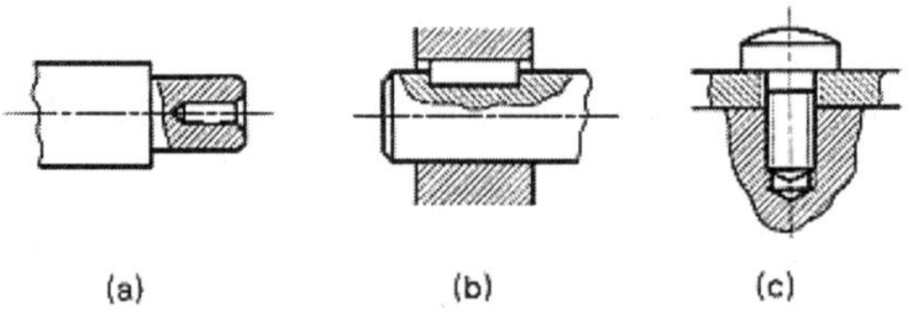

그림 4.8 길이방향으로 절단하지 않는 부품의 부분단면도

(4) 회전 단면도(revolved section view)

핸들(handle), 기어(gear), 벨트 풀리(belt pulley)의 암(arm), 리브(rib), 훅(hook), 축 등의 형상을 한 구조물의 단면은 다음의 원칙에 따라 90° 회전 단면도로 나타낸다.

① 물체를 파단하여 파단한 곳에 회전하여 단면을 표시한다.

② 절단할 곳의 전후를 끊어서 그 사이에 그린다.

③ 절단선의 연장선(도형 외부)에 그린다.

④ 도형 내의 절단한 위치에 회전시켜 가는 실선으로 그린다.

⑤ 물체의 모양이 서서히 변화하는 경우(propeller) 또는 형상이 변화되며 길이가 긴 축의 경우 단면의 수가 많아, 연장된 중심선에 단면도를 표시하는데, 이를 "인출회전단면도"라 하며, 주 투상도와 척도를 다르게 할 수도 있다.

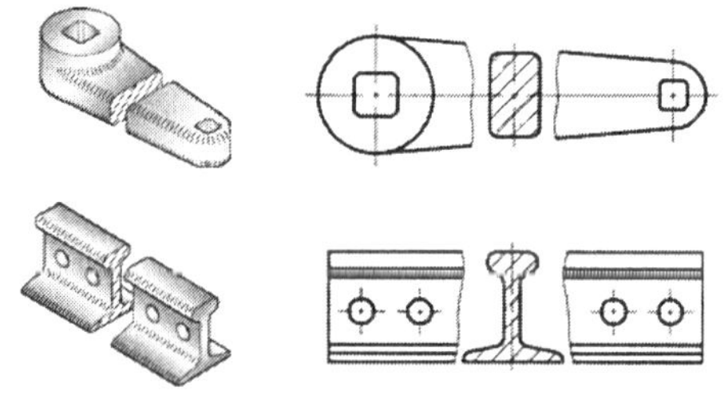

그림 4.9 회전단면도(물체의 중간 파단)

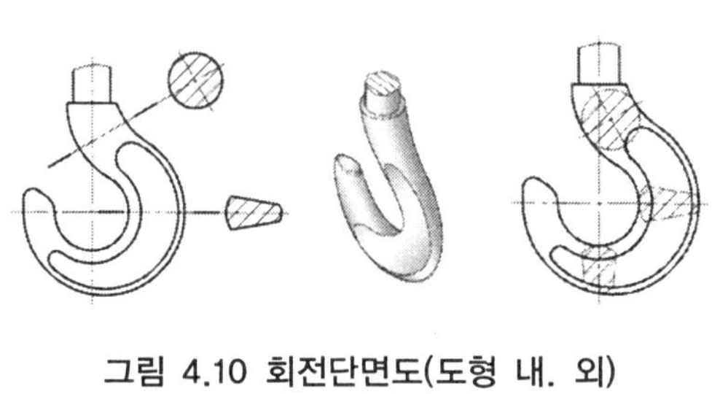

그림 4.10 회전단면도(도형 내. 외)

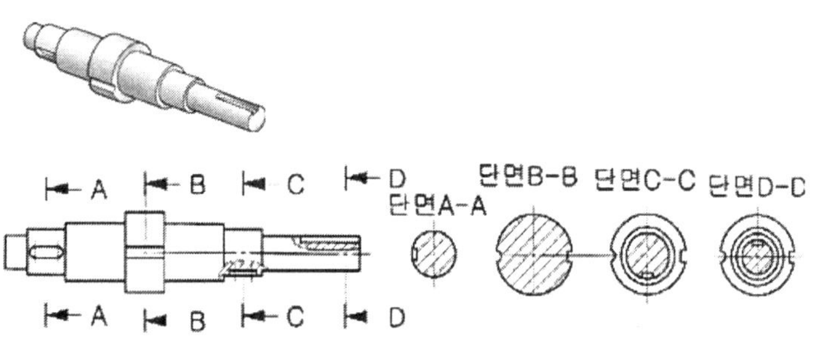

그림 4.11 인출 회전단면도

(5) 계단 단면도(offset section view)

복잡한 형상의 단면을 나타낼 때 절단면이 투상면에 평행하거나 수직하게 계단 형태로 절단된 것을 계단단면도라 하며, 다음의 원칙을 따른다.

① 해칭은 하나의 절단면으로 절단한 것과 같이 전체에 동일하게 표시한다.

② 절단의 위치가 바뀌는 경계 부위에 기호를 붙여서 “단면 ABCD”와 같이 명확하게 경계 부분을 표시하여야 한다.

③ 전단면 또는 반단면으로 계단단면도를 표시할 수 있다.

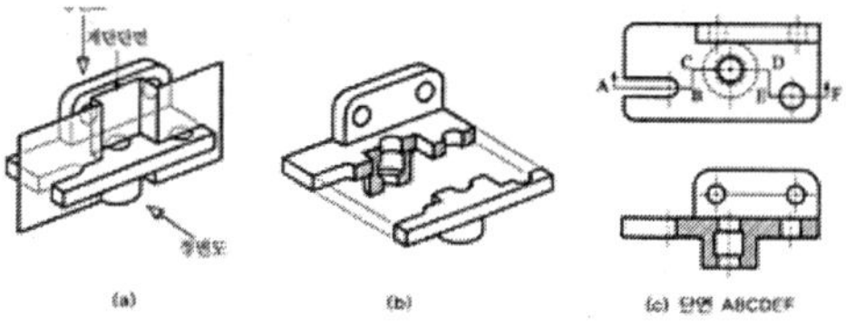

그림 4.12 계단단면도(전단면)

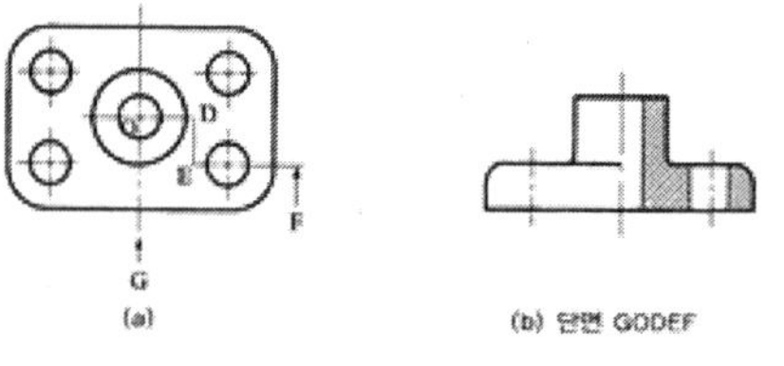

그림 4.13 계단단면도(반단면)

(6) 단면도의 조합(연속단면)

① 2개 이상의 절단면으로 절단하여 단면도를 조합하여 나타내는 방법이다.

② 필요에 따라서 단면의 위치와 보는 방향을 나타내는 화살표와 글자 기호를 붙인다.

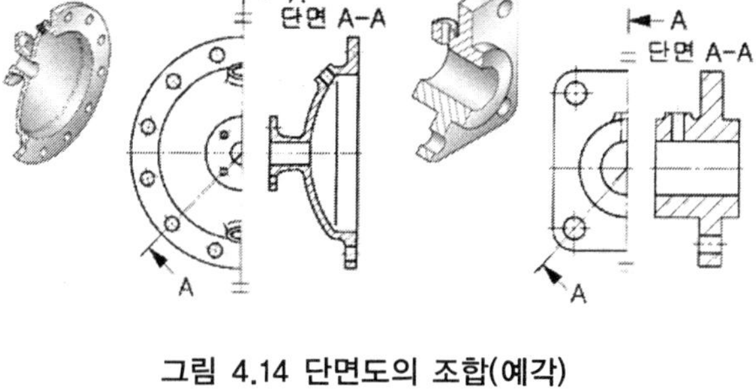

그림 4.14 단면도의 조합(예각)

③ 단면도는 필요에 따라 예각단면, 직각단면, 계단단면, 곡면단면 등 다양한 조합으로 나타낼 수 있다.

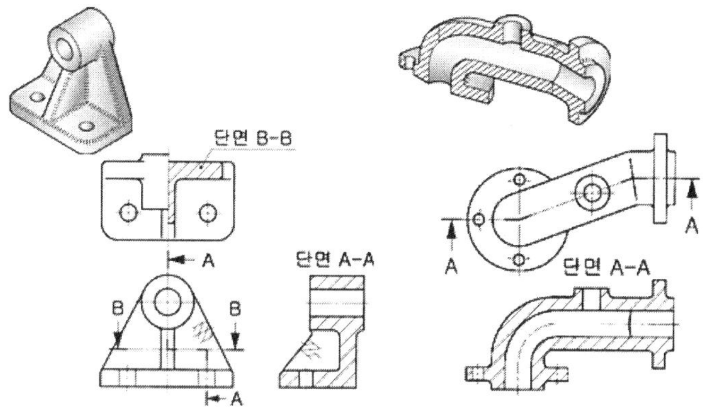

그림 4.15 단면도의 조합(직각, 곡면)

(7) 얇은 두께 부분의 단면도

① 가스켓(gasket), 박판(薄板), 형강(形鋼) 등 절단면이 얇은 경우에 해당된다.

② 실제 두께 치수와 관계없이 아주 굵은 실선으로 나타낸다.

③ 가스켓 등이 인접된 경우는 굵은 선 사이의 간격을 둔다.

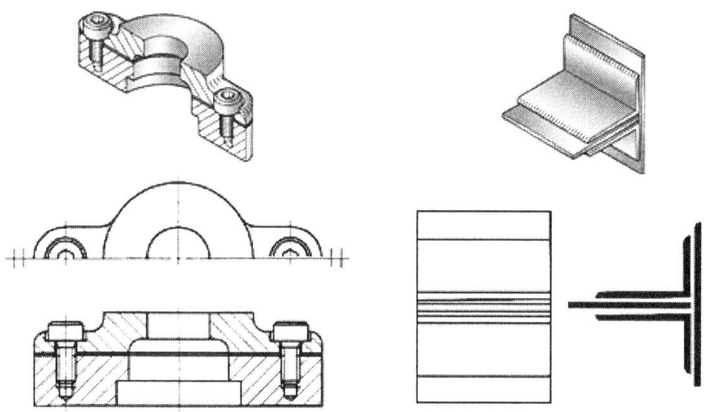

그림 4.16 가스켓 및 박판의 단면도

4.3 절단면을 해칭하지 않는 부품

축(shaft), 키(key), 핀(pin), 볼트(bolt), 코터(cotter), 너트(nut), 와셔(washer), 작은 나사(vis), 리벳(rivet), 리브(rib), 바퀴의 암(arm). 기어(gear)의 이, 베어링의 볼(steel ball), 원통 롤러(roller) 등은 길이방향으로 절단하지 않거나, 절단면을 해칭하지 않는다.

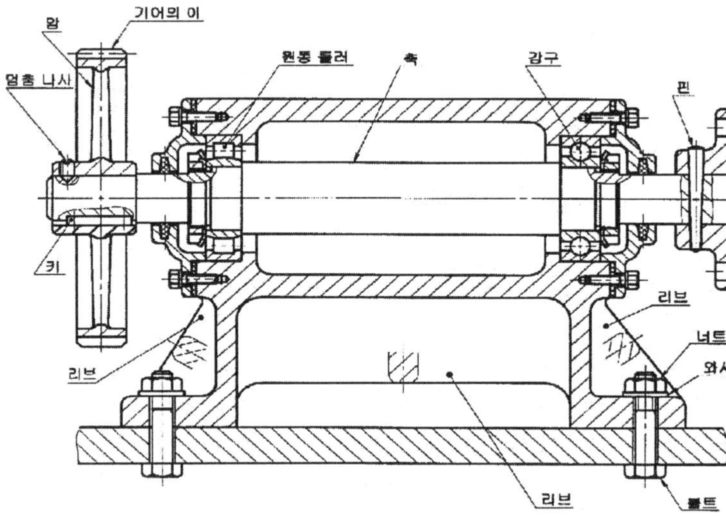

그림 4.17 절단면을 해칭하지 않는 부품

(a) 묻힘 키　　(b) 반달 키

그림 4.18 키이(key)의 단면도 표기

연습 1 그림의 모델링에 대해 전단면도를 완성하시오.

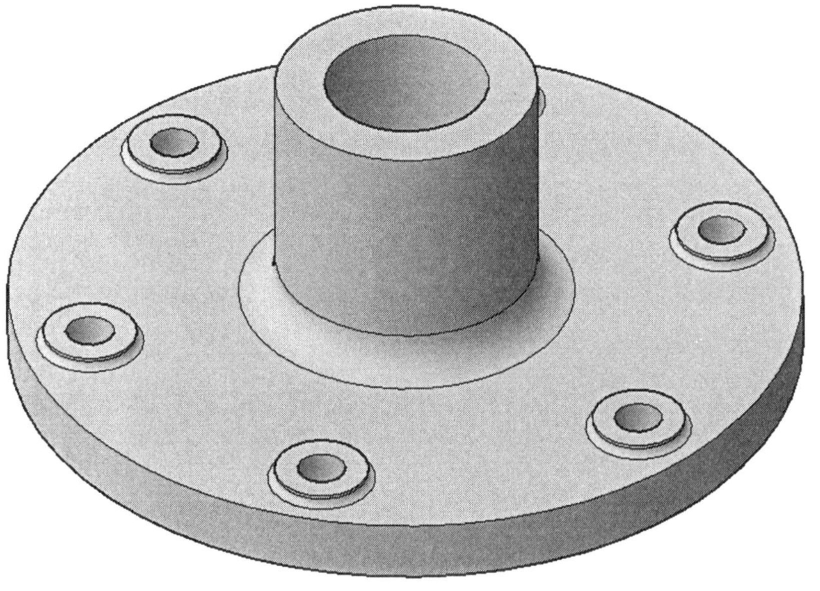

연습 2 그림의 모델링에 대해 반단면도를 완성하시오.

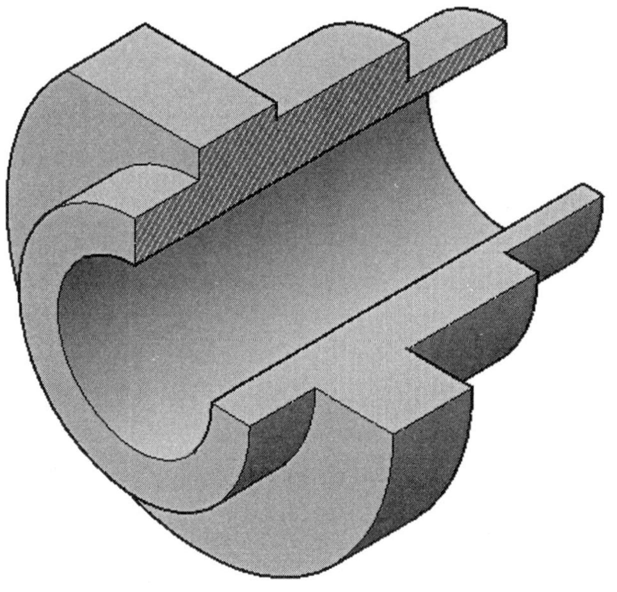

제5장 치수 기입법

치수 기입의 중요성은 아무리 강조해도 지나치지 않다. CAD시스템을 사용하는 모든 모면의 검도, 검사 및 채점에서 가장 중요시 되고 우선시 되는 도면 요소가 치수(dimension)이다. 도면이 아무리 정확하게 제도 되었어도 치수기입이 잘못되어 있으면, 작업 능률도 떨어지지만 오작품 제작으로 인해 상당한 물질적인 손실이 발생할 수 있기 때문이다. 정교한 치수 기입은 제도자의 실력과 세련미를 판단하는 기준이 되며, 치수기입의 누락 또는 치수의 중복 기입이 없도록 기본 사항에 충실하여야 한다.

5.1 치수 기입 일반

치수 기입은 단순히 도면에 치수를 표시할 뿐 아니라 가공법, 측정, 조립, 재료 등도 기입 되므로, 그 정확도는 물품의 신속, 정확, 경제적인 생산에 영향을 미치게 된다. 따라서 제도에 있어서 가장 신중한 확인이 필요한 부분이다. 치수에는 기본적으로 형상 치수(size dimension)와 위치 치수(local dimension)의 두 종류로 구분되며, 두 종류의 치수를 모두 기입하고 나면 제품의 전체 치수를 파악할 수 있게 된다.

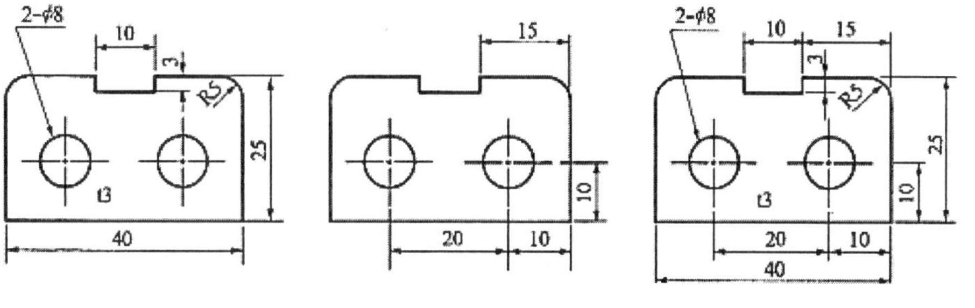

그림 5.1 치수 기입 일반

1) 치수 기입의 원칙

(1) 대상물의 기능, 제작, 조립 등 필요하다고 생각되는 모든 치수를 기입한다.

(2) 치수는 대상물의 크기, 자세 및 위치를 가장 명확하게 표시하는 데 필요하고 충분하게 기입한다.(필요 충분 조건)

(3) 치수에는 기능상(호환성을 포함) 필요로 한 경우 치수의 허용 한계를 기입한다. 다만, 이론적으로 정확한 치수는 제외한다.

(4) 치수는 되도록 주 투상도(정면도)에 집중 기입한다.

(5) 치수는 중복 기입을 피한다.

(6) 치수는 되도록 계산해서 구할 필요가 없도록 기입한다.

(7) 치수는 필요에 따라 기준으로 하는 점, 선, 또는 면을 기준으로 하여 기입한다.

(8) 연관되는 치수는 되도록 한 곳에 모아서 기입한다.

(9) 치수는 되도록 공정마다 배열을 분리하여 기입한다.

(10) 치수 중 참고 치수에 대하여는 괄호를 붙인다.

2) 치수 숫자의 표시 방법

(1) 길이 치수 숫자 : 원칙적으로 mm단위의 치수로 기입하고 단위는 붙이지 않는다.

(2) 각도 치수 : 도의 단위로 기입하고, 필요한 경우에는 분 및 초를 병기할 수 있다. 각도를 표시하는 데에는 숫자의 오른쪽 위에 각각 도, 분, 초(°, ', ")를 기입한다.

보기 90° 22.5° 6°2'15" 8°0'12"

각도의 치수 숫자를 라디안으로 기입하는 경우에는 그 단위 기호인 [rad]를 명기하여야 한다.

보기 0.52 rad 1/3π rad

(3) 소수점 : 치수 숫자의 소수점은 아래쪽의 점(period)으로 하고 자리수가 많은 경우에는 세 자리마다 숫자의 사이를 적당히 띄우고 콤마(comma)는 찍지 않는다.

보기 121. 25 123 456 789

3) 치수 기입 요소

(1) 치수선

① 가는 실선으로 중앙을 끊지 않고 이어지게 긋는다.

② 외형선, 은선, 중심선, 치수 보조선은 치수선을 대용하지 않는다.

③ 치수선은 외형선으로 부터 10 ~ 15 mm 정도 간격을 둔다.

④ 원칙적으로 지시하는 길이 또는 각도를 측정하는 방향에 평행하게 긋는다.

⑤ 원칙적으로 치수 보조선을 사용하여 기입한다.

⑥ 치수 보조선을 빼내면 혼동의 우려가 있을 때 외형선을 치수보조선으로 대용할 수 있다.

⑦ 각도를 기입하는 치수선은 각도를 구성하는 두 변 또는 그 연장선(치수 보조선)의 교점을 중심으로 하여 양변 또는 그 연장선 사이에 그린 원호로 표시한다.

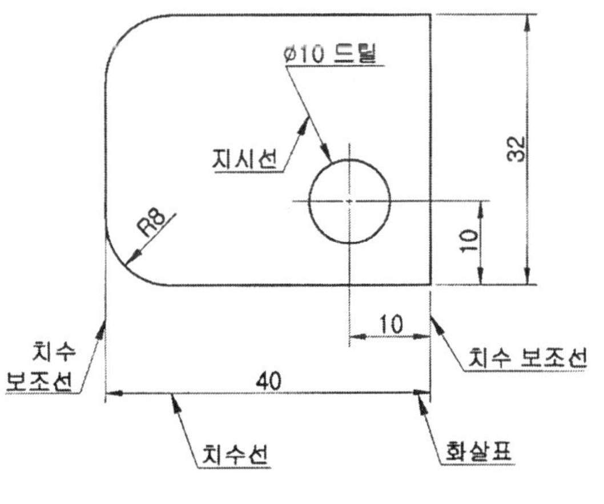

그림 5.2 치수 기입 요소

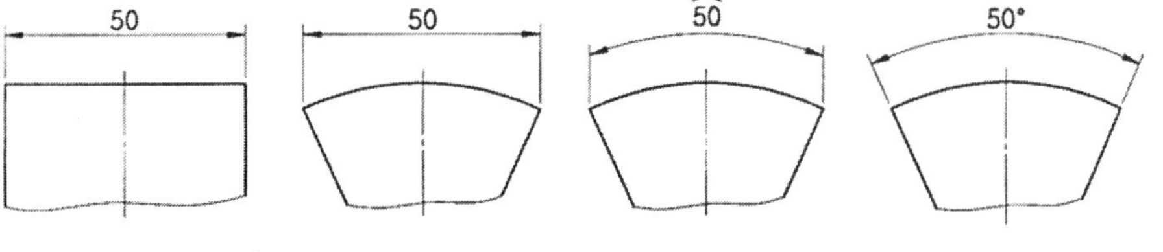

그림 5.3 선형치수, 현, 호, 각도의 치수기입

(2) 치수 보조선

① 가는 실선으로 긋고, 치수선과 직각이 되도록 한다.

② 지시하는 치수의 끝에 닿는 도형상의 점 또는 선 중심을 통과하고 치수선을 약간(2 ~ 3 mm) 지나도록 연장하여 긋는다.

③ 치수 보조선과 도형 사이에 약간의 간격을 둘 수 있다. (CAD 시스템에서는 default setting에 따라 자동 간격 처리됨.)

④ 치수를 지시하는 점 또는 선을 명확히 하기 위하여 특히 필요한 경우에는 치수선에 대하여 일정한 각도를 가진 서로 평행한 치수 보조선으로 그을 수 있다. 이때의 각도는 도면과의 간섭이 없는 한 60°를 적용한다.(dim edit)

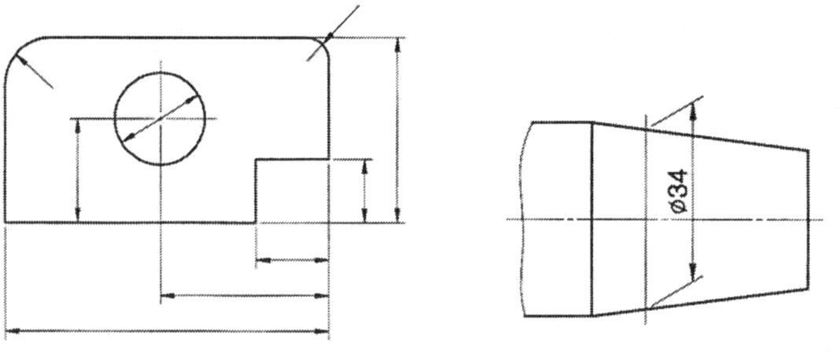

그림 5.4 치수보조선

(3) 화살표

① 치수선 끝에 붙여 그 한계를 표시한다.

② 길이와 나비의 비율이 3 : 1(각도 30°)이 되게 한다.

③ 화살표를 표시하는 방법은 산업 분야에 따라 다양하다.

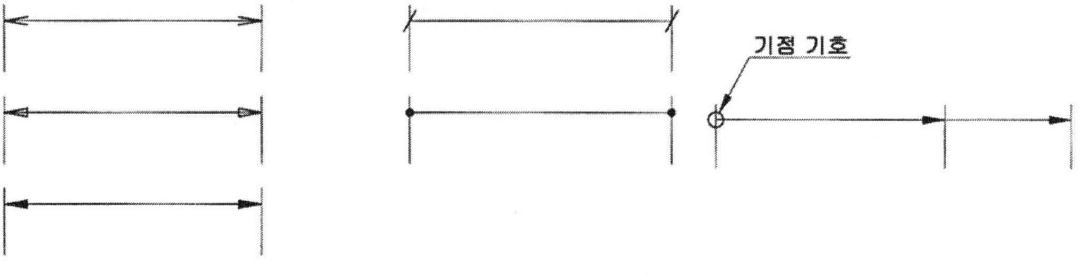

그림 5.5 다양한 모양의 화살표(기점 표식)

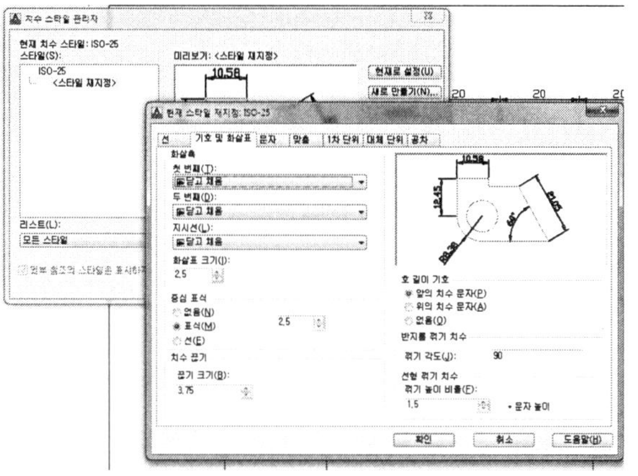

그림 5.6 CAD에서의 치수기입 요소(치수 스타일 관리자)

① 치수 스타일 관리자로 다양한 치수요소를 설정.

② 선, 화살표, 문자, 단위, 공차 등 치수기입과 관련된 많은 요소들에 대해 설정. 변경할 수 있다.

③ 몇 개의 치수스타일을 만들어 템플릿 파일에 같이 저장해 두면 편리하게 활용할 수 있다.

(4) 지시선(leader)

① 가는실선으로 표기하며 수평에 대하여 60° 경사지게 긋고 끝부분은 평행으로 꺾는다.

② 가공 방법, 가공 hole의 치수, 부품 번호(보통 직선) 등을 기입할 때 쓴다.

③ 지시선과 지시선은 서로 교차하지 않으며, 너무 길게 인출하지 않는다.

④ 지시선으로 원이나 구멍의 위치를 인출할 때 화살표의 방향은 원이나 구멍의 중심을 향하도록 한다.

⑤ 부품번호에 대한 지시선은 도형의 외형을 지시할 때는 화살표를 붙이고, 도형의 내부까지 지시할 때에는 점(dot)을 붙인다.

그림 5.7 CAD에서의 지시선 기입

① 지시선의 범위를 지정하면, 문자입력 상자가 이어져 나온다. (다중 지시선)

② 45도 경사가 표준이므로, 직교(ortho, F8) off 상태로 지시선을 긋는다.

③ dim - leader - line - text 입력 방식도 가능하다. (or 지시선 입력 + 텍스트 입력 방식)

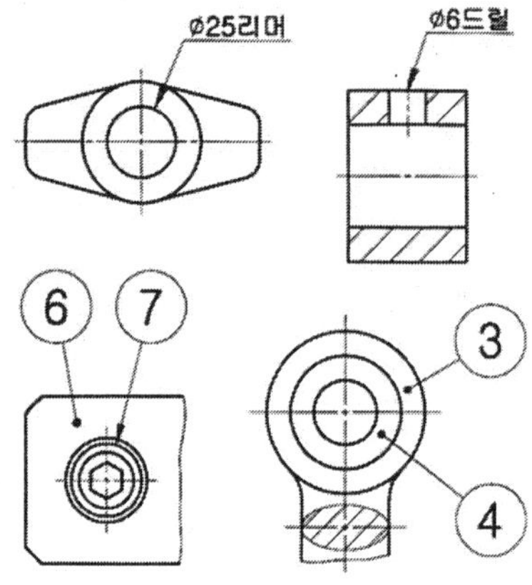

그림 5.8 지시선(leader)

(5) 치수 숫자

① 치수선 중앙에 정확히 기입한다.

② 수직 방향의 치수선에는 왼쪽을 향하여 중앙에 쓴다.

③ 치수 숫자 등 치수기입 요소들의 크기는 도면의 크기와 비례를 이루도록 한다.

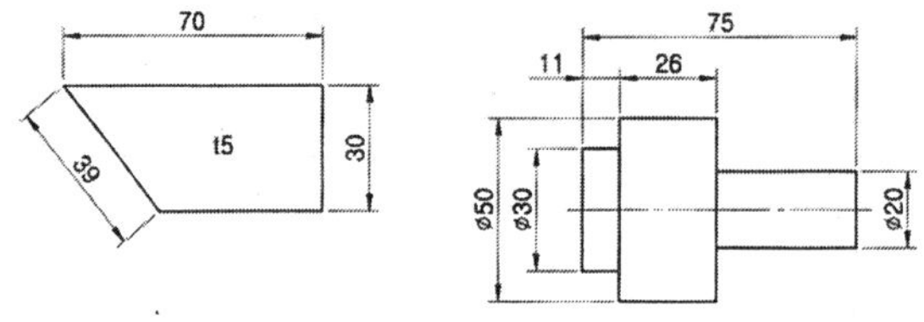

그림 5.9 치수 숫자의 기입 방향

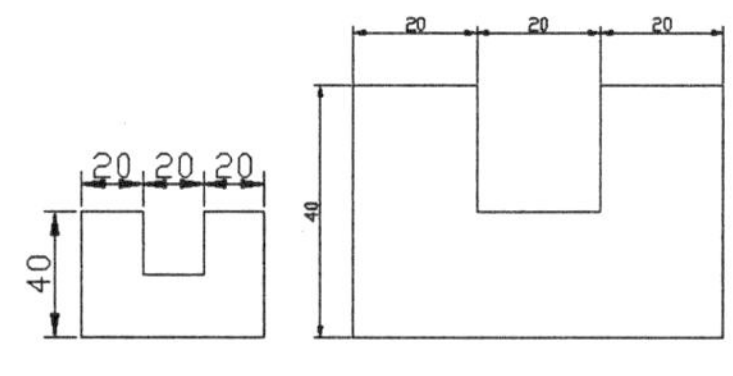

그림 5.10 CAD에서의 치수스케일(dim scale)

① 치수 스케일 : 좌측 도면 = 3.0, 우측 도면 = 1.5 (A3 용지 기준)

② 치수 스타일 - 치수 스케일 - 변경 후 - 업데이트할 치수 선택(윈도우 or 크로싱 or all) - 적용

③ 화살표 및 치수 숫자의 크기가 동시에 적용된다.

4) 치수 기입에 사용되는 기호

[표 5.1] 치수 기입에 사용되는 기호

기호 이름	기호	기호의 의미
지름	Φ	원의 직경치수를 나타낸다.
반지름	R	원의 반지름치수를 나타낸다.
구의 지름	SΦ	구의 직경치수를 나타낸다.
구의 반지름	SR	구의 반지름치수를 나타낸다.
정사각형의 변	□	정사각형의 모양이나 위치치수를 나타낸다.
판의 두께	t	판재의 두께치수를 나타낸다.
원호의 길이	⌒	원호의 길이치수를 나타낸다.
45° 모따기	C	45°의 모따기(chamfer) 치수를 나타낸다.
이론적으로 정확한 치수	[50]	위치 공차에서의 기준치수(이론적으로 정확한 치수)를 나타낸다.
참고 치수	(50)	참고로 기입하는 치수를 괄호로 하고, 가공이나 제작에 참고가 되는 치수를 나타낸다.
치수의 취소	~~50~~	치수를 취소하고 새로운 치수를 지정할 때 사용한다.
비례 치수 아님	<u>50</u>	치수 밑에 언더라인을 붙이며, 투상도의 크기와 치수 값이 일치하지 않을 때 사용한다.

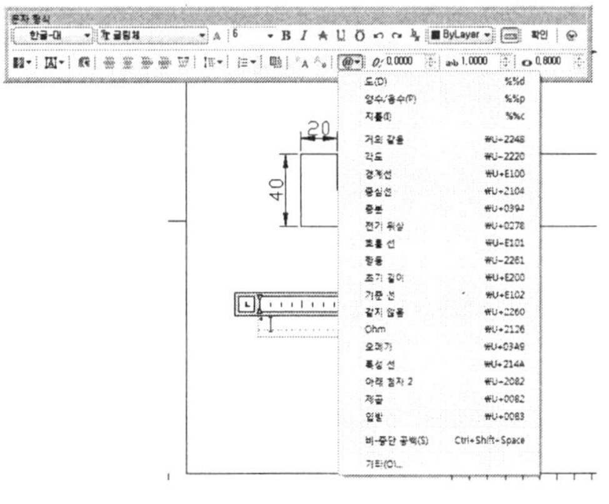

그림 5.11 CAD에서의 치수 보조기호 기입

① "치수선 기입 + 텍스트 기입" 방식 활용.

② 특수문자 외 키보드(keyboard)에 있는 문자들은 "dim edit - 치수문자 바꾸기" 처리가 편리하다.

5) 치수 숫자를 기입하는 위치와 방향

특별히 정한 누진 치수 기입법의 경우를 제외하고는 정향법과 정렬법을 따르게 되며, 같은 도면 내에서 두 가지 방법을 혼용하지 않는다.

(1) 정향법(dim-style ⇒ 치수선에 정렬)

① 치수 숫자는 수평 방향의 치수선에 대하여는 도면의 하변에서, 수직 방향의 치수선에 대하여는 도면의 우변에서 읽도록 기입한다.

② 경사 방향의 치수선에 대해서도 이에 준하여 기입한다.

③ 치수 숫자는 치수선을 중단하지 않고 그 위쪽으로 약간 띄어서 기입한다. 이 경우, 치수선의 중앙에 치수가 위치 되도록 한다.

④ 수직선에 대하여 좌상(左上)에서 우하(右下)로 향하여 약 30° 이하의 각도를 이루는 방향에는 치수선의 기입을 피한다. 다만, 도형의 관계로 기입하지 않으면 안 될 경우에는, 그 장소에 혼동되지 않도록 기입한다.

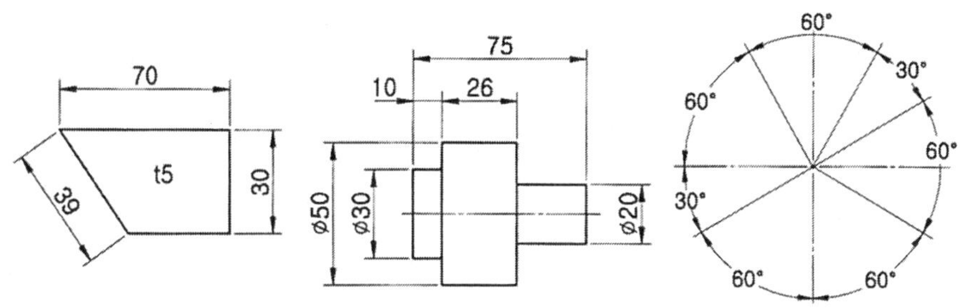

그림 5.12 치수기입 방향(정향법, 수평법)

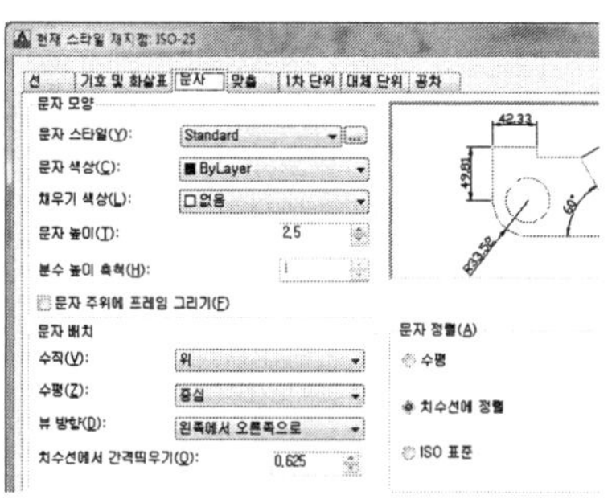

그림 5.13 CAD의 치수기입 방향(치수선에 정렬=정향법)

(2) 정렬법(dim-style ⇒ 수평)

① 치수 숫자는 도면의 하변에서 읽을 수 있도록 기입한다.

② 수평 방향 이외의 방향의 치수 숫자를 기입하기 위하여 치수선을 중단하여 기입하며, 그 위치는 치수선의 중앙으로 하는 것이 좋다.

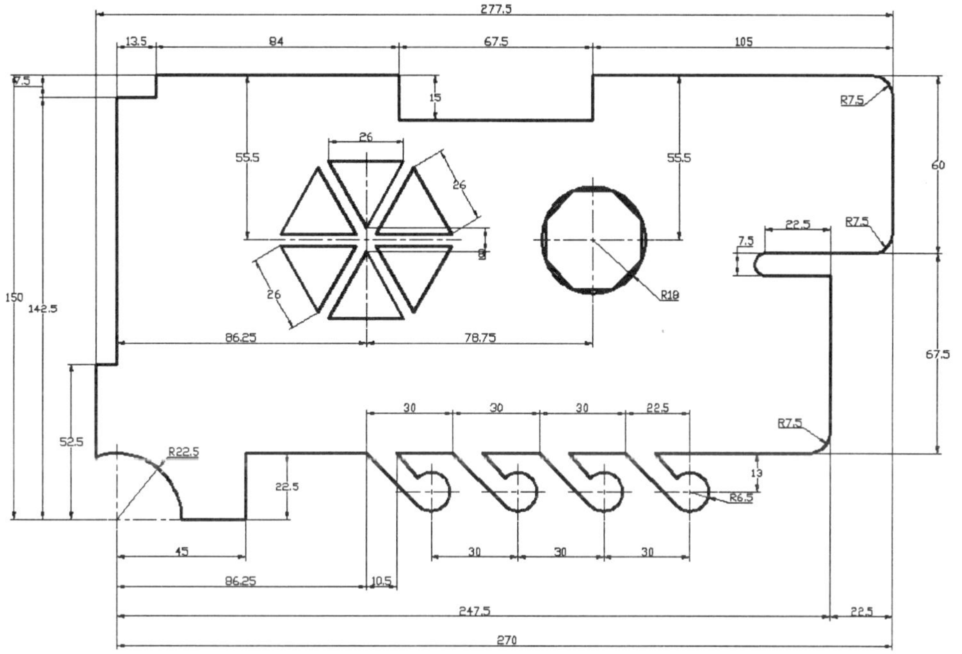

그림 5.14 치수기입 방향(정렬법, 수평법)

5.2 치수 기입 방법

1) 좁은 곳에서의 치수 기입

(1) 치수선을 연장하거나, 부분 확대도를 그려서 기입한다.

(2) 지시선을 치수선에서 경사 방향으로 끌어내어 그 끝을 수평으로 꺾어 그 위쪽에 치수를 기입한다. 이 경우, 지시선을 끌어내는 쪽 끝에는 화살표를 붙이지 않는다.

(3) 가공 방법, 주(note), 부품 번호 등을 기입하기 위하여 사용하는 지시선은 경사지게 (60°, 45°) 인출하는 것을 원칙으로 한다.

(4) 주(note), 가공방법 등을 기입하는 지시선의 경우에는 원칙적으로 그 끝을 수평으로 꺾어, 그 위쪽에 지시 내용을 기입한다.

(5) 치수 보조선의 간격이 좁아서 화살표를 기입할 공간이 부족할 때, 화살표 대신 둥근 점(dot) 또는 사선(斜線)을 사용할 수 있다.

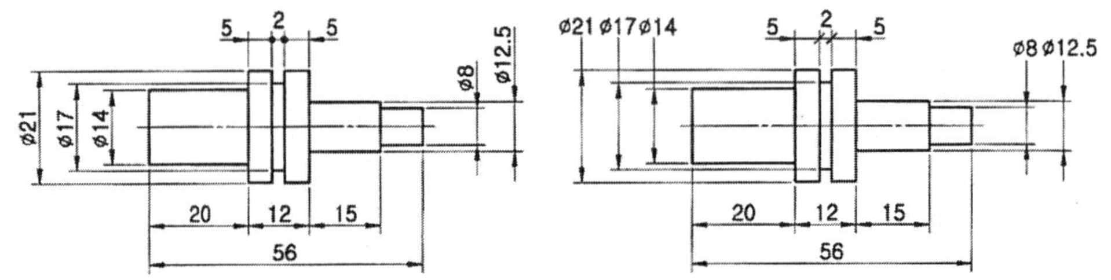

그림 5.15 좁은 곳의 치수기입(치수선 연장)

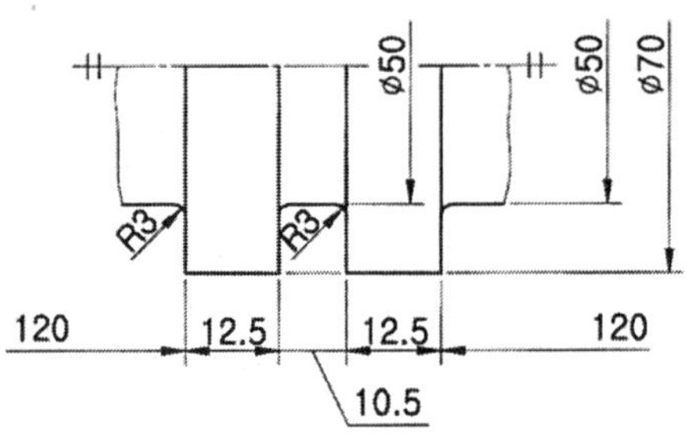

그림 5.16 좁은 곳의 치수기입(지시선 사용)

2) 치수 기입 방식

(1) 직렬 치수 기입법

직렬로 나란한 치수기입에 사용되는 경우이며, 개개의 치수에 주어진 치수공차가 누적되어도 좋은 경우에 사용한다. (dim - continue, 연속 치수)

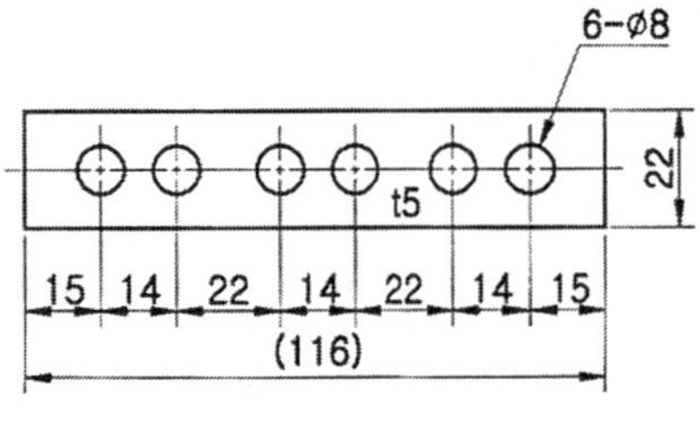

그림 5.17 직렬 치수 기입

[CAD에서의 직렬치수 기입]

① 선형 치수기입에 붙여서 연속치수 기입.(dim - continue)

② 신속치수(quick dim.)을 사용하면, 일시에 직렬치수 기입.

③ 신속치수에서는 객체 선택("W"window / "C"cross) 요령이 필요.

④ 신속치수로 전체치수 기입 후, "선택 삭제" 가능.

(2) 병렬 치수 기입법

병렬로 기입하는 개개의 치수공차는 다른 치수의 공차에는 영향을 주지 않는다. 이 경우, 공통 쪽 치수 보조선의 위치(기준면 또는 기준점)는 기능, 가공 등의 정밀도의 조건을 고려하여 선택한다. (dim - baseline, 기준선 치수)

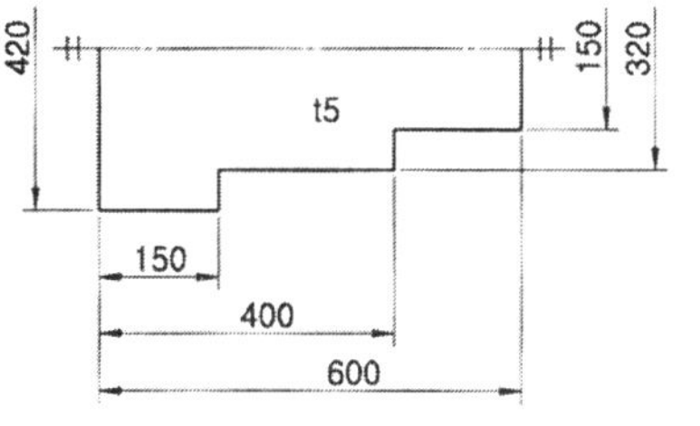

그림 5.18 병렬 치수 기입

(3) 누진 치수 기입법

치수공차에 관하여 병렬 치수 기입법과 완전히 동등한 의미를 가지면서, 1개의 연속된 치수선으로 간편하게 표시한다. 이 경우, 치수의 기점의 위치는 기점 기호(O)로 나타내고 치수선의 다른 끝은 화살표를 붙인다. 치수 숫자는 치수 보조선에 나란히 기입 또는 화살표 가까운 곳, 치수선의 위쪽에 연하여 기입한다. 또한, 2개의 도형 사이의 치수선에도 준용할 수 있다. (dim - ordinate, 세로좌표치수)

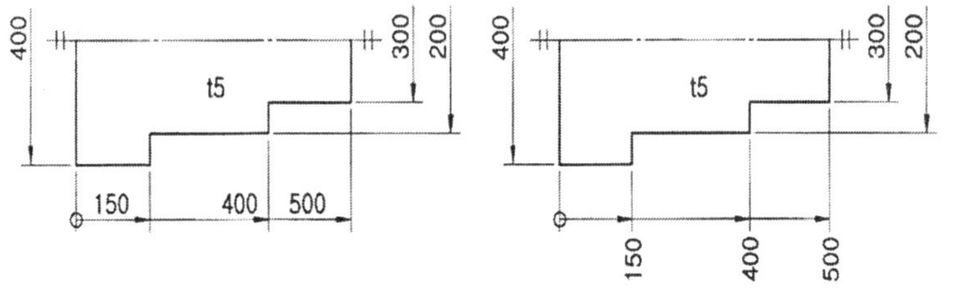

그림 5.19 누진 치수 기입

(4) 좌표 치수 기입법

프레임(frame)에 가공된 hole의 위치나 캠(cam)의 회전각에 따른 위치 등 가변적인 치수는 좌표 치수 기입법을 사용하여 표로 나타낼 수 있다. 이 경우, 표에 나타낸 X, Y 위치는 기점에서의 위치 치수이며, 기점은 기준 구멍 또는 가공물의 기준이 되는 한쪽 기준점(기준면) 등 가공의 조건을 고려하여 적절하게 선택한다. (표 = 테이블 기능 활용)

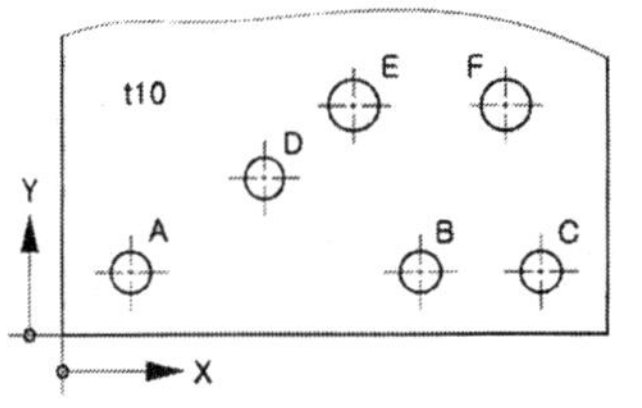

구분	X	Y	ø
A	20	20	14
B	140	20	14
C	200	20	14
D	60	60	14
E	100	90	26
F	180	26	26
G			
H			

β	0°	20°	40°	60°	80°	100°	120°-210°	230°	260°	280°	300°	320°	340°
α	50	52.5	57	63.5	70	74.5	76	75	70	65	59.5	55	52

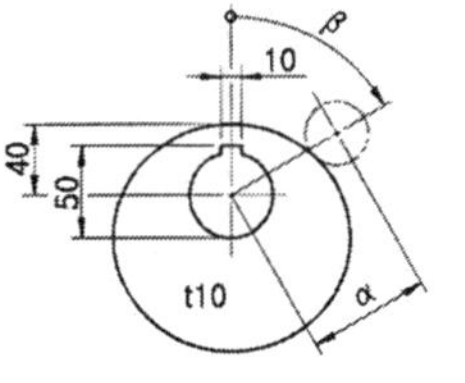

그림 5.20 좌표 치수 기입

3) 지름 치수 기입법

(1) 대상으로 하는 부분의 단면이 원형일 때, 그 모양을 도면에 표시하지 않고 원형인 것을 나타내는 경우에는 지름의 기호 Ø를 치수 숫자의 앞에 숫자와 같은 크기로 기입하여 표시한다.

(2) 원형의 도면에 지름 치수를 기입할 때는, 치수 숫자의 앞에 지름 기호 Ø는 기입하지 않는다. 다만, 원형의 일부가 생략된 도면에서 치수선이 한쪽만 표기되는 경우는 반지름의 치수와 혼동되지 않도록 지름 치수 숫자의 앞에 Ø를 기입한다.

(3) 지름이 다른 원 등이 연속되어 있고, 그 치수 숫자를 기입할 공간이 없을 때는 한쪽 치수선과 화살표 그리고 지름 기호 Ø와 치수 숫자를 함께 기입한다.

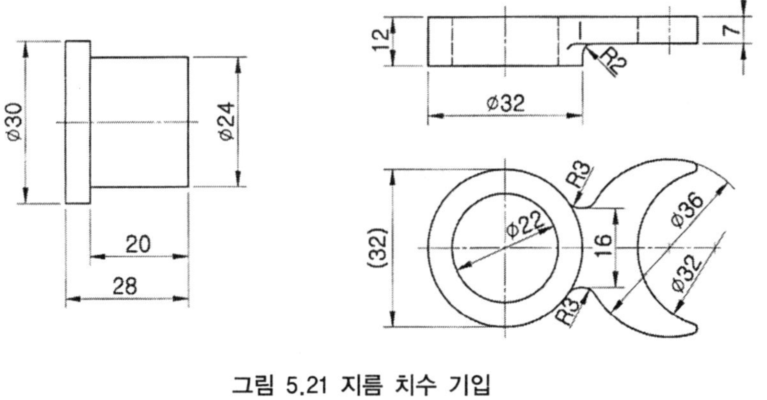

그림 5.21 지름 치수 기입

4) 반지름 치수 기입법

(1) 반지름의 치수는 반지름의 기호 R을 치수 숫자 앞에 치수 숫자와 같은 크기로 기입하여 표시한다. 다만, 반지름을 나타내는 치수선을 원호의 중심까지 긋는 경우에는 이 기호를 생략하여도 좋다.

(2) 원호의 반지름을 표시하는 치수선에는 원호 쪽에만 화살표를 붙이고 중심 쪽에는 붙이지 않는다.

(3) 화살표나 치수 숫자를 기입할 공간이 없을 때는 그림처럼 도형 외부로 처리한다.

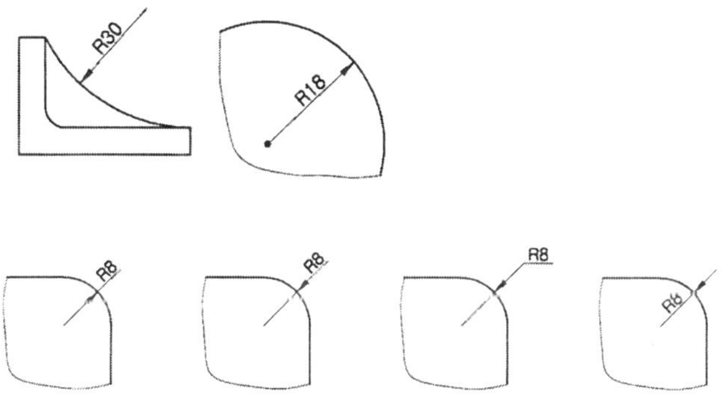

그림 5.22 반지름 치수 기입(일반)

(4) 반지름 치수를 지시하기 위하여 원호의 중심 위치를 표시할 필요가 있을 경우에는 중심 마크(+자) 또는 점(point)으로 그 위치를 나타낸다.(center mark)

(5) 원호의 반지름이 커서 그 중심 위치를 나타내는데 지면 등의 제약이 있을 때는 그 반지름의 치수선을 꺾어서 표현할 수 있으며, 치수선의 화살표가 표기되는 부분은 중심 위치로 향하도록 한다.

(6) 동일 중심을 가진 반지름 치수의 경우 누진 치수 기입 방식으로 표기할 수 있다.

(7) 실형이 표현되지 않는 투상도에 실제의 반지름 또는 전개된 반지름을 표기하는 경우에는 치수 숫자의 앞에 “실R” 또는 “전개 R”의 기호를 표기한다.

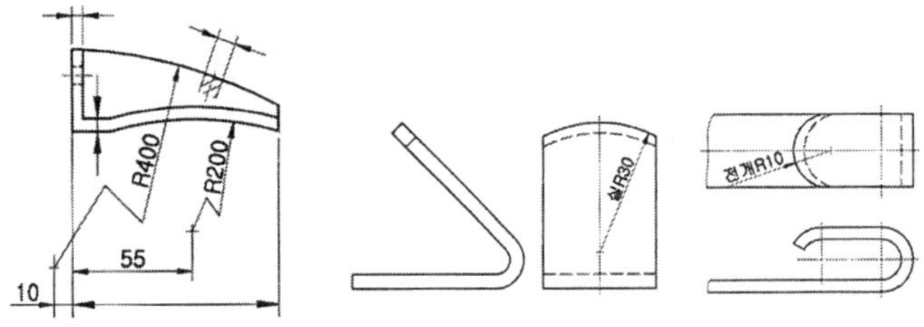

그림 5.23 반지름 치수 기입(특수)

5) 구(sphere)의 지름 또는 반지름의 치수 기입법

치수 앞에 치수 숫자와 같은 크기로 구의 기호 SΦ 또는 SR을 기입하여 표시한다.

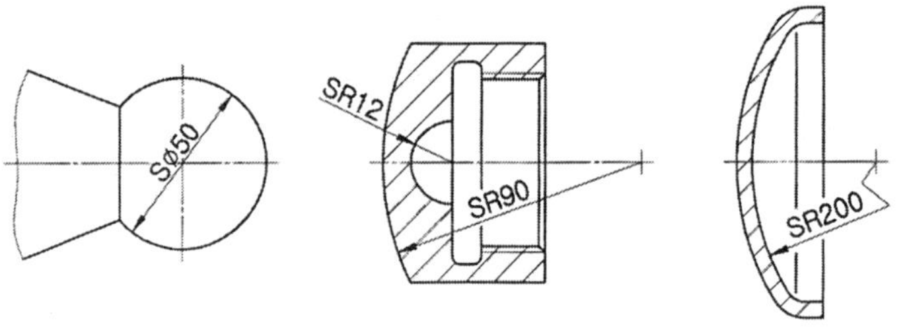

그림 5.24 구의 반지름 치수 기입

6) 정사각형(변)의 치수 기입법

대상으로 하는 부분의 단면이 정사각형일 때, 그 모양을 그림에 표시하지 않고 정사각형인 것을 표시하는 경우에는 그 변의 길이를 표시하는 치수 숫자 앞에 치수 숫자와 같은 크기로 정사각형을 나타내는 기호 □을 기입한다.

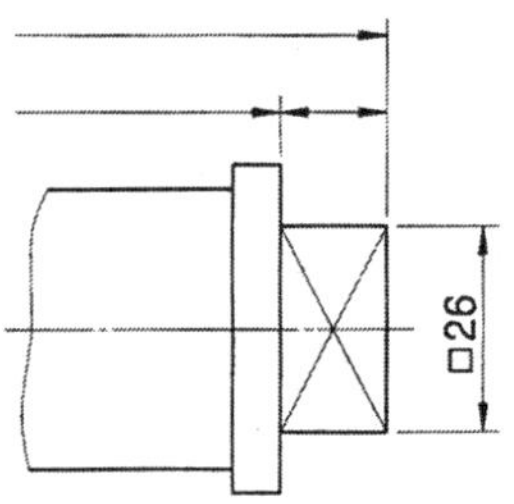

그림 5.25 정사각형(변)의 치수 기입

7) 두께의 치수 기입법

판재 형상의 주 투상도에 두께를 표시하는 경우, 도면 내 보기 쉬운 위치에 두께를 표시하는 치수 숫자의 앞에 치수 숫자와 같은 크기로 두께를 나타내는 기호 [t]를 기입한다.

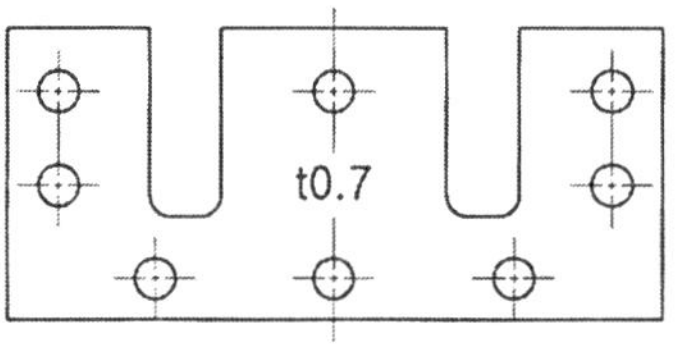

그림 5.26 두께(thickness) 치수 기입

8) 현과 호의 치수 기입법

(1) 현의 치수 기입법

현의 길이는 원칙적으로 현에 직각으로 치수 보조선을 긋고, 현에 평행한 치수선을 사용하여 나타낸다.

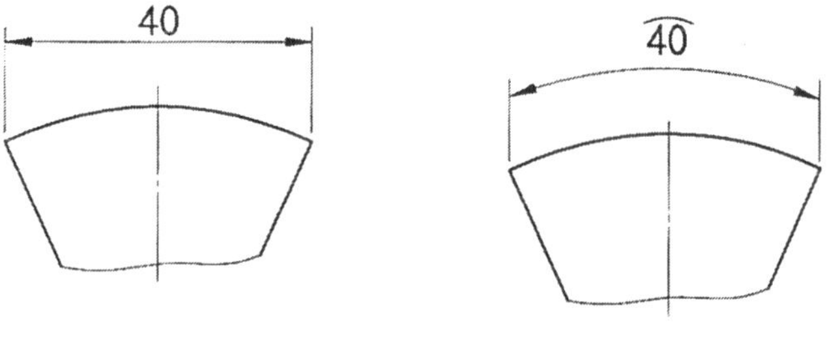

그림 5.27 현과 호의 치수 기입

(2) 호의 치수 기입법(dim - arc)

① 현의 경우와 같은 치수 보조선을 긋고 그 원호와 중심의 원호를 치수선으로 하고, 치수 숫자 위에 원호 기호를 붙인다.

② 원호를 구성하는 각도가 클 때나, 연속적으로 원호의 치수를 기입할 때는 원호의 중심으로부터 방사형으로 그린 치수 보조선에 치수선을 맞추어도 좋다.

③ 이 경우, 2개 이상의 동심 원호 중 1개의 원호 길이를 명시할 필요가 있을 때에는 다음을 따른다.

④ 원호의 치수 숫자에 대하여 지시선을 긋고 끌어낸 원호 쪽에 화살표를 그린다.

⑤ 원호의 길이의 치수 숫자 뒤에 원호의 반지름을 괄호에 넣어서 나타낸다. 이 경우에는 원호의 길이의 기호를 붙이지 않는다.

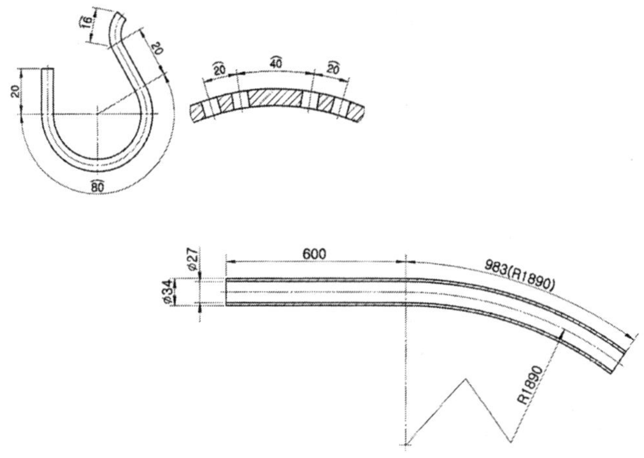

그림 5.28 호의 치수 기입

9) 곡선의 치수 기입법

(1) 원호로 구성되는 곡선의 치수는 일반적으로는 이들 원호의 반지름과 그 중심 또는 원호의 접선 위치로 표시한다.

(2) 원호로 구성되지 않은 곡선의 치수는 곡선상 임의의 점의 좌표 치수로 표시한다. 이 방법은 원호로 구성되는 곡선의 경우에도 필요하면 사용하여도 좋다.

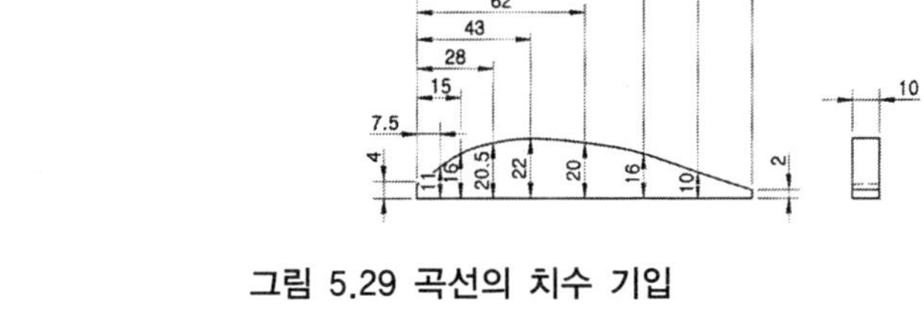

그림 5.29 곡선의 치수 기입

10) 모따기(chamfer)의 치수 기입법

(1) 일반적인 모따기는 보통의 선형 치수 기입법과 동일하게 기입한다.

(2) 45° 모따기의 경우에는 모따기의 치수 숫자 x 45° 또는 기호 C를 치수 숫자 앞에 치수 숫자와 같은 크기로 기입하여 표시한다.

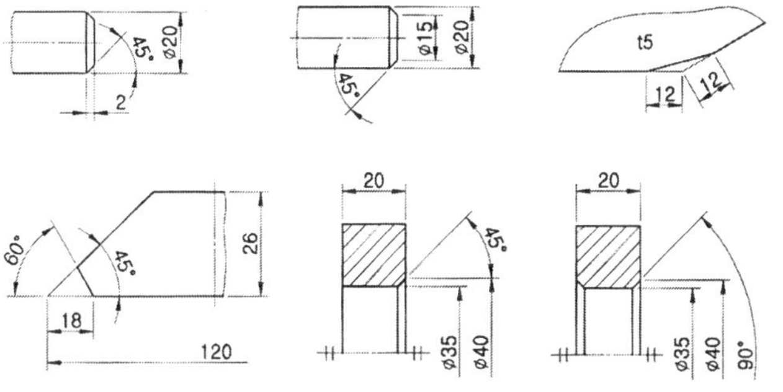

그림 5.30 모따기(chamfer)의 치수 기입

5.3 기타 치수 기입법

1) 구멍(hole)의 치수 기입법

(1) 드릴(drill), 펀칭(punching), 코어(core) 등 구멍의 가공 방법에 대한 구분을 나타낼 필요가 있을 경우에는 원칙적으로 공구의 호칭 치수 또는 기준 치수를 먼저 나타내고 그 뒤에 가공 방법을 표시한다.

(2) 1군의 동일 치수 볼트(bolt), 작은 나사(vis), 핀(pin), 리벳(rivet) 구멍 등의 치수 표시는 구멍으로부터 지시선을 끌어내어 그 총수를 나타내는 숫자 다음에 짧은 선(desh)을 긋고 구멍의 치수를 기입한다. (예, 15 - Φ20드릴가공)

(3) 구멍의 깊이를 지시할 때는 구멍의 지름을 나타내는 치수 다음에 "깊이(depth)"라 쓰고 그 숫자를 기입한다. 다만, 관통된 구멍의 경우에는 깊이를 기입하지 않는다. 또한 구멍의 깊이란, 드릴의 선단 원추 높이, 리머의 선단 모따기 높이 등을 제외한 완전한 직경 부분의 깊이를 말한다. (예, Φ12 카운터보링 깊이 8)

(4) 자리파기의 표시 방법은 자리파기의 지름을 나타내는 치수 다음에 "자리파기"라고 쓴다. (예, Φ8 접시머리 자리파기 or 카운터싱킹)

(5) 볼트 머리를 잠기게 하는 경우에 사용하는 깊은 자리파기의 표시 방법은 깊은 자리파기의 지름을 나타내는 치수 다음에 "깊은 자리파기(counter bore)"라고 쓰고 그 숫자를 기입한다. 다만, 깊은 자리파기의 아래 위치를 반대쪽 면으로부터 치수를 지시할 필요가 있을 때는 치수선을 사용하여 표시한다.(예, Φ10 카운터보링 깊이 8)

(6) 키이홈 모양으로 길이가 긴 원형의 구멍은 기능 또는 가공 방법을 기입하여야 한다.

(7) 경사진 구멍의 깊이는 구멍 중심선상의 깊이로 표시하든가, 그것에 따를 수 없는 경우에는 치수선을 사용하여 표시한다.

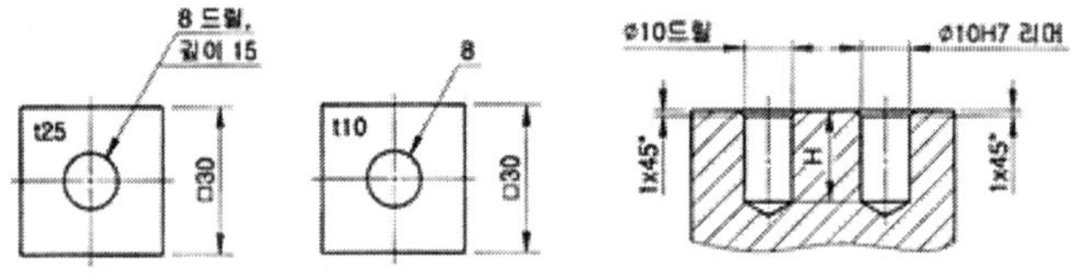

▪ 드릴의 깊이에 대한 치수 기입

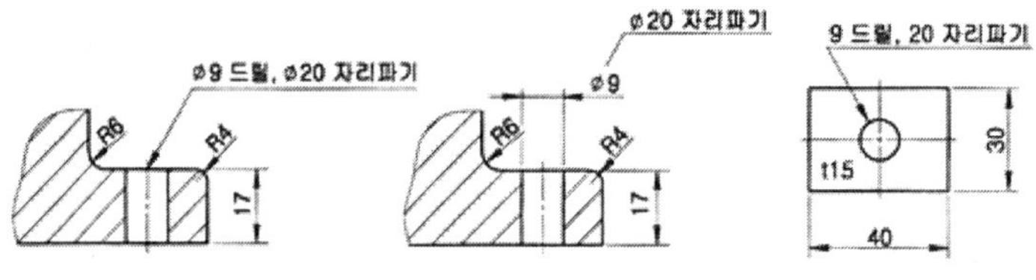

그림 5.31 드릴, 자리파기의 치수 기입

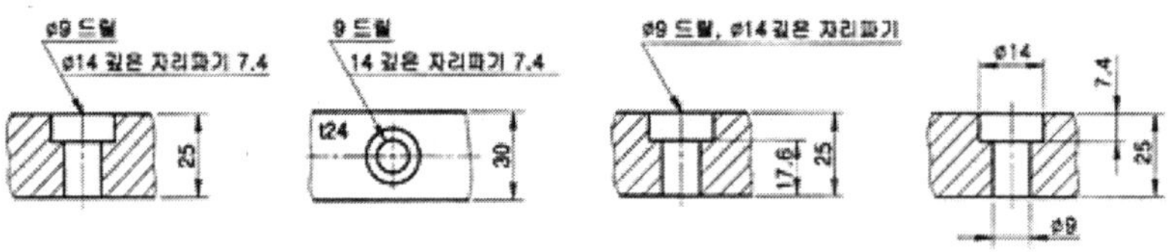

▪ 깊은 자리파기의 치수기입

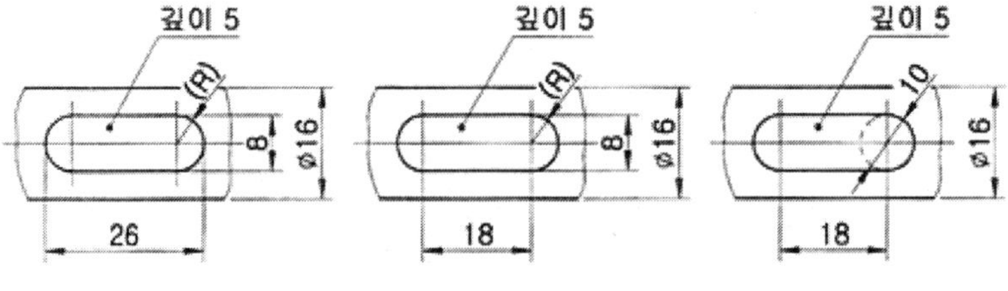

그림 5.32 깊은 자리파기, key hole의 치수 기입

2) 키홈의 치수 기입법

(1) 축의 키홈 치수 기입법

① 축의 키홈의 치수는 키홈의 나비, 깊이, 길이, 위치 및 종단부를 표시하는 규칙에 따른다.

② 키홈의 깊이는 키홈과 반대쪽의 축지름 면으로부터 키홈의 바닥까지의 치수를 표시한다. 다만, 특히 필요한 경우에는 키홈의 중심면 위에서의 축 지름으로부터 키홈의 바닥까지의 치수(절삭 깊이)로 표시할 수도 있다.

(2) 구멍의 키홈 치수 기입법

① 구멍의 키홈의 치수는 키홈의 나비 및 깊이를 표시하는 규칙에 따른다.

② 키홈 깊이는 키홈과 반대쪽의 구멍 지름 면으로부터 키홈의 바닥까지의 치수로 표시한다. 다만, 특히 필요한 경우에는 키홈의 중심면상에서의 구멍 지름 면으로부터 키홈의 바닥까지의 치수로 표시할 수도 있다.

③ 테이퍼키(taper key)에 상대되는 보스(boss)의 키홈의 깊이는 깊은 치수를 표시한다.

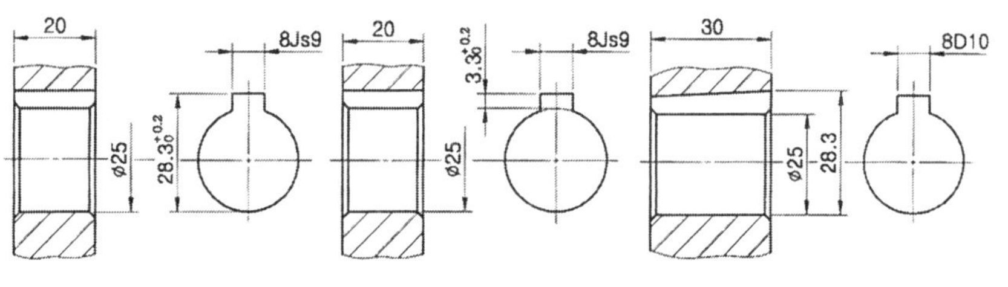

그림 5.33 키홈의 치수 기입

3) 테이퍼와 기울기의 치수 기입법

(1) 테이퍼(taper)는 원칙적으로 중심선 위에 기입하고, 기울기(slope)는 원칙적으로 경사진 면에 기입한다. 다만, 테이퍼 또는 기울기의 정밀도와 방향을 특별히 명확하게 나타낼 필요가 있을 경우에는 별도로 도시한다.

(2) 특별한 경우에는 경사면에서 지시선을 인출하여 기입할 수도 있다.

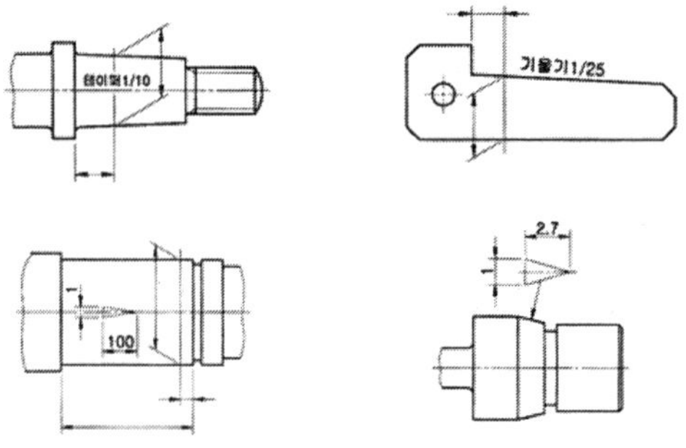

그림 5.34 테이퍼와 기울기의 치수 기입

4) 얇은 두께 부분의 치수 기입법

얇은 두께 부분의 단면을 아주 굵은 선으로 그린 도형에 치수를 기입하는 경우에는 단면을 표시한 극히 굵은 선에 인접하여 짧고 가는 실선을 긋고, 여기에 치수선의 끝 부분이 오도록 한다. 이 경우 그림처럼 가는 실선을 그려준 쪽까지의 치수를 기입한다.

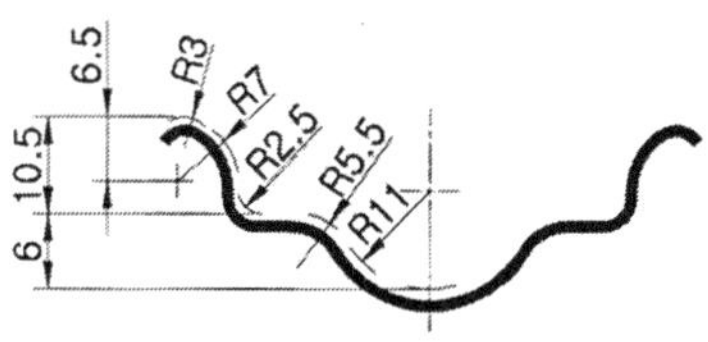

그림 5.35 얇은 두께 부분의 치수 기입

5) 구조물의 치수 기입법

강철 구조물 등의 구조선도에서 절점 사이의 치수를 표시하는 경우에는 그림과 같이 그 치수를 부재를 나타내는 선에 연하여 직접 기입한다.

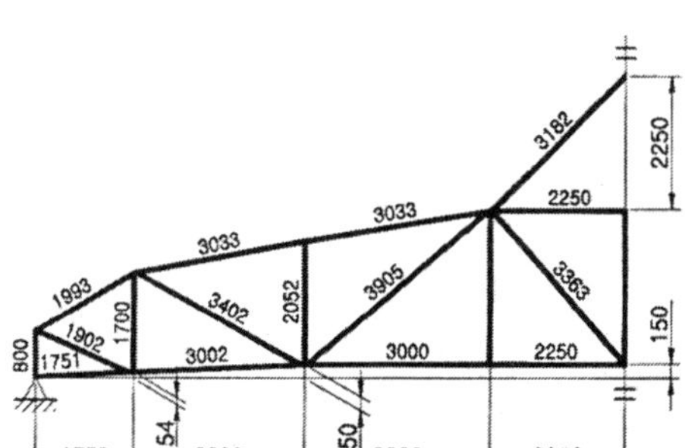

그림 5.36 구조물의 치수 기입

6) 부품 번호 기입법

(1) 부품 번호는 원칙적으로 아라비아 숫자를 사용하며, 조립도 내의 부품에 대하여 별도로 제작도가 있는 경우는 부품 번호 대신 그 도면 번호를 기입할 수도 있다.

(2) 부품 번호의 순서는 다음 경우 중 어느 한 가지에 따른다.

① 조립 순서에 따른다.

② 구성 부품의 중요도에 따른다.

③ 기타 근거가 있는 순서에 따른다.

(3) 부품 번호를 도면에 기입하는 방법은 다음에 따른다.

① 부품 번호는 부품도 위에 명확히 구별되는 글자로 표기 또는 원(circle) 내에 기입한다.

② 부품 번호는 대상으로 하는 도형에 지시선으로 연결하여 기입한다.

③ 도면을 보기 쉽게 하기 위하여 부품 번호는 세로 또는 가로로 통일되게 기입하는 것이 좋다.

7) 주(註, note) 기입법

(1) 투상도와 치수만으로 물체의 형상을 충실하게 표현할 수 없을 경우에는 주(註)를 사용한다. 주는 일반 주기(註記)와 개별 주기로 분류된다.

(2) 일반 주기 : 부품전반에 대한 사항을 기입하며, 표제란위에 기입하되 부득이한 경우에는 표재란에 가까운 곳에 기입할 수 있으며, 명령문으로 지시한다.

(3) 개별주기 : 지시선을 인출하여 지시하고자 하는 형상에서 가까운 곳에 기입하며, 주로 가공 순서, 가공 방법 등을 설명 한다.

5.4 치수 기입의 유의사항

(1) 치수 숫자를 나타내는 일련의 치수 숫자는 도면에 그려진 선에서 분할되지 않는 위치에 쓰는 것이 좋다.

(2) 치수 숫자가 선에 겹치는 것은 허용되지 않는다. 겹치는 것이 불가피할 경우 치수와 겹쳐지는 선의 중간을 절단하여 치수 숫자를 기입한다. (치수가 선보다 중요)

(3) 치수 숫자는 치수선과 교차되는 장소에 기입하지 않는다.

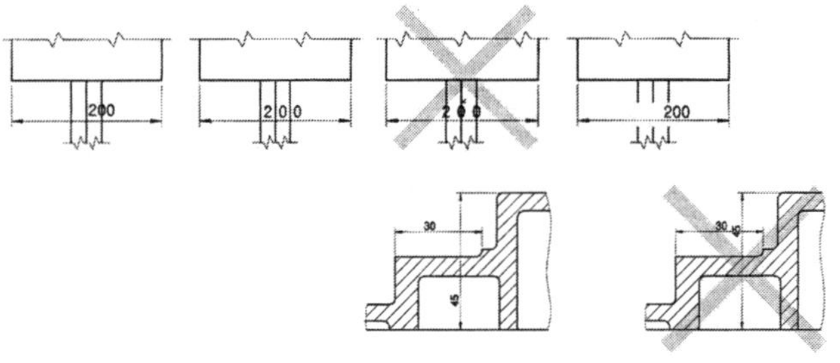

그림 5.37 치수기입의 유의사항

(4) 치수선이 인접해서 연속하는 경우에는 치수선은 동일 직선상에 등간격으로 기입하며, 또한 연관되는 부분의 치수는 동일 선상에 기입하는 것이 좋다.

(5) 치수 보조선을 긋고 기입하는 지름의 치수가 대칭 중심선의 방향에 몇 개 늘어서게 되는 경우에, 각 치수선은 되도록 같은 간격으로 긋고 작은 치수를 안쪽에, 큰 치수를 바깥쪽에, 치수 숫자는 가지런하게 기입한다. 다만, 지면의 공간이 부족한 경우에는 치수 숫자를 대칭 중심선의 양쪽에 교대로 기입할 수 있다.

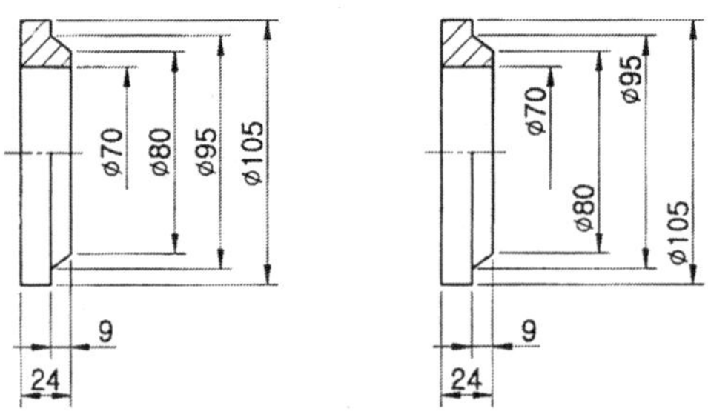

그림 5.38 동일 형태의 다수 치수 기입

(6) 치수선이 길이서 그 중앙에 치수를 기입하면 알기 어렵게 될 경우에는 어느 한쪽의 끝 부분 가까이 치우쳐서 기입할 수 있다.

(7) 대칭의 도형에서 대칭 중심선의 한쪽만을 표시한 그림에서는 치수선을 원칙으로 그 중심선을 넘도록 연장한다. 이 경우, 연장된 치수선 끝에는 화살표를 붙이지 않는다. 다만, 도면 해독에 무리가 없는 경우에 치수선은 중심선을 넘지 않아도 좋다. 대칭의 도형으로 다수의 지름 치수를 기입할 때는 치수선의 길이를 더 짧게 하여 여러 단으로 분리하여 그림처럼 기입할 수 있다.

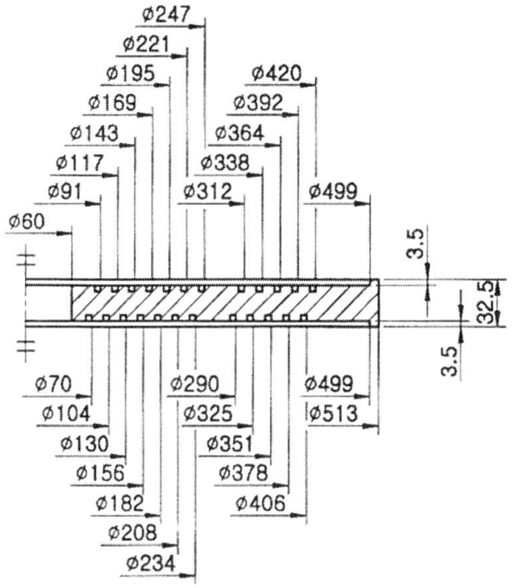

그림 5.39 대칭도형의 치수기입

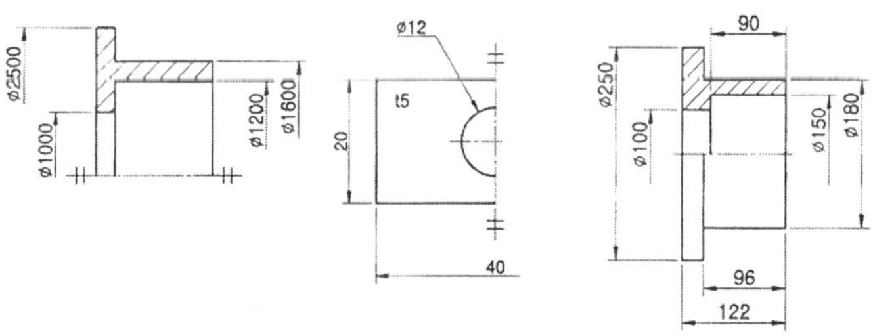

그림 5.40 치수선의 단축

(8) 치수 숫자 대신 문자 또는 기호를 써도 좋다. 이 경우, 그 문자에 대한 치수는 테이블에 별도로 표기한다.

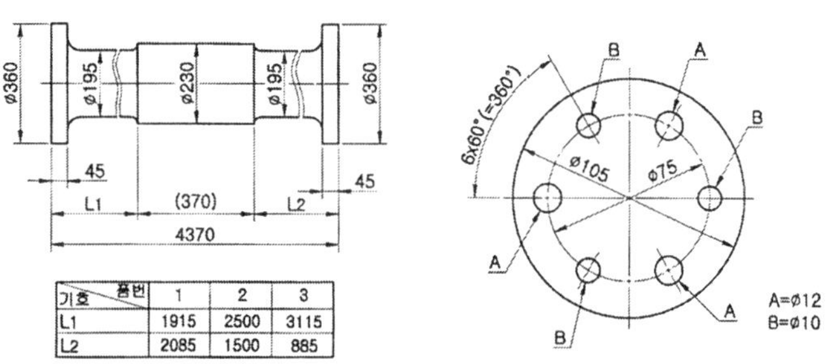

기호 \ 품번	1	2	3
L1	1915	2500	3115
L2	2085	1500	885

그림 5.41 치수의 기호 표기

(9) 서로 경사된 2개의 면 사이에 라운딩(rounding or fillet)) 또는 모따기(chamfer)가 되어 있을 때, 두 면의 교차되는 위치를 나타낼 필요가 있을 때에는 둥글기 또는 모따기 하기 이전의 모양을 가는 실선으로 표시하고, 그 교점부터 치수 보조선을 끌어낸다. 또, 이 경우, 교점을 명확하게 나타낼 필요가 있을 때에는 각각의 선을 서로 교차 시키든가 또는 교점에 채워진 둥근 점을 붙인다.

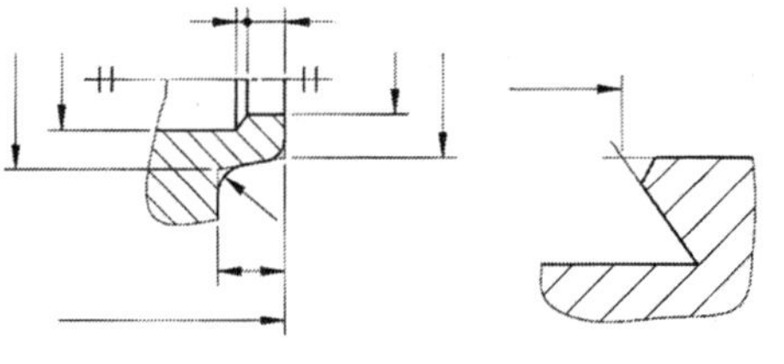

그림 5.42 교차 지점의 표기

(10) 원호 부분의 치수는 원호가 180°까지는 원칙적으로 반지름(R)으로 표시하고, 그것을 넘는 경우에는 원칙적으로 지름(*Φ*)으로 표시한다. 다만, 원호가 180°이내라도, 기능상 특히 지름의 치수를 필요로 하는 경우는 지름 치수를 기입한다.

(11) 반지름의 치수가, 다른 곳에 지시한 치수에 따라 자연히 결정될 때에는, 반지름의 치수선과 반지름의 기호로 원호인 것을 나타내고, 치수 숫자는 기입하지 않는다.

(12) 키홈의 단면에 나타나 있는 보스(boss)의 안지름 치수를 기입하는 경우에는 그림과 같이 표기한다. (측정이 가능한 치수를 기입)

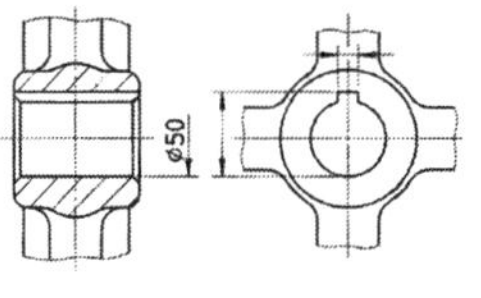

그림 5.43 보스의 안지름 표기

(13) 가공 또는 조립할 때 기준으로 할 곳이 있는 경우에는 치수는 그 곳을 기준으로 하여 기입한다. 특히, 그 곳을 나타낼 필요가 있을 경우에는 그 취지를 기입한다.

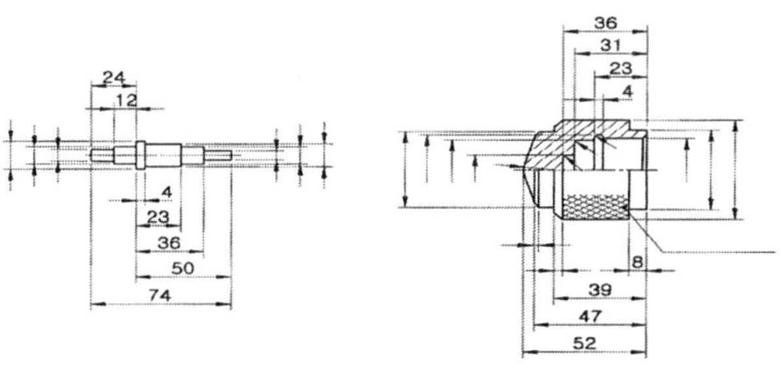

그림 5.44 가공의 기준면이 있을 때의 치수 기입

(14) 공정을 달리하는 부분의 치수는 그 배열을 나누어서 기입하는 것이 좋다.
(예, 한쪽 공정은 주조, 반대쪽 공정은 기계 가공)

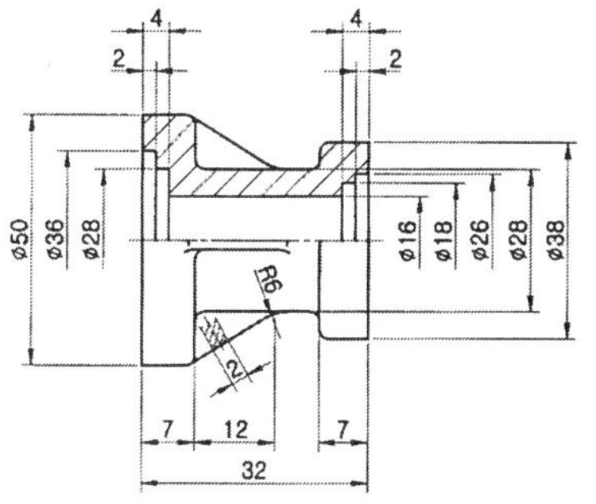

그림 5.45 가공의 기준면이 있을 때의 치수 기입

(15) 서로 연관되는 치수는 한곳에 모아서 기입한다. 보기를 들면 플랜지(flange)의 경우 볼트 구멍의 피치원 지름과 구멍의 치수와 구멍의 배치는 피치원이 그려져 있는 쪽 그림에 모아서 기입한다.

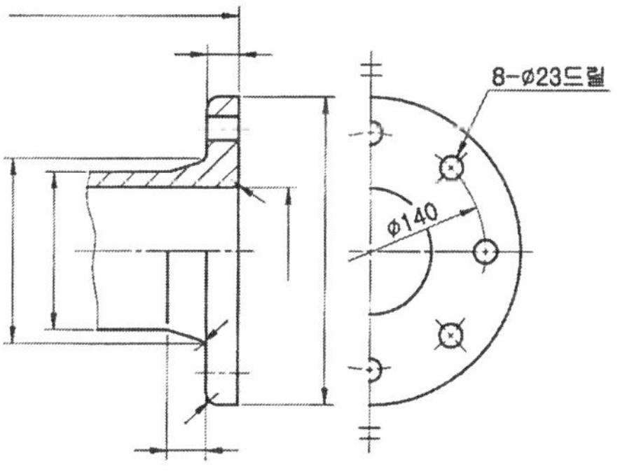

그림 5.46 상호 연관 관계의 치수 기입

(16) T형 관이음, 밸브 몸통, 콕(cock) 등의 플랜지와 같이 1개의 물품에 똑같은 치수 부분이 2개 이상 있는 경우의 치수는 그중 1개에만 기입하는 것이 좋다. 이 경우, 명확한 때를 제외하고 치수를 기입하지 않는 부분에 동일 치수인 것을 주기한다.

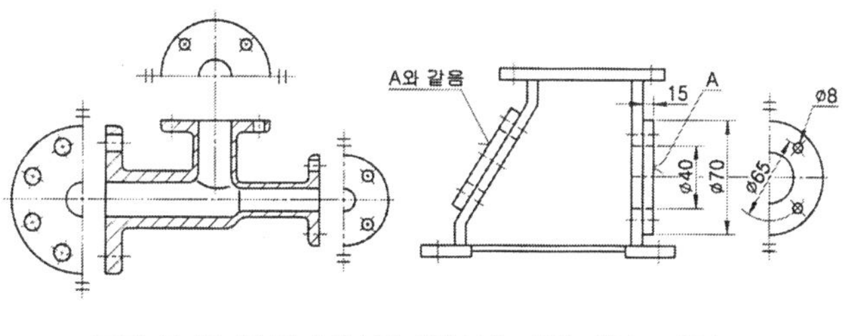

그림 5.47 동일 부분의 반복에 대한 치수 기입

(17) 일부의 도형이 그 치수 숫자에 비례하지 않을 때는 치수 숫자의 아래쪽에 굵은 실선을 긋는다. 다만, 일부를 절단 생략한 때 등 특히 치수와 도형이 비례하지 않는 것을 표시할 필요가 없는 경우에는 이 선을 생략한다.

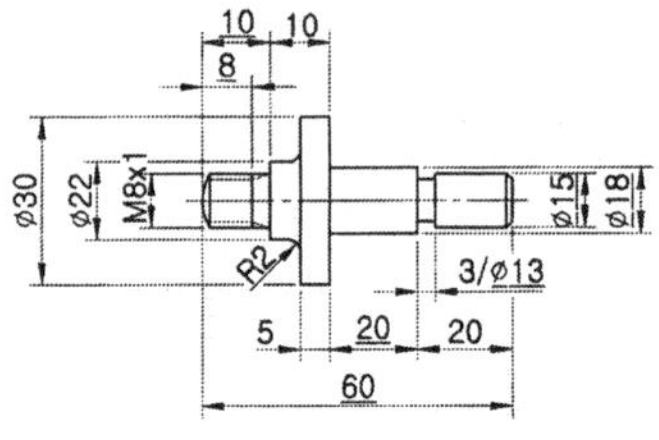

그림 5.48 비례치수가 아닐 경우의 치수 기입

9) 치수 기입의 기본 원칙

(1) 가능한 한 중복 기입 혹은 누락되는 치수가 없어야 한다.

(2) 상하좌우 대칭도형의 치수 위치는 위쪽 또는 오른쪽으로 한다.

(3) 완성치수(완성 도형, 실제 모양) 를 기입한다.

(4) 주 투상도(정면도)에 집중하여 기입한다.

(5) 투상도 외부(외형선에 연장된 치수보조선)에 기입한다.

(6) 연관되는 투상도 사이에 기입한다. (표현되는 두 도면 사이에 기입)

(7) 평행 및 등간격의 원칙을 따른다.

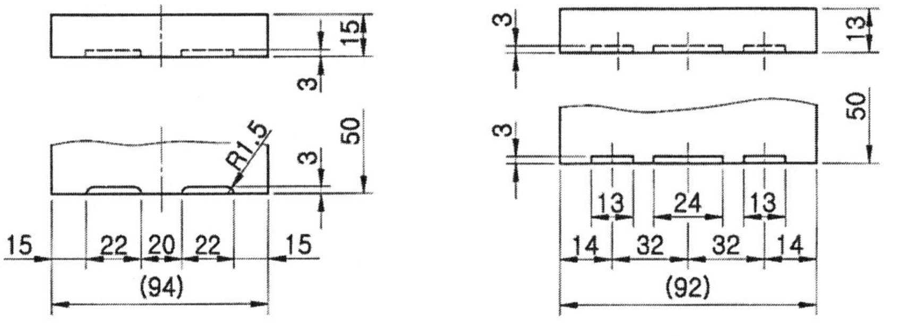

그림 5.49 치수기입의 기본 원칙

연습 1 그림의 모델링에 대해 정투상 3면도를 완성하고 치수를 기입하시오.

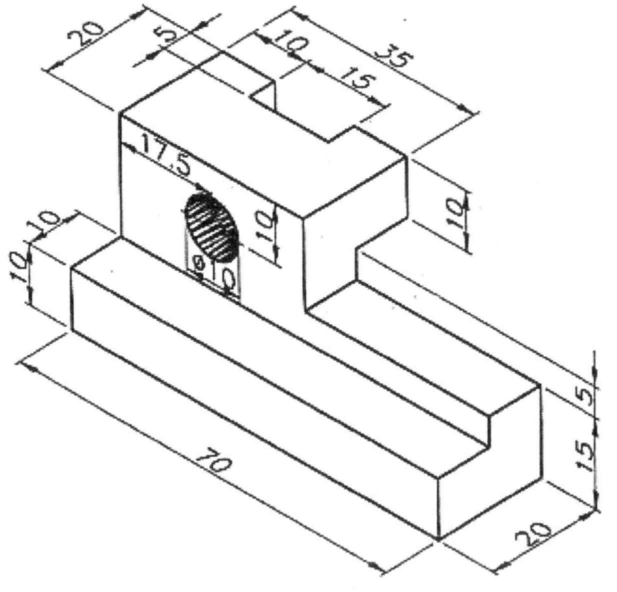

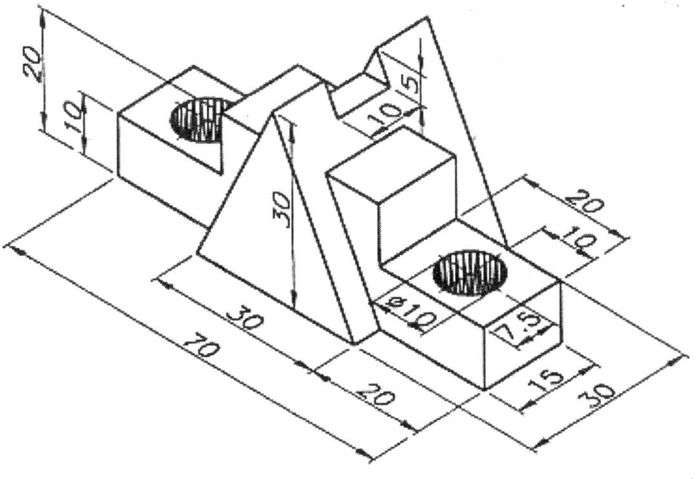

연습 2 그림의 모델링에 대해 정투상 3면도를 완성하고 치수를 기입하시오.

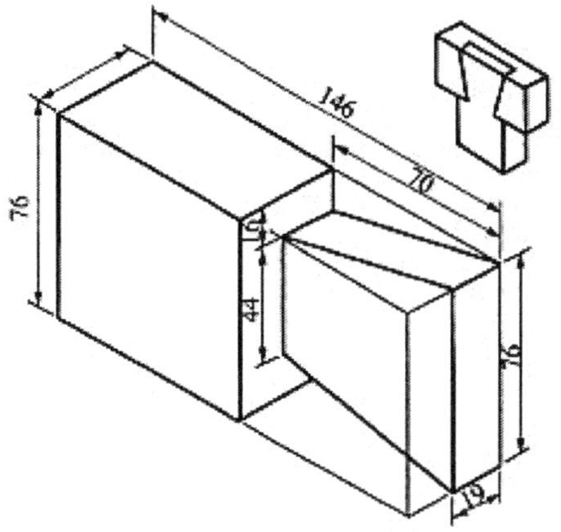

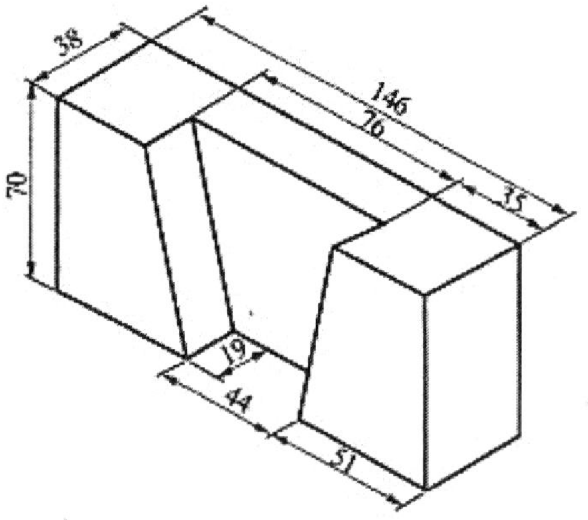

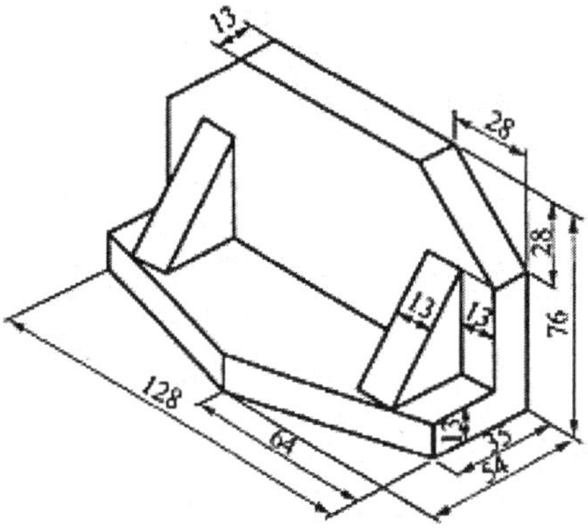

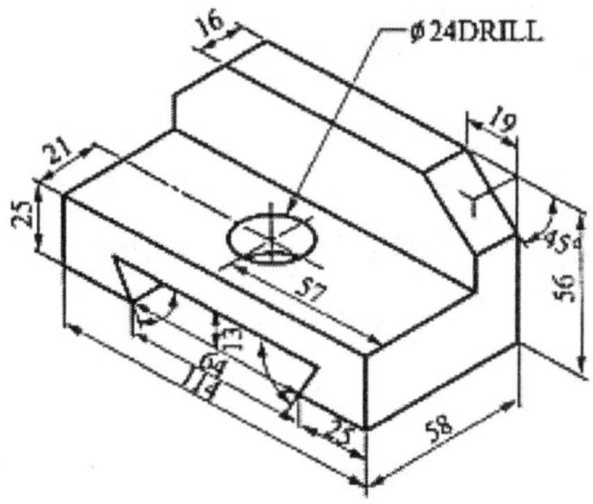

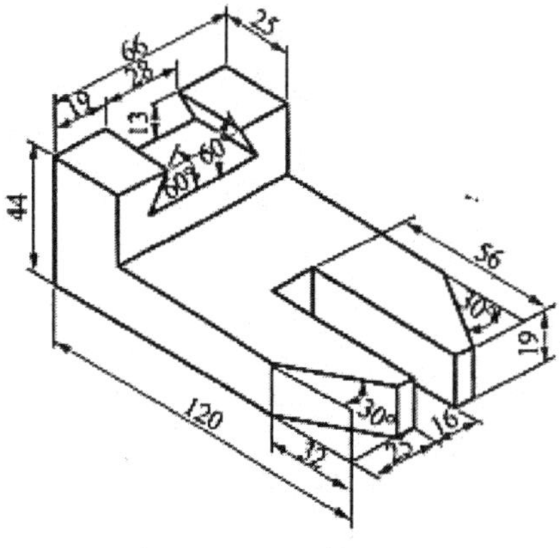

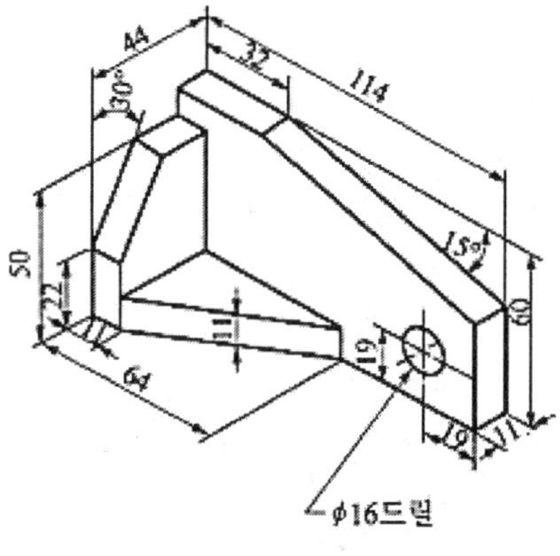

제6장 치수공차와 끼워맞춤

자동화장치 및 기계장치 등은 여러개의 다양한 부품들로 조립되어 작동 되도록 제작되었다. 다양한 부품들이 끼워맞춤(fitting) 되거나 조립되는 경우에 부품들 사이에 치수의 허용범위가 매우 중요하다. 아무리 정교하게 부품들에 대하여 도면으로 제도 하였어도 제작 또는 가공 과정에서 기계의 정밀도, 가공자의 숙련도, 측정 기기나 장비의 오차, 온도에 의한 오차 등 다양한 내. 외부적 요인에 의해 그 허용범위를 벗어날 수 있다. 이러한 오차에 의해 부품들 사이에 끼워맞춤이나 조립이 원활하게 이루어지지 않는다면 또는 조립 후 작동이 원활하게 되지 않는다면, 대량생산이 어려워지고 생산 원가가 높아지게 되는 등 생산성이 현저하게 저하될 수 있다.

따라서 끼워맞춤과 조립이 원활하게 이루어지기 위해서는 가공되는 부품의 치수와 함께 그 치수 정밀도에 대한 오차 또는 공차 허용범위를 반드시 도면에 명기하여야 한다. 이 치수 정밀도의 허용범위를 치수공차(dimension tolerance)라 하며, 이번 단원에서는 치수공차와 관련된 용어와 끼워맞춤에 대해 기술하였다.

6.1 치수 공차

1) 공차의 정의

장치와 부품들의 사용 목적에 따라 실용상 허용할 수 있는 오차의 범위를 미리 정해주어야 하는데, 이와 같이 미리 정해준 허용오차의 범위를 공차(tolerance)라 한다.

허용차는 기준 치수에서 큰 쪽과 작은 쪽의 오차 범위를 주어 가공하게 하는 것을 말하는데, 모든 치수에 해당한다고 해서 일반 공차라고도 한다. 허용차는 가공이나 주조품의 정밀도에 따라 KS규격에서 정한 다음 표에 따라 적용한다.

[표 6.1] 모따기를 제외한 부분의 길이 치수에 대한 허용차(단위: mm)

공차 등급		기준 치수의 구분							
기 호	설 명	0.5이상 30이하	3초과 6이하	6초과 30이하	30초과 120이하	120초과 400이하	400초과 1000이하	1000초과 2000이하	2000초과 4000이하
		허용차							
F	정밀급	0.05	0.05	0.1	0.15	0.2	0.3	0.5	
M	보통급	0.1	0.2	0.2	0.3	0.5	0.8	0.2	2
C	거친급	0.2	0.3	0.5	0.8	1.2	2	6	4
V	아주 거친급	–	0.5	1	1.5	2.5	4	6	6

[표 6.2] 주조품의 치수에 대한 허용차(KS B 0250)(단위: mm)

기준 치수 구분		주조 공차 등급(CT ; casting tolerance)															
초과	이하	1	2	3	4	5	6	7	8	9	10	11	12	13	14	15	16
-	10	0.09	0.13	0.18	0.26	0.36	0.52	0.74	1	1.5	2	2.8	4.2	-	-	-	-
10	16	0.1	0.14	0.2	0.28	0.38	0.54	0.78	1.1	1.6	2.2	3	4.4	-	-	-	-
16	25	0.11	0.15	0.22	0.3	0.42	0.58	0.82	1.2	1.7	2.4	3.2	4.6	6	8	10	12
25	40	0.12	0.17	0.24	0.32	0.46	0.64	0.9	1.3	1.8	2.6	3.6	5	7	9	11	14
40	63	0.13	0.18	0.26	0.36	0.5	0.7	1	1.4	2	2.8	4	5.6	8	10	12	16
63	100	0.14	0.2	0.28	0.4	0.56	0.78	1.1	1.6	2.2	3.2	4.4	6	9	11	14	18
100	160	0.15	0.22	0.3	0.44	0.62	0.88	1.2	1.8	2.5	3.6	5	7	10	12	16	20
160	250		0.24	0.34	0.5	0.7	1	1.4	2	2.8	4	5.6	8	11	14	18	22
250	400			0.4	0.56	0.78	1.1	1.6	2.2	3.2	4.4	6.2	9	12	16	20	25

2) 치수공차의 용어

치수공차를 나타내기 위하여 사용되는 주요 용어는 다음과 같다.

(1) 허용 한계 치수 : 형체의 실제 치수가 그 범위 내에 들어가도록 정한 허용할 수 있는 대소(상하) 2개의 범위 치수로 최대허용 한계치수 및 최소허용 한계치수로 구분된다.

(2) 실치수 : 측정에 의한 제품의 실측 치수.

(3) 최대 허용 치수 : 제품에 허용되는 최대의 치수.

(4) 최소 허용 치수 : 제품에 허용되는 최소의 치수.

(5) 기준 치수 : 위 치수 허용차 및 아래 치수 허용차를 적용함에 있어 기준이 되는 치수로서 보통 정수의 치수를 말한다.

(6) 치수차 : 기준 치수 대비 실제 가공된 치수와의 차이. (기준 치수 - 실치수)
(7) 위 치수 허용차 : 최대 허용 치수 대비 기준 치수. (최대 허용 치수 − 기준 치수)
(8) 아래 치수 허용차 : 최소 허용 치수 대비 기준 치수. (최소 허용 치수 − 기준 치수)
(9) 치수공차 : 최대 허용 치수와 최소 허용 치수와의 차이.
(위 치수 허용차 – 아래 치수 허용차)
(10) 기준선 : 허용 한계 치수 또는 끼워맞춤을 도시할 때는 기준 치수를 나타내고, 치수 허용차의 기준이 되는 선.
(11) 공차역(공차영역) : 치수공차의 크기와 위치를 도형으로 나타낸 것으로 그림과 같이 최대허용치수와 최소허용치수를 나타내는 2개의 직선 사이의 영역.

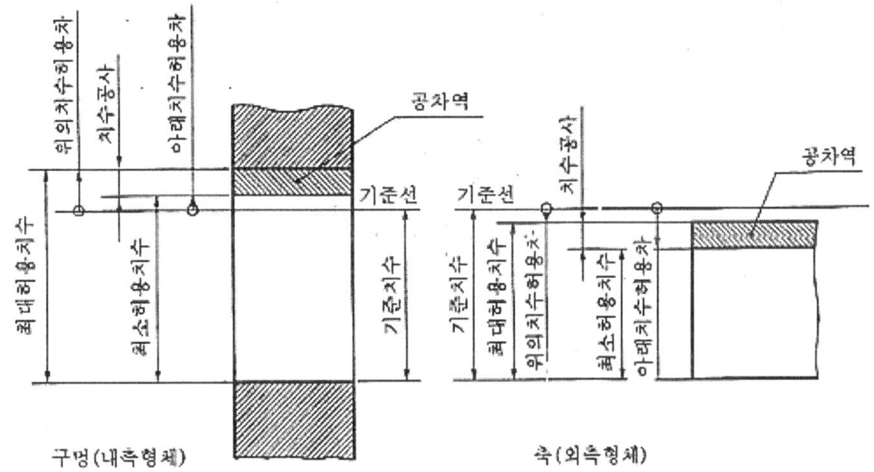

그림 6.1 치수공차 용어

6.2 IT 기본 공차(ISO Tolerance)

- IT 기본 공차는 ISO에 규정된 공차로, 기본 공차의 등급을 01급, 0급, 1급, 2급 ……, 18급까지 20등급으로 구분하여 규정하고 있다.
- IT 기본 공차의 적용은 제작의 난이도를 고려하여 축의 등급은 구멍의 등급보다 한 등급 높게 적용한다. (축 h6, 구멍 H7)

[표 6.3] IT 기본 공차의 적용

적용 구분	게이지 제작 공차	끼워맞춤 공차	끼워맞춤 이외 공차
구멍	IT01 ~ IT5	IT6 ~ IT10	IT11 ~ IT18
축	IT01 ~ IT4	IT5 ~ IT9	IT10 ~ IT18

1) 기호에 의한 기입법

(1) 기준 치수 다음 구멍 기호 축 기호 순으로 기입한다.

(2) 조립 또는 끼워맞춤의 경우는 Φ50H7g6로 기입한다.

[표 6.4] IT공차의 등급에 따른 치수공차

(500mm이하, 단위 ㎛)

치수의 구분(mm) 초과	이하	IT01 (01급)	IT0 (0급)	IT1 (1급)	IT2 (2급)	IT3 (3급)	IT4 (4급)	IT5 (5급)	IT6 (6급)	IT7 (7급)	IT8 (8급)	IT9 (9급)	IT10 (10급)	IT11 (11급)	IT12 (12급)	IT13 (13급)	IT14 (14급)	IT15 (15급)	IT16 (16급)
-	3	0.3	0.5	0.8	1.2	2	3	4	6	10	14	25	40	60	100	140	250	400	600
3	6	0.4	0.6	1	1.5	2.5	4	5	8	12	18	30	48	75	120	180	300	480	750
6	10	0.4	0.6	1	1.5	2.5	4	6	9	15	22	36	58	90	150	220	360	580	900
10	18	0.5	0.8	1.2	2	3	5	8	11	18	27	43	70	110	180	270	430	700	1100
18	30	0.6	1	1.5	2.5	4	6	9	13	21	33	52	84	130	210	330	520	840	1300
30	50	0.6	1	1.5	2.5	4	7	11	16	25	39	62	100	160	250	390	620	1000	1600
50	80	0.8	1.2	2	3	5	8	13	19	30	46	74	120	190	300	460	740	1200	1900
80	120	1	1.5	2.5	4	6	10	15	22	35	54	87	140	220	350	540	870	1400	2200
120	180	1.2	2	3.5	5	8	12	18	25	40	63	100	160	250	400	630	1000	1600	2500
180	250	2	3	4.5	7	10	14	20	29	46	72	115	185	290	460	720	1150	1850	2900
250	315	2.5	4	6	8	12	16	23	32	52	81	130	210	320	520	810	1300	2100	3200
315	400	3	5	7	9	13	18	25	36	57	89	140	230	360	570	890	1400	2300	3600
400	500	4	6	8	10	15	20	27	40	63	97	155	250	400	630	970	1550	2500	4000

비고 IT01~IT4의 IT 기본공차는 주로 게이지류, IT5~IT10의 IT 기본공차는 주로 끼워맞추는 부분, IT11~IT16의 IT 기본공차는 주로 끼워맞춤 수 없는 부분의 치수공차로 적용된다.

[표 6.5] IT공차의 등급에 따른 치수공차

(500~2500mm, 단위 ㎛)

등급 치수의 구분(mm)		IT6 (6급)	IT7 (7급)	IT8 (8급)	IT9 (9급)	IT10 (10급)	IT11 (11급)	IT12 (12급)	IT13 (13급)	IT14 (14급)	IT15 (15급)	IT16 (16급)
초과	이하											
500	630	44	70	110	175	280	0.44	0.7	1.1	1.75	2.8	4.4
630	800	50	80	125	200	320	0.50	0.8	1.25	2.0	3.2	5.0
800	1000	56	90	140	230	360	0.56	0.9	1.4	2.3	3.6	5.6
1000	1250	66	105	165	260	420	0.66	1.05	1.65	2.6	4.2	6.6
1250	1600	78	125	195	310	500	0.78	1.25	1.95	3.1	5.0	7.8
1600	2000	92	150	230	370	600	0.92	1.5	2.3	3.7	6.0	9.2
2000	2500	110	175	280	440	700	1.10	1.75	2.8	4.4	7.0	11.0
2500	3150	135	210	330	540	860	1.35	2.1	3.3	5.4	8.6	13.5

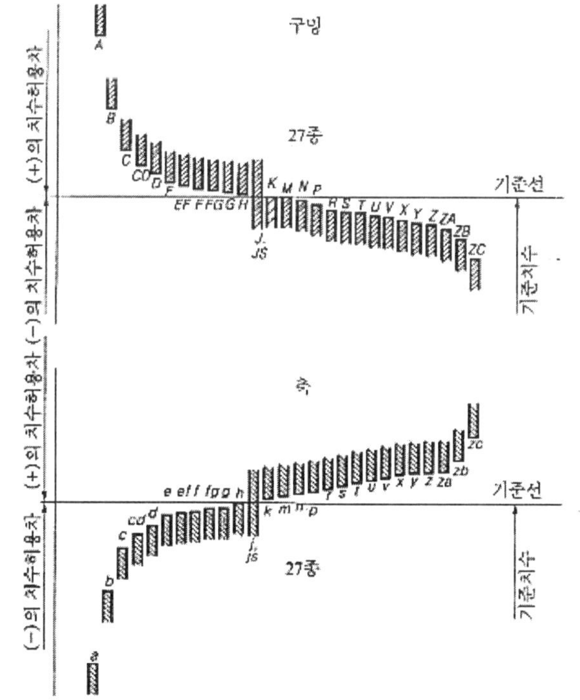

그림 6.2 구멍과 축의 종류기호

6.3 끼워맞춤(fitting)

2개 이상의 장치 부품이 적정한 틈새(clearance) 또는 죔새(interference)를 가지고 서로 조립 되어지는 관계를 끼워맞춤(fitting)이라 한다. 틈새는 보스(boss, 구멍)의 치수가 축의 치수보다 클 때 즉, 헐거운 끼워맞춤에서 발생하고, 죔새는 그 반대의 경우인 억지 끼워맞춤에서 발생한다.

1) 끼워맞춤의 종류

(1) 헐거운 끼워맞춤(clearance fit) : 조립하였을 때 항상 틈새가 생기는 끼워맞춤으로 구멍의 공차역이 완전히 축의 공차역의 위쪽에 있는 끼워맞춤이다.

(2) 억지 끼워맞춤(interference fit) : 조립하였을 때 항상 죔새가 생기는 끼워맞춤으로 구멍의 공차역이 완전히 축의 공차역의 아래쪽에 있는 끼워맞춤이다.

(3) 중간 끼워맞춤(slide fit) : 조립하였을 때 구멍 또는 축의 치수에 따라 틈새 또는 죔새가 발생하는 끼워맞춤으로 구멍 또는 축의 공차역이 완전히 또는 부분적으로 겹치는 끼워맞춤이다.

[표 6.6] 끼워맞춤의 종류

종 류	정 의	그림 설명	계산 예(mm)
헐 거 운 끼워맞춤	구멍의 최소치수 > 축의 최대치수	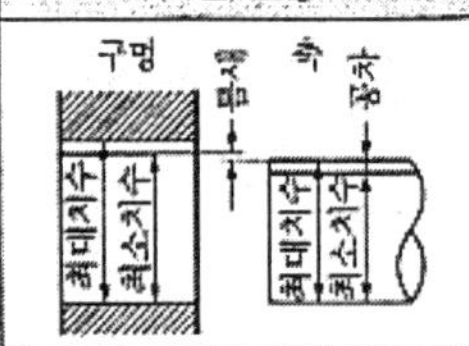	구 멍 / 축 최대치수 A=50.025 a=49.975 최소치수 B=50.000 b=49.950 최대틈새 = $A-b$ = 0.075 최소틈새 = $B-a$ = 0.025
억 지 끼워맞춤	구멍의 최대치수 < 축의 최소치수	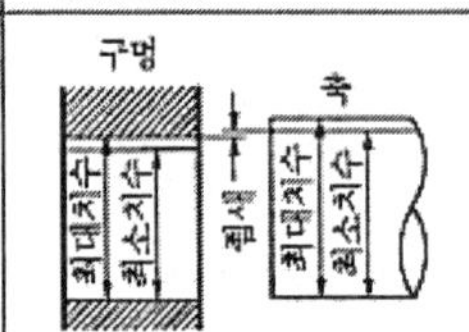	구 멍 / 축 최대치수 A=50.025 a=50.050 최소치수 B=50.000 b=50.034 최대죔새 = $a-B$ = 0.050 최소죔새 = $b-A$ = 0.009
중 간 끼워맞춤	구멍의 최대치수 > 축의 최소치수 구멍의 최소치수 ≦ 축의 최대치수	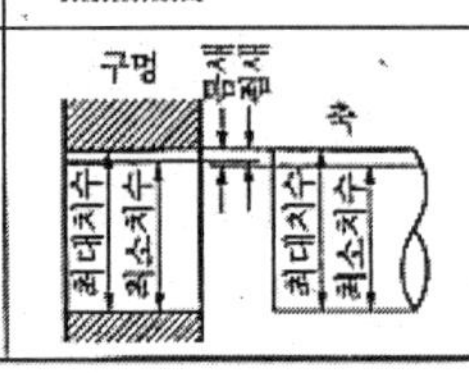	구 멍 / 축 최대치수 A=50.025 a=50.011 최소치수 B=50.000 b=49.995 최대죔새 = $a-B$ = 0.011 최대틈새 = $A-b$ = 0.030

2) 끼워맞춤의 방식

(1) 구멍 기준식 끼워맞춤 : 여러 개의 공차역 클래스의 축과 1개의 공차역 클래스의 구멍을 조립하는 데에 따라 필요한 틈새 또는 죔새가 생기도록 하는 끼워맞춤 방식이다. 이 방식에서는 구멍의 최소 허용 치수가 기준 치수와 같다. 즉, 구멍의 아래 치수 허용차가 "0"인 H 계열의 구멍을 사용하여 H6~H10의 5종류를 기준으로 하는 끼워맞춤 방식이다.

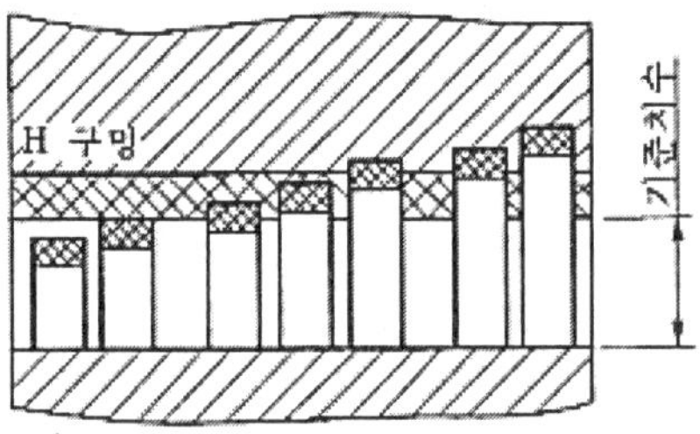

그림 6.3 구멍 기준식 끼워맞춤

[표 6.7] 상용하는 구멍기준 끼워맞춤(단위: ㎛)

기준 구멍	축의 종류와 등급																
	헐거운 끼워맞춤						중간 끼워맞춤				억지 끼워맞춤						
	b	c	d	e	f	g	h	js	k	m	n	p	r	s	t	u	x
H5						4	4	4	4	4							
H6						5	5	5	5	5							
					6	6	6	6	6	6	6[1]	6[1]					
H7				(6)	6	6	6	6	6	6	6	6[1]	6[1]	6	6	6	6
				7	7	(7)	7	7	(7)	(7)	(7)	7[1]	7[1]	(7)	(7)	(7)	(7)
H8					7		7										
				8	8		8										
			9	9													
H9			8	8			8										
		9	9	9			9										
H10	9	9	9														

주[1] : 이들의 끼워맞춤은 치수의 구분에 따라 예외가 생긴다.
비고 : ( )는 가급적 사용하지 않는다.

(2) 축 기준식 끼워맞춤 : 여러 개의 공차역 클래스의 구멍과 1개의 공차역 클래스의 축을 조립하는 데 따라 필요한 틈새 또는 죔새가 생기도록 하는 끼워맞춤 방식이다. 이 방식에는 축의 최대 허용 치수가 기준 치수와 같다. 즉, 축의 위 치수 허용차가 "0"인 h 계열의 축을 사용하여 h5 ~ h9까지 5종류의 축을 기준으로 하는 끼워맞춤 방식이다.

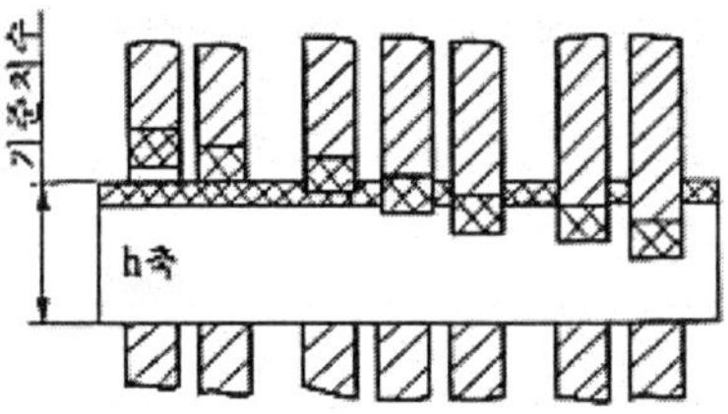

그림 6.4 축 기준식 끼워맞춤

[표 6.8] 상용하는 축 기준 끼워맞춤(단위: ㎛)

기준 축	축의 종류와 등급																
	헐거운 끼워맞춤						중간 끼워맞춤				억지 끼워맞춤						
	B	C	D	E	F	G	H	JS	K	M	N	P	R	S	T	U	X
h4							5	5	5	5							
h5							6	6	6	6	6[1]	6					
h6					6	6	6	6	6	6	6	6[1]					
				(7)	7	7	7	7	7	7	7	7[1]	7	7	7	7	7
h7				7	7	(7)	7	(7)	(7)	(7)	(7)	(7)	7[1]	(7)			
					8		8										
h8			8	8	8		8										
			9	9			9										
h9			8	8			8										
		9	9	9			9										
	10	10	10														

주[1] : 이들의 끼워맞춤은 치수의 구분에 따라 예외가 생긴다.
비고 : ( )는 가급적 사용하지 않는다.

예 ① Φ50 H7 g6 : 구멍기준식 헐거운 끼워맞춤
② Φ40 H7 p5 : 구멍기준식 억지 끼워맞춤
③ Φ30 G7 h5 : 축기준식 헐거운 끼워맞춤

3) 끼워맞춤 용어

(1) 최소 틈새 : 구멍의 최소 허용 치수에서 축의 최대 허용 치수를 뺀 값.
(2) 최대 틈새 : 구멍의 최대 허용 치수에서 축의 최소 허용 치수를 뺀 값.
(3) 최소 죔새 : 축의 최소 허용 치수에서 구멍의 최대 허용 치수를 뺀 값.
(4) 최대 죔새 : 축의 최대 허용 치수에서 구멍의 최소 허용 치수를 뺀 값.

4) 공차역의 위치 표시 기호

(1) 구멍의 공차역 위치는 A부터 ZC까지 대문자 기호로 쓴다.
(2) 축의 공차역 위치는 a부터 zc까지 소문자로 표시한다.
(3) 혼동을 피하기 위하여 다음 문자는 사용하지 않는다.
(I, L, O, Q, W, i, l, o, q, w)

[표 6.9] 끼워맞춤의 종류

<table>
<tr><th rowspan="2">끼워맞춤</th><th>구멍 치수</th><th rowspan="2">최대 허용 치수</th><th rowspan="2">최소 허용 치수</th><th rowspan="2">최대 틈새</th><th rowspan="2">최소 틈새</th><th rowspan="2">최대 죔새</th><th rowspan="2">최소 죔새</th></tr>
<tr><th>축 치수</th></tr>
<tr><td rowspan="2">헐거운 끼워맞춤</td><td>$\Phi 30^{+0.008}_{+0.002}$</td><td>$\Phi$ 30.008</td><td>Φ 30.002</td><td rowspan="2">0.028</td><td rowspan="2">0.009</td><td rowspan="2">·</td><td rowspan="2">·</td></tr>
<tr><td>$\Phi 30^{-0.007}_{-0.020}$</td><td>$\Phi$ 29.993</td><td>Φ 29.980</td></tr>
<tr><td rowspan="2">중간 끼워맞춤</td><td>$\Phi 30^{-0.025}_{0}$</td><td>Φ 30.025</td><td>Φ 30.000</td><td rowspan="2">0.030</td><td rowspan="2">·</td><td rowspan="2">0.020</td><td rowspan="2">·</td></tr>
<tr><td>$\Phi 30^{+0.020}_{-0.005}$</td><td>$\Phi$ 30.020</td><td>Φ 29.995</td></tr>
<tr><td rowspan="2">억지 끼워맞춤</td><td>$\Phi 30^{+0.008}_{0}$</td><td>Φ 30.008</td><td>Φ 30.000</td><td rowspan="2">·</td><td rowspan="2">·</td><td rowspan="2">0.050</td><td rowspan="2">0.011</td></tr>
<tr><td>$\Phi 30^{+0.050}_{+0.019}$</td><td>$\Phi$ 30.050</td><td>Φ 30.019</td></tr>
</table>

6.4 치수공차 기입법

1) 치수 허용 한계의 표시

(1) 치수공차는 공차역 클래스의 기호(치수공차 기호) 또는 공차 값을 기준 치수와 함께 다음 보기와 같이 기입한다.

보기 32H7　　80js5　　100g6

(2) 텔렉스(telex) 등 한정된 문자수의 장치를 이용하여 통신할 경우에는 구멍과 축을 명확하게 구별하기 위하여 구멍에 대해서는 H 또는 h, 축에 대해서는 S 또는 s를 기준 치수 앞에 붙인다.

보기 50H7 구멍 : H50H7 또는 h50h7
50h6 축 : S50H6 또는 s50h6

(3) 치수공차를 허용 한계 치수로 나타낼 수 있으며, 최대 치수를 위에, 최소 치수를 아래에 겹쳐서 기입한다.

보기 99.996
99.998

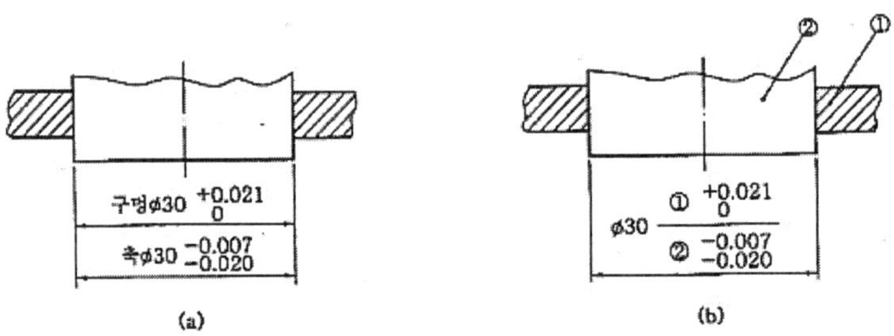

그림 6.5 공차치수 방식의 허용한계 기입

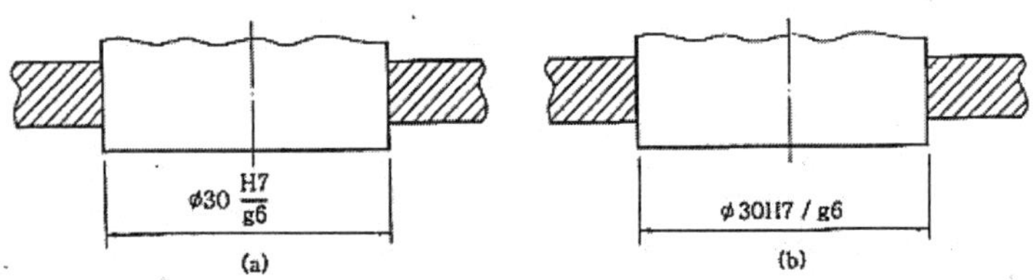

그림 6.6 기호에 의한 허용한계 기입

2) 치수공차 기입법

(1) 치수공차는 허용 한계 치수를 기입한다.

(2) 허용차의 절대값이 같을 때는 ±기호로 같이 기입한다.

(3) 허용차의 절대값이 큰 것은 위 치수 허용차에, 절대값이 작은 것은 아래 치수 허용차에 기입한다.

(4) 공차값이 0인 경우 + 또는 −기호를 붙이지 않는다.

(5) 같은 기준 치수에서 축과 구멍이 조립된 상태에서는 구멍을 치수선 위에, 축을 치수선 아래에 기입한다.

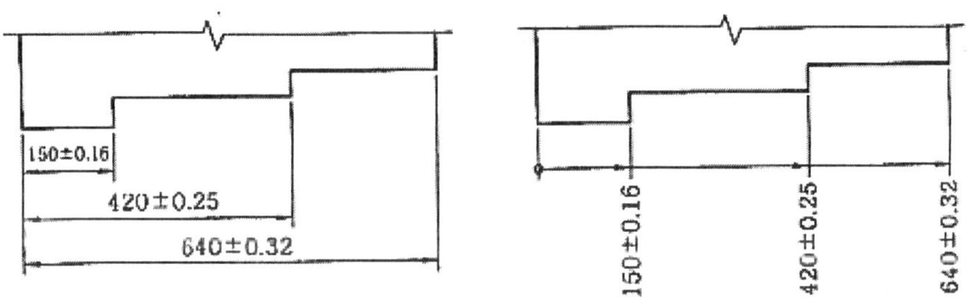

그림 6.7 누진치수에 공차 기입

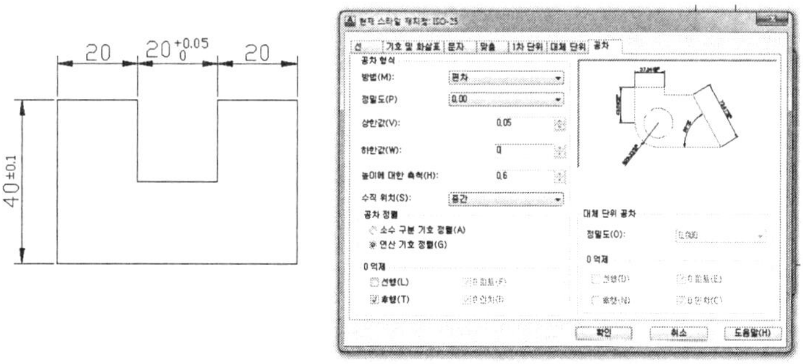

그림 6.8 CAD에서의 치수공차 기입

① 치수 스타일 - 수정 - 공차

② 방법 : 없음, 대칭, 편차, 한계, 기준

③ 정밀공차 = 편차방식, 일반공차 = 대칭방식 적용

④ 공차값 지정 후 일일이 치수 업데이트를 해주어야 하는 불편함이 있으므로, 몇 개의 치수 스타일을 만들어 관리하면 편리하다. (예, 편측공차 - 축용, 편측공차 - 캡용, 대칭 공차용, 일반용 등)

6.5 끼워맞춤 공차 기입법

1) 공차 기호에 의한 기입법

(1) 끼워맞춤은 구멍, 축의 공통 기준 치수에 구멍의 공차 기호와 축의 공차 기호를 연이어 보기와 같이 표시한다.

보기 50H/g6 50H7·g6 또는 $50\frac{H7}{g6}$

(2) 텔렉스(telex) 등의 한정된 문자 수의 장치로 통신하는 경우에는 구멍과 축을 명확하게 구별하기 위하여 기준 치수 앞에 구멍에 대해서는 H 또는 h를, 축에 대해서는 S 또는 s를 붙인다.

보기 50H7/g6 : H50H7/S50G6 또는 h40h7/s50g6

2) 공차 값에 의한 기입법

(1) 같은 기준 치수에 대하여 구멍 및 축에 대한 위 아래의 치수 허용차를 명기할 필요가 있을 때에는 구멍의 기준 치수와 공차값은 기준선 위쪽에, 축의 기준 치수와 공차 값은 기준선 아래쪽에 기입한다.

(2) 구멍과 축의 기준 치수 앞에 "구멍" 또는 "축"이라 명기한다.

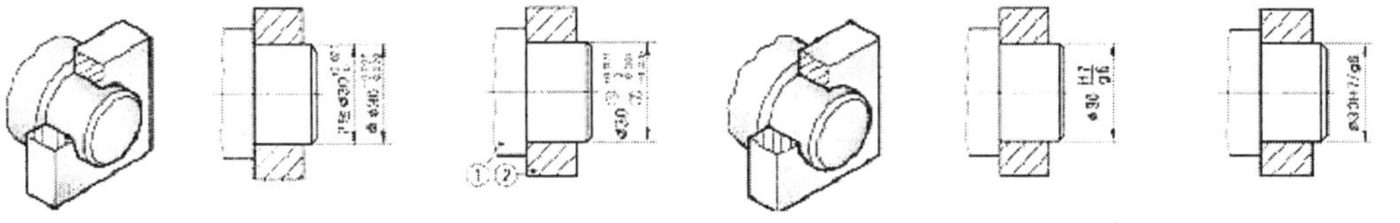

(a) (b) (a) '–' 사용 (b) '/' 사용

그림 6.9 공차값에 의한 끼워맞춤 기입

연습 1 공차 기입 도면 연습(1)

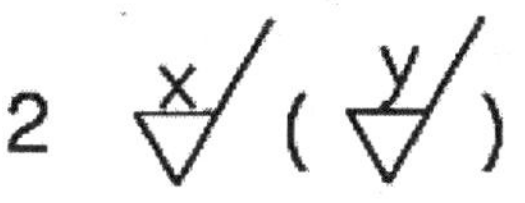

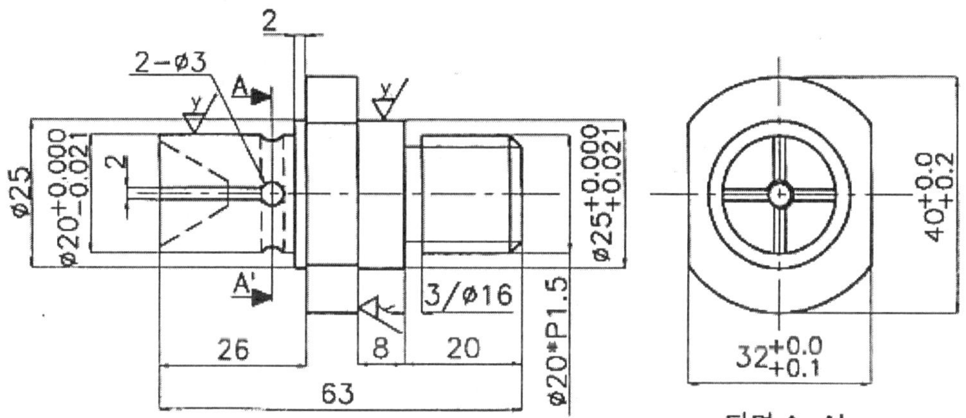

단면 A-A'

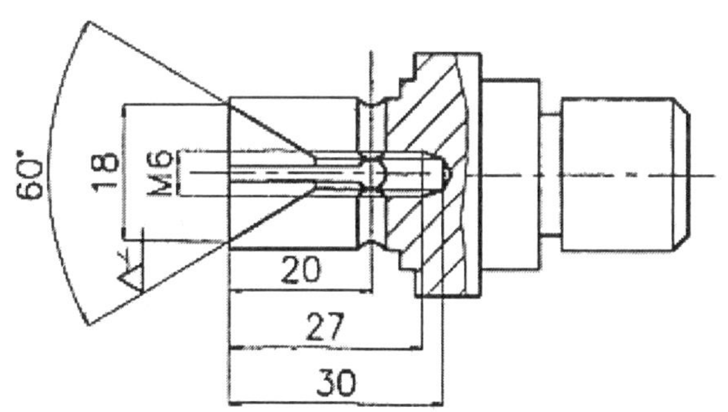

연습 2 | 공차 기입 도면 연습(2)

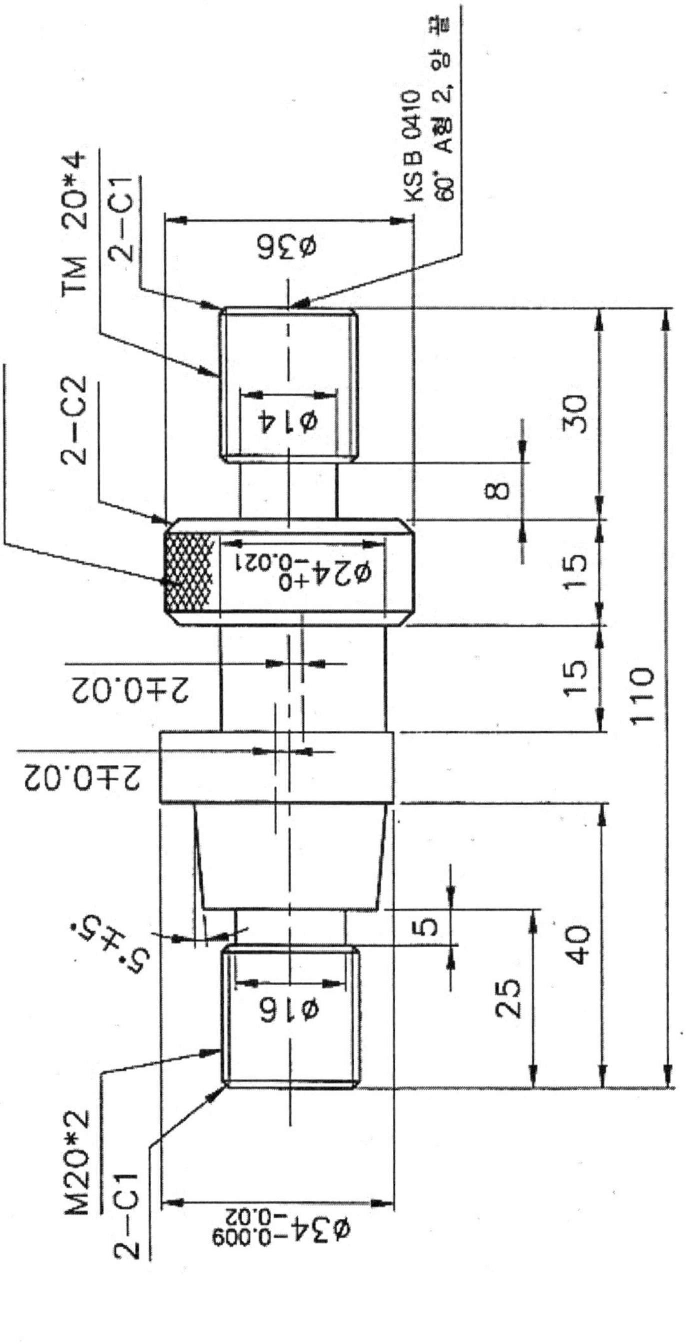

제7장 기하 공차

기하공차(geometrical tolerance)는 기계부품의 치수공차나 치수허용차에 형상 공차 및 위치 공차를 주어 제품이 제작 조립이 될 때, 더욱 정밀하고 효율적으로 끼워맞춤이 이루어져 생산성과 경제성을 높이는데 그 목적이 있다. 즉, 치수 공차만으로는 만족한 조립상태를 얻을 수 없는 형상으로 가공될 수 있으므로, 기하공차를 겸하여 사용하게 되었다.

기하공차의 장점은 다음과 같다.

(1) 경제적이고 효율적인 생산을 할 수 있다.

(2) 생산 원가를 절감할 수 있다.

(3) 최적의 제작 공차를 통하여 생산성을 높일 수 있다.

(4) 조립 부품 상호간에 호환성을 높이고 조립 상태를 보증할 수 있다.

(5) 설계 치수 및 공차상의 요구가 명확하게 전달되고 확실해진다.

(6) 기능 게이지(functional gauge)를 사용하여 효율적으로 검사, 측정할 수 있다.

(7) 도면의 안정성과 통일성으로 일률적인 설계를 할 수 있다.

7.1 기하공차의 일반사항

(1) 도면에 지정하는 대상물의 모양, 자세, 위치의 편차 및 흔들림의 허용값에 대하여 원칙적으로 기하공차를 적용한다.

(2) 형체에 지정한 치수의 허용 한계는 특별히 지시가 없는 한 기하공차를 규제하지 않는다.

(3) 기능상의 요구, 호환성 등에 의거하여 불가결한 곳에만 지정한다.

(4) 기하공차의 지시는 생산 방식, 측정방법 또는 검사방법을 특정한 것에 한정하지 않는다. 다만 특별한 경우에는 별도로 지시한다.

7.2 기하공차의 용어

(1) 기하학적 치수 및 공차 방식 : 제품을 가장 경제적으로 제작할 수 있도록 부품 전체의 실제적인 기능에 중점을 두고 도면의 치수 및 공차를 정하는 수단.

(2) 기준 치수 : 도면상에 규정된 치수로 형체의 정확한 치수 형상 또는 위치를 기입하기 위하여 사용 되는 이론적 수치의 치수.

(3) 데이텀(datum) : 치수를 얻거나 다른 형체의 기하학적 형상 및 위치를 결정하는 이론적으로 정확한 기준 형태로 점, 선, 면, 원통, 축심(軸心) 등이 해당된다.

(4) 모디파이어(modifier) 기호 : 기하학적 공차 및 데이텀(datum)의 크기를 변경 적용하기 위한 기호.

① 최대 실체 (재료) 조건(MMC : Maximum Material Condition) : 부품의 모양이 최대의 질량을 갖는 상태를 말한다. 기호는 Ⓜ로 표시한다.

② 최소 실체 조건(LMC : Least Material Condition) : 부품의 모양이 최소의 질량을 갖는 상태를 말한다. 기호는 Ⓛ로 표시한다.

③ 형체 무관 치수(RFS : Regardless of Feature Size) : 모양이 그 치수공차 내에 있든지 없든지 관계없이, 물체의 모양 또는 위치의 공차가 엄수되어야 할 조건을 말한다. 기호는 Ⓢ로 표시한다.

④ 돌출 공차역(PTZ : Project Tolerance Zone) : 핀이나 볼트 등이 삽입되는 구멍에 적용되는 공차역으로서, 결합부품의 틈새와 관계되는 구멍의 직각도를 규제하는 것을 말한다. 기호는 Ⓟ로 표시한다.

7.3 기하공차의 종류와 그 기호

[표 7.1] 기하공차의 종류

적용 형체	공차의 종류		기 호
단독 형체	모양 공차	진직도(straightness)	—
		평면도(flatness)	⏥
		진원도(circularity)	○
		원통도(cylindricity)	⌭
단독 형체 또는 관련 형체		선의 윤곽도(profile of a line)	⌒
		면의 윤곽도(profile of a surface)	⌓
관련 형체	자세 공차	평행도(parallelism)	//
		직각도(perpendicularity)	⊥
		경사도(angularity)	∠
	위치 공차	위치도(positional tolerance)	⌖
		동축도 또는 동심도(concentricity)	◎
		대칭도(symmetry)	⌯
	흔들림공차	원주 흔들림(circular runout)	↗
		온 흔들림(total runout)	⌰

[표 7.2] 기하공차의 부가 기호

부가 기호		
표시하는 내용		기 호
공차붙이 형체	직접 표시하는 경우	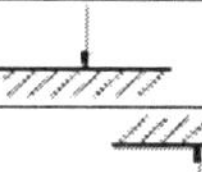
	문자 기호에 의해 표시하는 경우	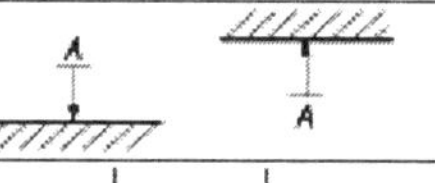
데이텀(datum)	직접 표시하는 경우	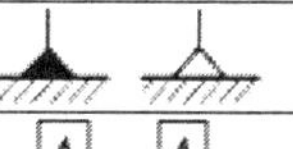
	문자 기호에 의해 표시하는 경우	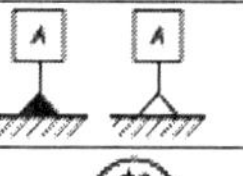
데이텀 타깃(datum target) 기입 틀		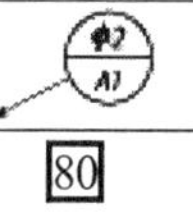
이론적으로 정확한 치수		80 (사각 틀)
돌출 공차역		ⓟ
최대 실체 공차방식		Ⓜ

7.4 기하공차의 표시 방법

1) 공차 기입 틀

(1) 공차의 종류를 나타내는 기호와 공차 값은 두 개의 구획으로 구분한다.

(2) 데이텀을 지시하는 문자 기호는 1 ~ 3개를 사용한다.

(3) 동일한 기하공차가 여러 개소에 반복적으로 위치할 때는 한 곳에 기입하고 그 개수를 표기한다.

(4) 1개의 형체에 2개 이상의 기하공차 표시를 할 필요가 있을 때에는 기하공차 기입 틀을 2개 또는 그 이상 겹쳐서 사용할 수 있다.

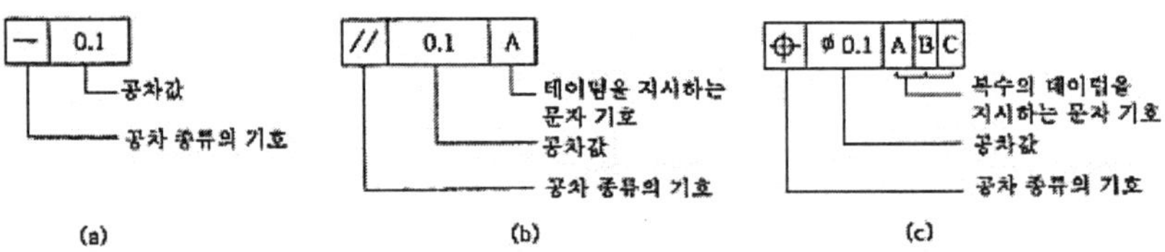

그림 7.1 공차 기입 틀

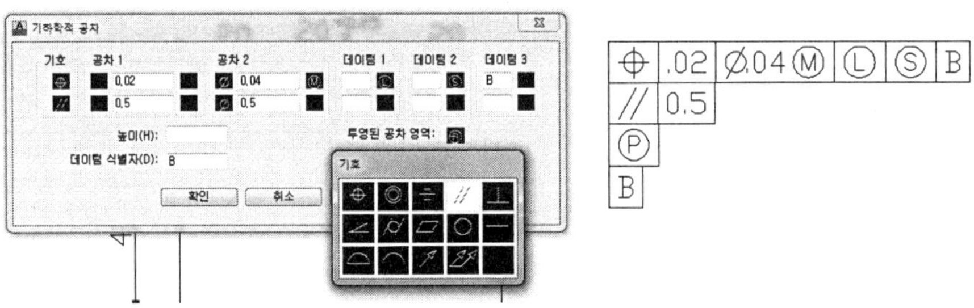

그림 7.2 CAD에서의 기하공차 설정

① 기하공차 기입 틀은 최대 6개의 구간으로 설정할 수 있다.

② 기하공차 표시는 기본 2행을 표기할 수 있으며, 투영된 공차 영역, 데이텀 식별자까지 포함하여 4행으로 표기할 수 있다.

③ 기입 틀의 행 수는 필요에 의해 늘릴 수 있다.

④ 형상공차 기호, 치수 보조 기호 등 선택 상자에서 선택할 수 있어, 사용에 편리하다.

2) 기하공차의 기입 방법

(1) 기하공차 값을 그 직선의 전체 길이 또는 평면의 전체에 대하여 나타낼 때

모양(위치)의 정밀도 기호	기하공차 값	기준직선(기준평면)의 기호
기하공차 기호	숫자 값	기준 기호

ㅇ 기준직선 또는 기준평면에 부호를 붙이지 않는 예
직선부의 진직도가 이상 직선에서 0.02[mm] 범위 내의 기하공차 값이 주어진 것을 의미함.

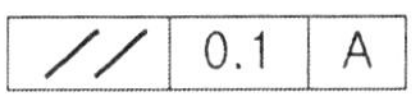

ㅇ 기준직선 또는 기준평면을 지정한 예
평면 또는 직선의 평행도가 기준 A에 대하여 0.1[mm] 범위 내의 기하공차 값이 주어진 것을 의미함.

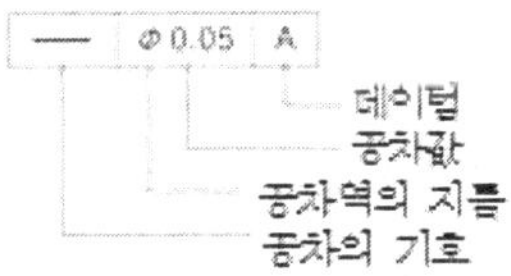

ㅇ 진직도의 허용범위가 원통인 예
기하공차 값의 앞에 기호 Φ를 붙이고 그 직선 부분이 0.05[mm] 범위 내의 원통 내부에 있어야 됨을 의미함.

(2) 기하공차 값을 지정 길이 또는 지정 넓이에 대하여 나타낼 때

모양(위치) 정밀도 기호	기하공차 값/지정 길이 (지정 넓이)	기준직선(기준평면)의 기호

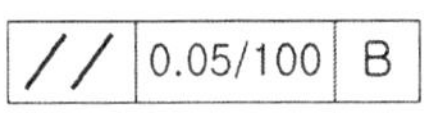

평행도가 B를 기준으로 지정길이 100[mm]에 대하여 0.05[mm]의 기하공차 값을 가지는 것을 의미함.

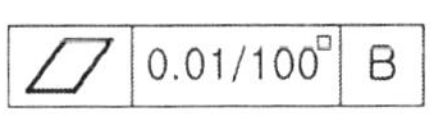

지정 넓이의 보기이며, 수치의 어깨에 "□"을 기입하여 임의의 100×100[mm^2]에 대하여 평면도가 0.01[mm]이내의 범위인 것을 의미함.

(3) 기하공차 값이 그 직선의 전체 길이 또는 평면의 전면에 대한 것과 지정길이 또는 지정 넓이에 대한 것과 2가지가 있을 경우 다음과 같이 나타낸다.

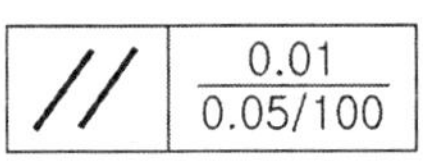

3) 기하공차 값의 지시 방법

(1) 실체 모양으로 나타나는 직선 또는 평면에 대하여 기하공차 값을 지정할 때에는 이것을 나타내는 선 또는 연장선에 직각으로 화살표가 향하는 선으로써 연결한다.

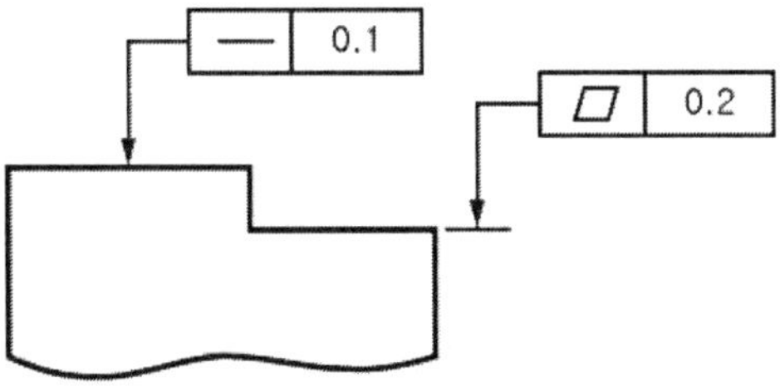

그림 7.3 실형으로 나타나는 직선 또는 평면에 지시하는 경우

(2) 실체의 축선에 대하여 기하공차 값을 지정할 때에는 그림과 같이 기입한다.

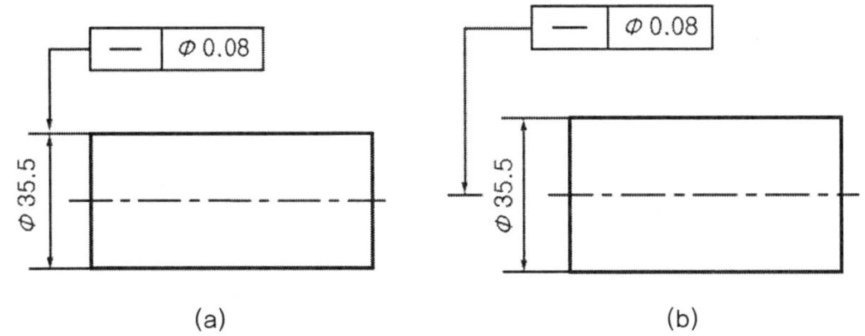

그림 7.4 실제의 축선에 지시하는 경우

(3) 실체의 일부분의 축선에 대하여 기하공차 값을 지정할 경우에는 그 치수선의 끝점에 붙여서 치수선의 화살표에 대응하는 화살표를 붙인다.

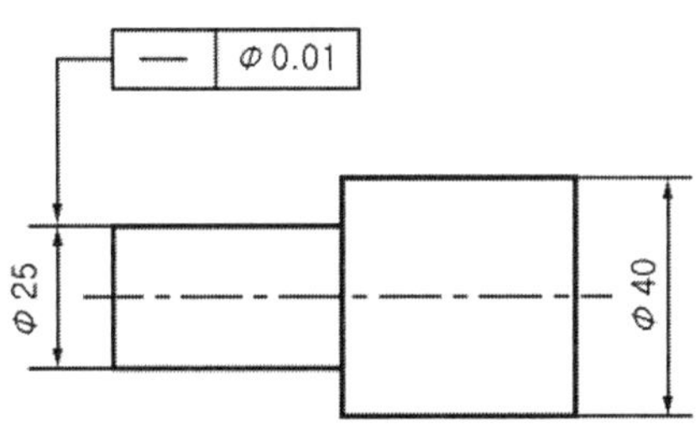

그림 7.5 실체의 일부 축선에 지시하는 경우

(4) 실체의 두 곳 이상의 공통 축선에 대하여 기하공차를 지정할 때에는 그 축선을 나타내는 중심선에 직각으로 화살표를 붙인 선에 지시한다.

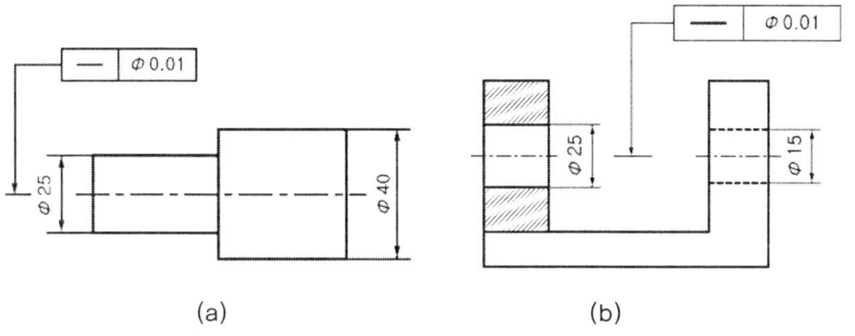

그림 7.6 실제의 공동 축선에 지시하는 경우

4) 기준직선 또는 기준평면의 표기 방법

(1) 실제 모양으로 나타내는 선을 기준으로 할 경우에는 이 선 또는 그 연장선과 기하공차 값을 기입한 틀을 연결한다. 또, 연결된 끝은 채워진(filled) 이등변 삼각형으로 하고 그 밑변을 기준직선 또는 기준평면을 나타내는 선 또는 연장선에 일치시킨다.

(2) 공차값을 기입하는 틀과 기준을 연결하는 것이 불편할 경우에는 기준직선 또는 기준평면을 로마자 대문자로 표시하여 이것을 사각형 안에 기입하고, 기하공차 값을 기입하는 틀 안에 이 부호를 기입한다.

(3) 관련되는 두 부분의 어느 곳이나 기준으로 할 수 있을 때는 기하공차 값을 기입하는 틀과 두 부분을 함께 화살표를 붙인 선으로써 연결한다.

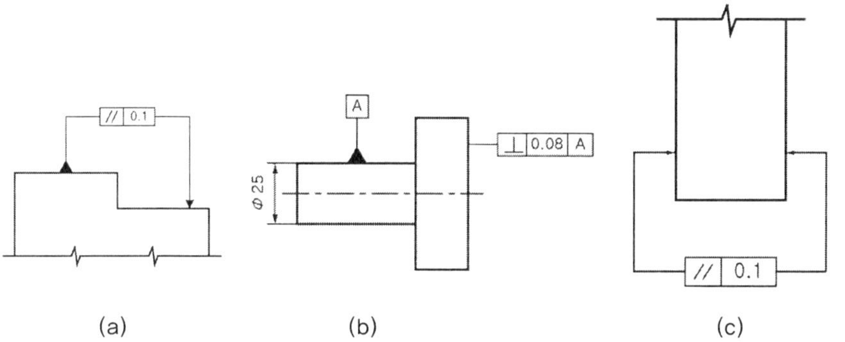

그림 7.7 기준직선 또는 기준평면의 표기

5) 이론적으로 정확한 치수의 표기 방법

위치도, 윤곽도 또는 경사도의 공차를 형체에 지정하는 경우에는 이론적으로 정확한 위치, 윤곽 또는 각도를 정하는 치수를 15과 같이 사각형 틀로 나타낸다. 이와 같은 사각형 틀 내에 나타내는 치수를 "이론적으로 정확한 치수인 기준치수"라 하고 그 자체는 치수 공차를 갖지 않는다.

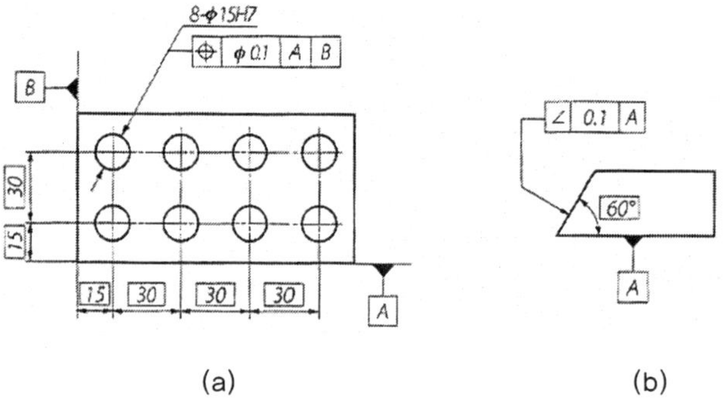

그림 7.8 기준 치수의 표기

6) 돌출 공차역의 지시 방법

공차역을 그 형체 자체의 내부가 아니고, 그 외부에 지정하고 싶을 경우에는 그림과 같이, 그 돌출부를 가는 2점 쇄선으로 표시하고, 그 치수 숫자 앞 및 공차 값 뒤에 기호 Ⓟ를 기입한다. 이와 같이 지시에 의해 정해지는 공차역을 돌출 공차역이라 하며, 이것은 자세공차 및 위치공차에 적용할 수 있다.

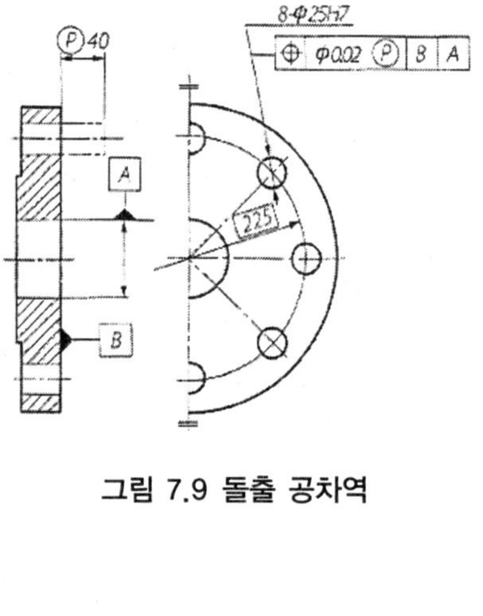

그림 7.9 돌출 공차역

7) 최대 실체 공차 방식

최대 실체 상태(MMC, Maximum Material Condition)란 최종 가공된 제품에 대해서 공차를 고려하였을 때, 재료가 최대의 조건을 이루고 있는 상태를 의미한다. 구멍, 홈과 같은 내측 형상들은 최소의 크기를 가질 때가 MMC이다. 반면에 축과 같은 외측 형상들은 MMC에서 최대의 크기를 갖는다. MMC에서 축과 구멍이 조립될 때는 최대 직경의 축과 최소 직경의 구멍이 조립되므로 두 부품 사이에는 최소 틈새가 발생한다.

구멍에 위치공차를 적용할 때 구멍의 한계 크기를 고려해야 한다. 구멍이 MMC일 때, 또는 최소의 크기일 때, 위치공차는 영향을 받지 않는다. 그러나 구멍이 커지면 가능한 위치공차는 커지게 된다. 그림에서 2개의 10 mm 구멍이 있다. 이 2개의 구멍에 직경이 정확히 10 mm(MMC 또는 최소 크기)이고 정확히 40 mm 간격을 가지고 있다면 정확히 40 mm 떨어진 위치에 10 mm로 만들어진 핀 게이지를 끼울 수 있다. 그러나 도면상에서 두 구멍의 중심거리는 39.9에서 40.1로 변할 수 있다.

그림(c)와 같이 10 mm 직경의 구멍이 극한 위치에 놓이고 핀이 0.1 mm 작게 즉 9.9 mm 직경이 되도록 만든 게이지 핀은 구멍에 끼울 수 있다. 구멍 사이의 거리가 최대가 될 때 게이지 핀은 안쪽에 접하게 되고 구멍 사이 거리가 최소가 되면 9.9 mm 게이지 핀은 구멍의 바깥쪽에 접하게 된다. 만일 게이지 제작의 공차를 고려하지 않으면 게이지 핀은 9.9 mm 직경과 정확히 40 mm 떨어져 있어야 MMC상태에서 조립이 된다.

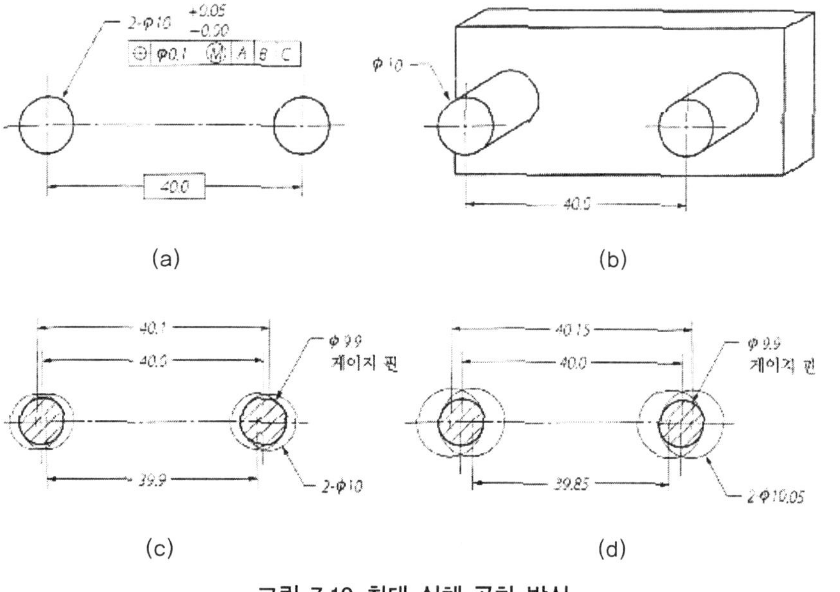

그림 7.10 최대 실체 공차 방식

만일 구멍이 최대 치수인 10.05인 경우에는 40 mm 떨어져 있는 9.9 mm 직경의 핀은 그림(d)와 같이 구멍의 내면에 게이지 핀의 내면과 접하거나 구멍의 외면이 게이지 핀의 외면과 접하여 끼워 맞춰진다. 구멍이 커지면 구멍 사이가 멀어져도 핀이 조립되는 것이다. 이 경우 핀의 거리가 40.15가 되어도 조립되고 거리가 39.85로 가까워져도 조립된다.

따라서 구멍이 최대 직경이 되면 더 큰 위치공차가 허용된다. 모든 형상의 크기는 변할 수 있기 때문에 도면은 어떤 기준 치수와 위치도를 정해야 하는지 명확히 지정할 필요가 있다. 거의 모든 경우에 구멍이 커지면 기능에 영향을 미치지 않고 더 큰 위치도 공차가 허용된다. 이 경우에도 조립은 문제가 없다. 제작과 검사 과정에서 MMC에서 적용된 위치공차는 부품이 MMC가 아니 경우에 위치공차는 조금 더 허용되는 것이 일반적으로 적용되어 왔다.

최대 실체 공차방식을 적용하는 것을 지시하기 위해서는 최대 실체 공차방식을 공차의 대상으로 된 형체 데이텀 형체 또는 그 양자에 적용하는가에 따라 기호 Ⓜ을 기입한다.

- 공차붙이 형체에 적용하는 경우에는 공차 값 뒤에 Ⓜ을 기입한다. (그림 a)
- 데이텀 형체에 적용하는 경우에는 데이텀을 나타내는 문자기호 뒤에 Ⓜ을 기입한다. (그림 b)
- 공차붙이 형체와 그 데이텀 형체의 양자에 적용하는 경우, 공차 값 뒤와 데이텀을 나타내는 문자기호 뒤에 Ⓜ을 기입한다. (그림c)

⌖	Φ0.04 Ⓜ	A

(a)

⌖	Φ0.04	A Ⓜ

(b)

⌖	Φ0.04 Ⓜ	A Ⓜ

(c)

그림 7.11 최대 실체 공차 방식을 기입하는 방법

데이텀이 문자기호에 의해 표시되어 있지 않은 경우, 최대 실체 공차방식을 적용하는 것을 지시하기 위해서는 공차 기입 틀 세 번째의 구역에 기호 Ⓜ을 기입한다.

그림 7.12 데이텀을 직접 지시한 경우의 최대 실체 공차의 지정

연습 1 기하공차 도면 연습(1)

기하공차 기입방법 따라 그리기

① // 0.009 A

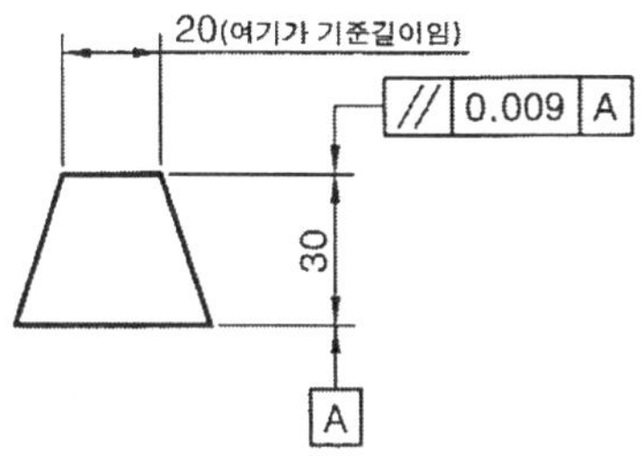

② ⊥ 0.013 A

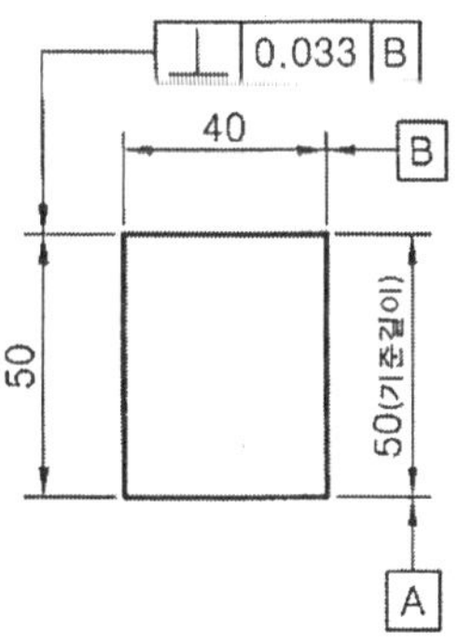

③ ◎ 0.013 A

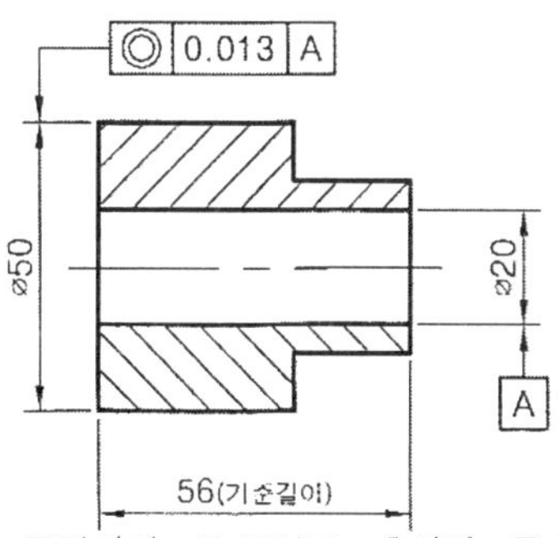

구멍이면 ⌀를 붙이고, 축이면 ⌀를 안 붙인다.

④ ↗ 0.011 A B

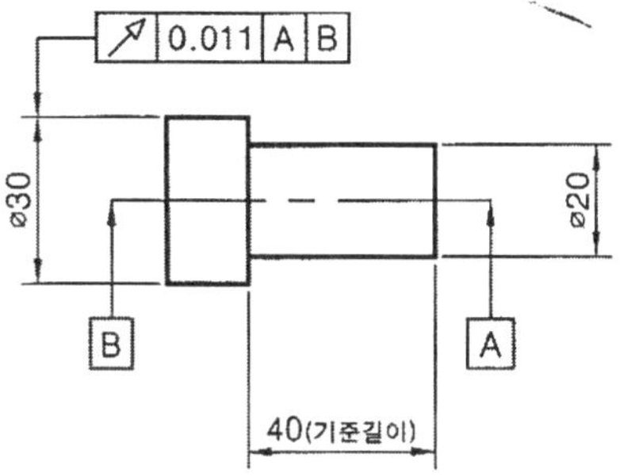

⑤ ⌭ 0.013 A

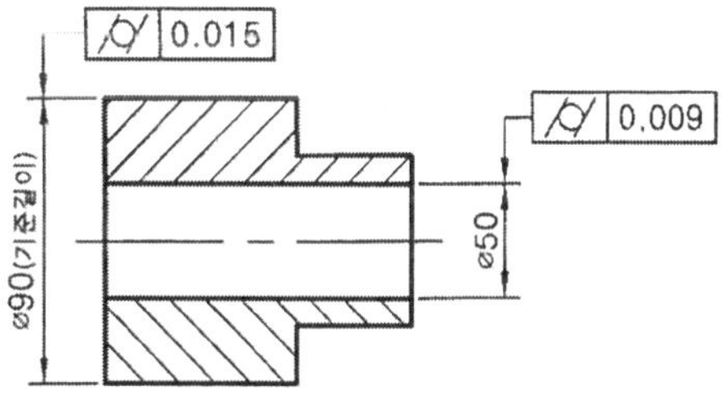

원통도에는 기입 하고자 하는 부분에
⌀를 붙이지 않고 데이텀도 붙이지 않는다.

⑥ ⌖ Ø0.02 A B

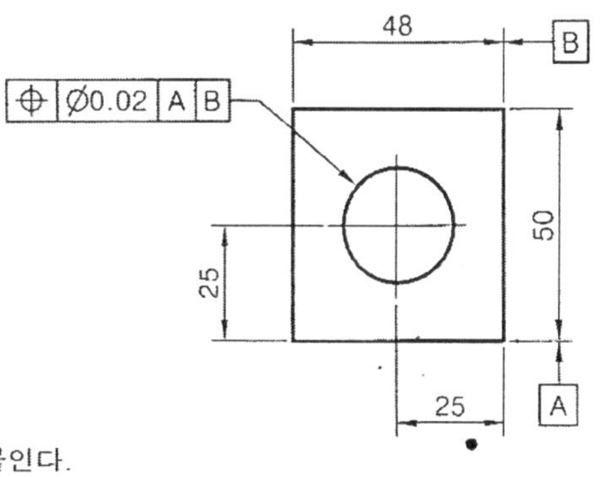

연습 2 기하공차 도면 연습(2)

71

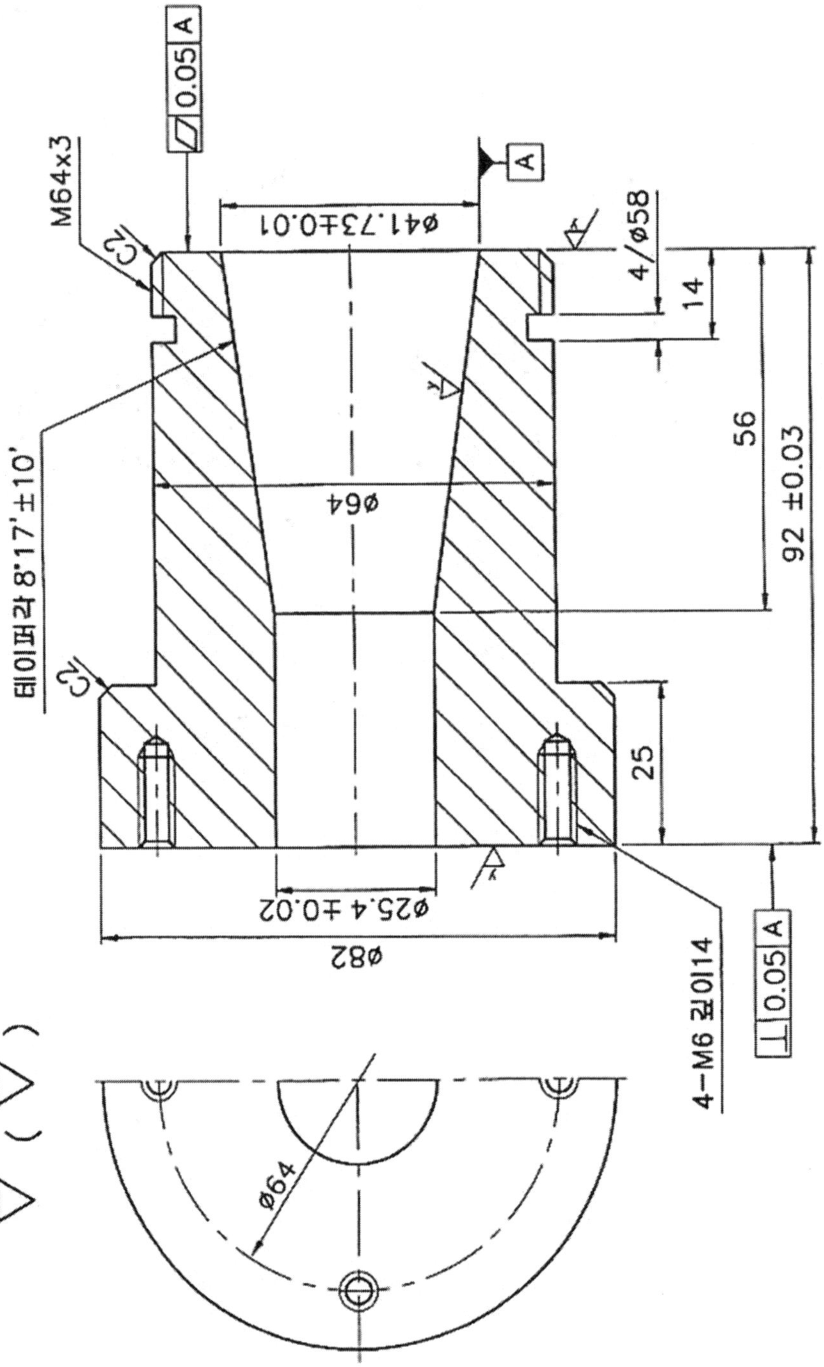

제8장 표면거칠기와 재료기호

커터(cutter), 바이트(bite), 숫돌(grinding wheel) 등 가공 공구에 의해 가공된 면에 필연적으로 발생되는 규칙적인 요철로서, 면의 거친 정도를 표면 거칠기(surface roughness)라 한다. 모든 부품을 요철이 없는 이상적인 표면을 갖도록 제작하는 것은 불가능하며, 필요 이상으로 표면을 매끈하게 가공하는 것 또한 비경제적이므로 그 사용목적과 기능에 따라 즉, 요구 정밀도에 적합하게 가공 되어야 한다.

KS에서는 표면 거칠기의 측정방법으로 최대 높이 거칠기(Rmax), 10점 평균 거칠기(Rz ; ten point hight), 중심선 평균 거칠기(Ra)의 3가지 방법을 규정하고 있다. 국제적으로는 산술 평균 거칠기에 대한 사용빈도가 높으므로 우리도 이것을 참조할 필요가 있다.

8.1 표면 거칠기와 단면 곡선

1) 표면 거칠기(surface roughness)

공작물의 표면에 생긴 일정 구간에서의 요철을 표면 거칠기(surface roughness)라 하며, 표면 거칠기 보다 큰 간격으로 반복되는 기복의 상태를 파상곡선(파상도)이라 하며, 이는 공작기계나 바이트의 변형, 진동 등에 의하여 발생한다.

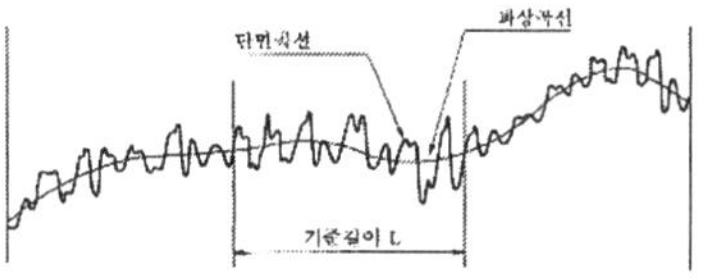

그림 8.1 파상곡선, 단면곡선

2) 단면 곡선

제품 표면과 직각인 평면으로 표면을 절단하였을 때 그 절단면에 나타나는 작은 구간을 확대하여 기록한 것을 단면곡선이라 한다.

3) 거칠기 곡선과 컷오프(cut-off) 값

단면곡선에서 소정의 파장보다 긴 표면의 기복 상태를 컷오프(cut-off)한 곡선을 거칠기 곡선이라고 하고 이 소정의 파장을 컷오프 값(기준 길이, 평가 길이)이라 한다.

8.2 표면 거칠기의 종류

1) 중심선 평균 거칠기(Ra)

(1) 정의 : 단면곡선에서 측정길이 L의 중심선 아래쪽에 있는 부분을 위쪽으로 접어서 얻은 빗금 친 부분의 면적을 측정 길이 L로 나누어 얻은 수치를 미크론(micron ; ㎛) 단위로 나타낸 것이다.

이는 중심선에 대한 산술평균 편차에 상당하는데, 이에 대한 계산은 모두 측정기에서 하게 되며, 결과 값만을 지시계에서 직접 읽을 수 있게 된다.

(2) 구하는 방법 : 중심선 아래 면적의 합 S1과 위쪽 면적의 합 S2를 더한 값을 S라 할 때 이 값을 측정 길이 L로 나누어 Ra를 구한다.

$$Ra = \frac{(S1 + S2)}{L} = \frac{S}{L}$$

(3) 컷오프(cut off) 값 : 0.08 mm, 0.25 mm, 0.8 mm, 2.5 mm, 8 mm, 25 mm

(4) 측정 길이 : 컷오프 값의 3배 또는 그것 보다 큰 값으로 취한다.

(5) 호칭 방법 : 중심선 평균 거칠기 _____μm, 컷오프 값 _____mm, 측정 길이 _____mm 또는 _____μm Ra, λc _____mm, Ln _____mm

(6) 최대값 표시 : 표준수열에서 선정한 숫자 다음에 a를 붙여서 표시한다.

(7) 표준수열 : 0.013, 0.025, 0.05, 0.1, 0.2, 0.4, 0.8, 1.6, 3.2, 6.3, 12.5, 25, 50, 100

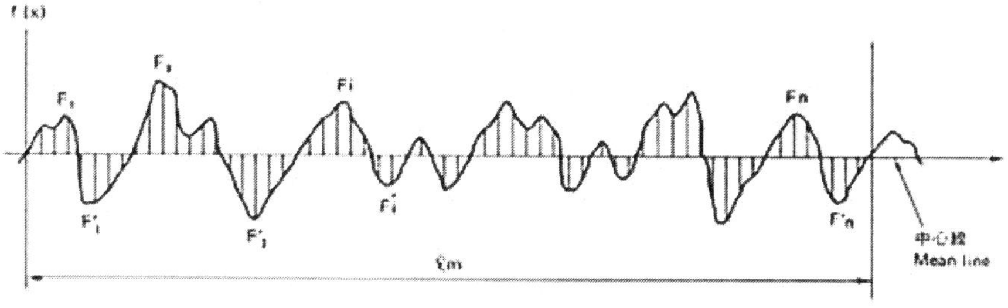

그림 8.2 중심선 평균 거칠기(Ra)

2) 최대 높이 거칠기(Rmax)

(1) 정의 : 단면곡선에서 기준길이 만큼 채취하여 그 부분의 가장 높은 산과 가장 깊은 골과의 차를 단면곡선 종배율 방향으로 측정하여 그 값을 미크론 단위(1μ m = 0.001mm)로 나타낸 것이다.

(2) 기준 길이 : 0.08 mm, 0.25 mm, 0.8 mm, 2.5 mm, 8 mm, 25 mm (6종류)

(3) 호칭 방법 : 최대 높이 _____μm, 기준 길이 _____mm 또는 Rmax, L _____mm로 표시.

(4) 최대값 표시 : 표준수열에서 선정한 숫자 다음에 S를 붙여서 표시한다.

(5) 표준수열 : 0.05, 0.1, 0.2, 0.4, 0.8, 1.6, 3.2, 6.3, 12.5, 25, 50, 100, 200, 400

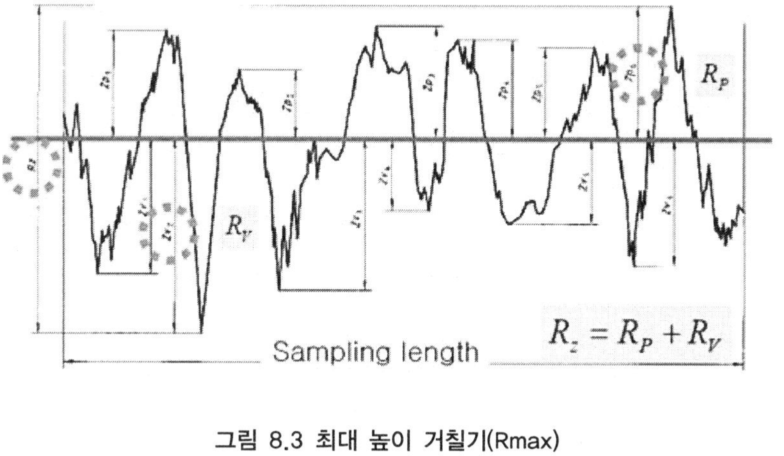

그림 8.3 최대 높이 거칠기(Rmax)

3) 10점 평균 거칠기(Rz)

(1) 정의 : 단면곡선에서 기준길이 만큼 채취하여 가장 높은 봉우리 5개의 평균 높이와 가장 깊은 골짜기 5개의 평균 깊이 차이를 미크론 단위로(μ m)로 나타낸 것이다.

(2) 기준 길이 : 0.08 mm, 0.25 mm, 0.8 mm, 2.5 mm, 8 mm, 25 mm (6종류)

_____mm로 표시.

(4) 최대값 표시 : 표준수열에서 선장한 숫자 다음에 Z를 붙여서 표시한다.

(5) 표준수열 : 0.05, 0.1, 0.2, 0.4, 0.8, 1.6, 3.2, 6.3, 12.5, 25, 50, 100, 200, 400

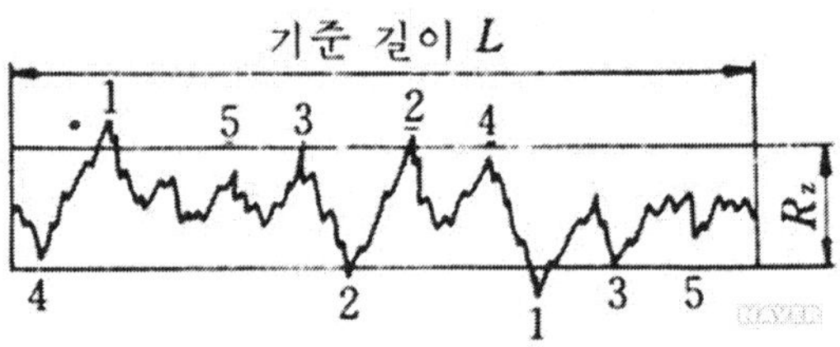

$$Rz = \frac{(R1+R2+R3+R5+R5)-(R6+R7+R8+R9+R10)}{5}$$

그림 8.4 10점 평균 거칠기(Rz)

8.3 표면 거칠기의 표시 방법

1) 대상면을 지시하는 기호

(1) 절삭 등 제거 가공의 필요 여부를 문제 삼지 않을 경우에는 면에 지시 기호만을 붙여서 사용한다. (그림a)

(2) 제거 가공이 필요하다는 것을 지시할 때에는 면의 지시 기호의 짧은 다리 끝에 가로선으로 표기한다. (그림b)

(3) 제거 가공을 해서는 안 된다는 것을 지시할 때는 면의 지시 기호에 내접하는 원을 표기한다. (그림c)

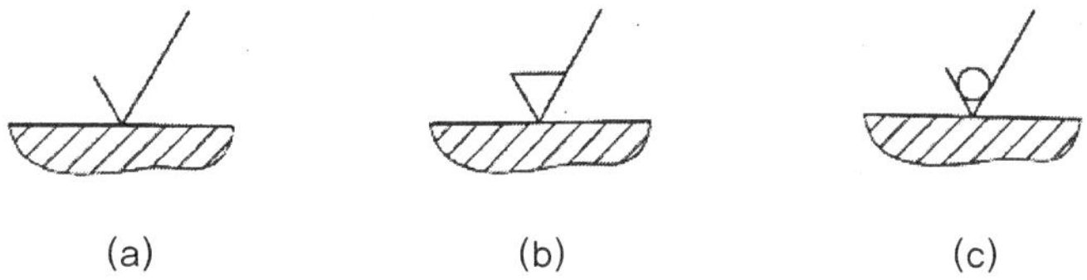

그림 8.5 대상면을 지시하는 기호

2) 면의 지시 기호의 구성

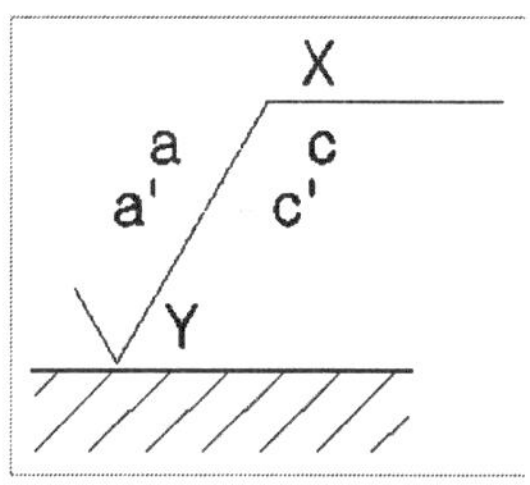

a : 표면거칠기 구분값(상한)
a′ : 표면거칠기 구분값(하한)
c : a에 대한 기준길이(컷오프 값, 평가길이)
c' : a′ 에 대한 기준길이
Y : 가공 방향에 대한 기호
X : 가공 방법에 대한 기호

그림 8.6 면의 지시 기호의 구성

3) 가공 방법의 약호

[표 8.1] 가공 방법의 약호

가공 방법	약호		가공 방법	약호	
	I	II		I	II
선반 가공	L	선반	혼가공	GH	호닝
드릴 가공	D	드릴	액체호닝다듬질	SPL	액체호닝
보링 머신 가공	B	보링	배럴연마가공	SPBR	배럴
밀링 가공	M	밀링	버프다듬질	FB	버프
플레이너 가공	P	평삭	블라스트다듬질	SB	블라스트
셰이퍼 가공	SH	형삭	랩다듬질	FL	래핑
브로치 가공	BR	브로칭	줄다듬질	FF	줄
리머 가공	FR	리머	스크레이퍼다듬질	FS	스크레이퍼
연삭 가공	G	연삭	페이퍼다듬질	FCA	페이퍼
벨트 샌드 가공	GB	포연	주조	C	주조

4) 가공 모양의 기호

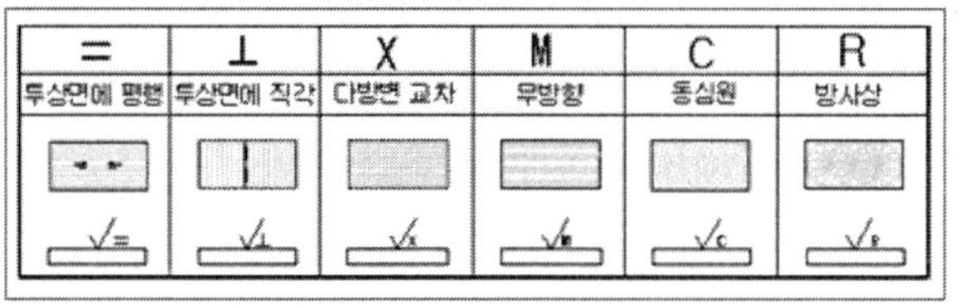

그림 8.7 가공 모양의 기호

8.4 표면 거칠기의 지시 방법

1) 산술 표면 거칠기로써 표시하는 경우

(1) 표면 거칠기의 지시값

① 중심선 평균 거칠기의 표준 수열 중에서 선택하여 지시.

② 기호 “a”는 기입하지 않음.

③ 표준 수열에 따를 수 없는 경우 허용할 수 있는 최대치를 Rmax≤10 또는 Rz≤10과 같이 지시한다.

(2) 표면 거칠기의 지시값의 기입 위치

① 허용할 수 있는 최대값 만을 지시하는 경우 : 면의 지시 기호 위쪽 또는 아래쪽에 기입한다.

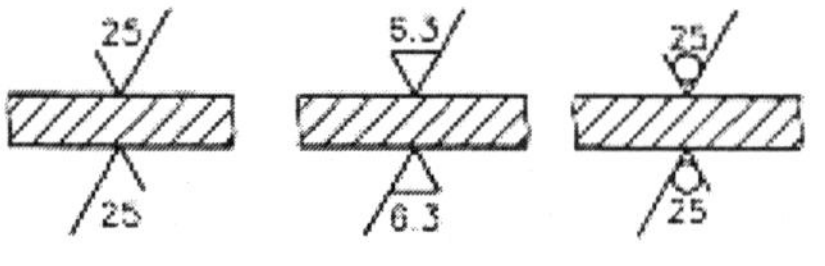

그림 8.8 허용할 수 있는 최대값 만을 지시하는 경우

② 어느 구간으로 지시하는 경우 : 면의 지시 기호 위쪽에 상한을, 아래쪽에 하한을 기입한다.

③ 컷오프 값의 지시 방법 : 컷오프 값을 지시할 필요가 있을 경우 면의 지시 기호의 긴 쪽 다리에 붙인 가로선 아래에, 표면 거칠기의 지시값에 대응시켜 가입한다.

2) 최대 높이(Rmax) 또는 10점 평균 거칠기(Rz)로서 지시하는 경우

(1) 표면 거칠기의 지시값 : 최대 높이(Rmax) 또는 10점 평균 거칠기(Rz)의 표준 수열 중에서 선택하여 지시한다. 표준 수열에 따를 수 없는 경우 허용할 수 있는 최대치를 Rmax≤10 또는 Rz≤10과 같이 지시한다.

(2) 표면 거칠기의 지시값의 기입 위치 : 면의 지시 기호의 긴 쪽 다리에 가로선을 붙여, 그 아래쪽에 약호와 함께 기입한다.

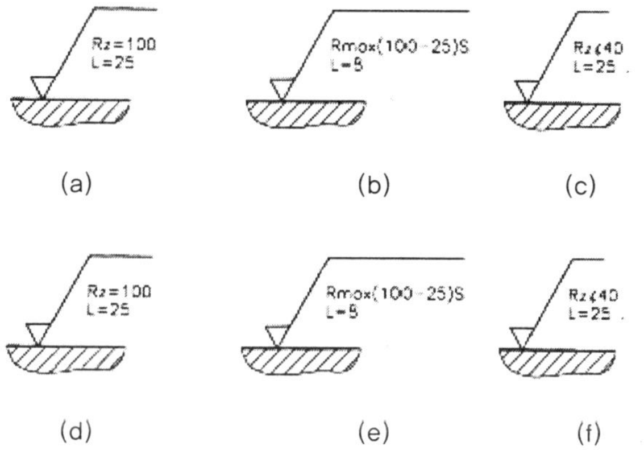

그림 8.9 최대 높이 또는 10점 평균 거칠기로서 지시

(3) 기준 길이 지시 방법 : 표면 거칠기의 지시값의 아래쪽에 기입한다.

8.5 특수한 요구 사항의 지시 방법

1) 가공 방법

면의 지시 기호의 긴 쪽 다리에 가로선을 붙여 그 위쪽에 문자 또는 가공 기호로 표기하여 지시한다.

2) 가공 방향

가공 모양을 지시하는 경우는 면의 지시 기호의 오른쪽에 부기하여 지시한다.

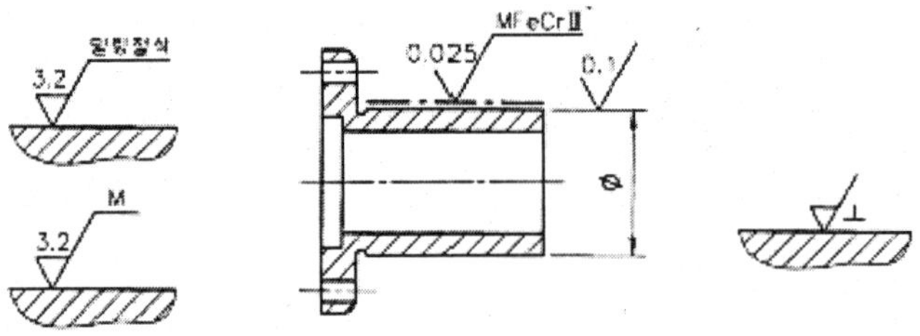

(a) (b) (c)

그림 8.10 특수한 요구 사항의 지시

8.6 도면 기입 방법

1) 도면 기입 방법의 기본

(1) 기호는 그림의 아래쪽 또는 오른쪽부터 읽을 수 있도록 기입한다.

(2) 중심선 평균 거칠기의 값 a만을 지시하는 경우 그림과 같이 하여도 좋다.

(3) 면의 지시 기호는 대상면을 나타내는 선, 그 연장선 또는 그로부터 치수 보조선에 접하여, 실체의 바깥쪽에 기입한다.

(4) 도면의 배치상 (3)을 따를 수 없을 경우 대상면에서 끌어낸 지시선에 기입한다.

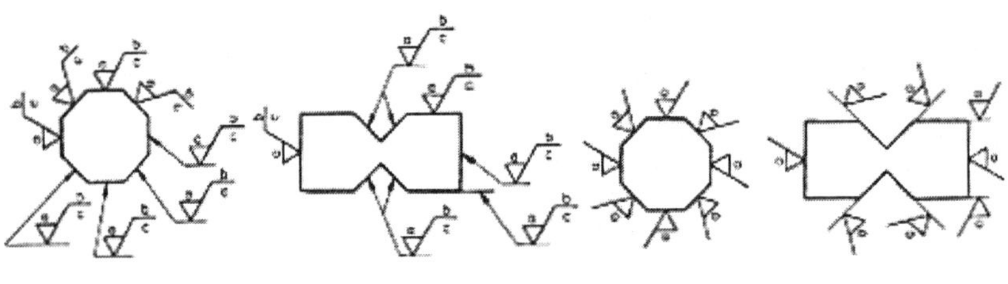

(a) (b) (c) (d)

그림 8.11 도면 외부에 지시기호 기입

(5) 라운드부(fillet) 또는 모따기부(chamfer) 면의 지시 기호를 기입하는 경우에는, 둥글기의 반지름 또는 모따기에 나타내는 치수선을 연장한 지시선에 기입한다.

(6) 둥근 구멍의 직경치수 또는 호칭을 지시선을 사용하여 표시하는 경우에는 이 직경치수 다음에 기입한다.

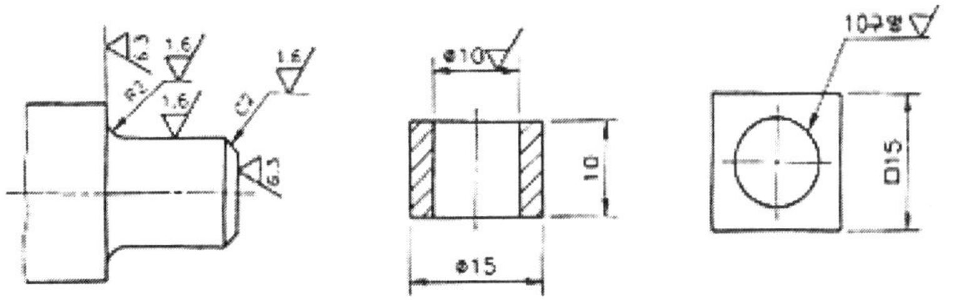

(a) (b) (c)

그림 8.12 지시선 등을 사용한 지시기호 기입

(7) 표면의 결 기호는 되도록 대상면을 표시하는 치수를 지시하는 투상도 위에 기입하고, 동일한 면에 대하여 두 곳 이상에는 기입하지 않는다.

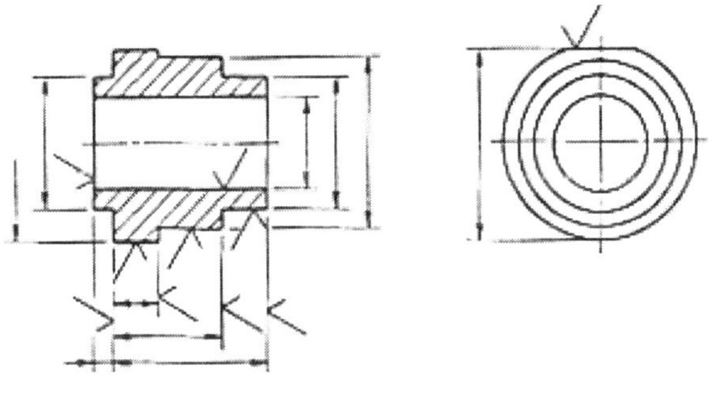

그림 8.13 투상도에 직접 지시기호 기입

2) 도면 기입의 간략법

(1) 부품의 전체 면의 표면거칠기가 동일한 경우 주 투상도 옆에, 부품번호 옆에 또는 표제란 옆에 기입한다.

(2) 1개의 부품에 있어서, 대부분이 동일한 표면거칠기이고, 일부분만이 다르게 되어 있는 경우에는 공통이 아닌 기호를 그림의 해당 면 위에 기입함과 동시에, 공통인 표면의 결 기호 다음에 묶음표를 붙여서 면의 지시 기호만을 기입하거나, 또는 공통이 아닌 기호를 병행 기입한다.

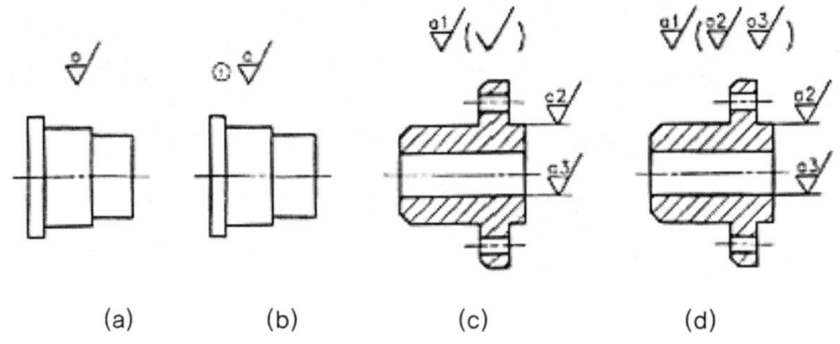

그림 8.14 부품번호 옆에 지시기호 기입

(3) 여러 곳에 반복해서 기입하는 경우 또는 기입하는 여지가 한정되어 있는 경우, 대상 면에 면의 지시 기호와 알파벳의 소문자의 부호로 기입하고 그 뜻을 주 투상도 옆, 부품 번호 옆 또는 표제란에 기입한다.

(4) 둥글기 또는 모따기부의 면의 지시 기호를 기입하는 경우 이들 부분에 접속하는 2개의 면 중에서 어느 것이든 한쪽의 면과 같으면 되는 경우에는 이 기호를 생략해도 좋다.

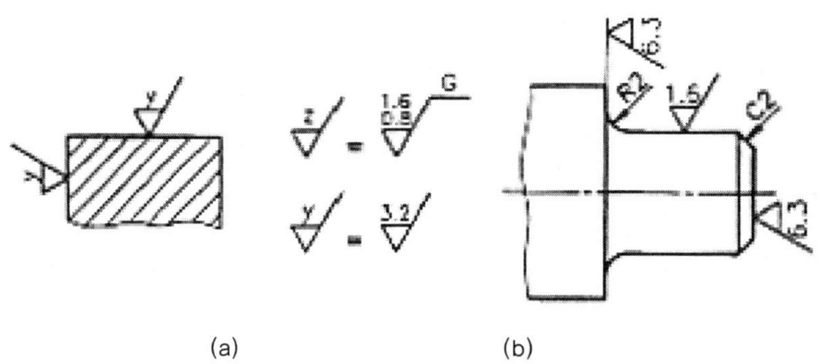

그림 8.15 지시기호의 별도 기입

명칭	다듬질기호 (종래기호)	간략기호 (새로운 기호)	가공 방법 및 표시하는 부분
정밀 다듬질	▽▽▽▽	z√	가공표면이 매끄러운 게이지류. 실린더. 피스톤 등 정밀도가 높은 부품에 적용 (0.17-0.2μm)
상 다듬질	▽▽▽	y√	끼워 맞춤으로 회전 및 직선왕복운동을 하는 표면에 적용 (1.3-1.8 μm)
중 다듬질	▽▽	x√	끼워 맞춤만하고 마찰운동을 하지 않는 표면에 적용 (5.2-7.1 μm)
거친 다듬질	▽	w√	일반 절삭가공만 하고 끼워 맞춤이 없는 표면에 적용. 절삭가공이 거칠다. (21-28 μm)
	～	○√	제거가공을 하지 않는 부분으로 특별한 규정은 하지 않는다. (Fin 만 제거)

그림 8.16 표면거칠기 기호의 요약

8.7 재료 기호

1) 제1위 문자

재질을 표시하는 기호문자로서 영어 또는 로마자의 머리 문자나 원소기호를 사용한다.

[표 8.2] 제1위 문자기호

기호	재 질	기호	재 질
Al	알루미늄(aluminium)	MgA	마그네슘 합금(magnesium alloy)
AlA	알루미늄 합금(Al alloy)	NBs	네이벌 황동(naval brass)
Br	청동(bronze)	Nis	양은(nickel silver)
Bs	황동(brass)	PB	인청동(phosphor bronze)
C	초경질합금(carbide alloy)	Pb	납(lead)
Cu	동(copper)	S	강철(steel)
F	철(ferrum)	SzB	실진 청동(silzin bronze)
HBs	강력황동(high strength brass)	W	화이트메탈(white metal)
L	경합금(light alloy)	Zn	아연(zinc)
K	켈밋(kelmet)		

2) 제2위 문자

규격명 또는 제품명을 표시하는 기호 문자로서, 영어 또는 로마자의 머리 문자를 사용하며 판(板), 봉(捧), 관(管), 선(線), 주조품 등 제품의 형상별 종류와 용도를 표시한다.

[표 8.3] 제2위 문자기호

기호	규격명 또는 제품명	기호	규격명 또는 제품명
Au	자동차용재	KH	철과 강 고속도강
B	비철금속봉재	L	궤도
B	철과 강 보일러용 압연재	M	조선용 압연재
BF	단조용 봉재	MR	조선용 리벳
BM	비철금속 머시닝용 봉재	N	철과 강 니켈강
BR	철과 강 보일러용 리벳	NC	니켈크롬강
C	철과 비철 주조품	NS	스테인리스강
CM	철과 강 가단 주조품	P	비철금속 판재
DB	볼트, 너트용 냉간 인발	S	철과 강 구조용 압연재
E	발동기	SC	철과 강 철근 콘크리트용 봉재
F	철과 강 단조품	T	철과 비철 관
G	게이지 용재	TO	공구강
GP	철과 강 가스 파이프	UP	철과 강 스프링 강
H	철과 강 표면경화	V	철과 강 리벳
HB	최강봉재	W	철과 강 와이어
K	철과 강 공구강	WP	철과 강 피아노선

3) 제3위 문자

재료의 종류를 나타내는 기호로서 최저 인장 강도 또는 종별 번호를 나타낸다. 인장 강도는 kg/mm^2의 단위를 갖는다.

[표 8.4] 제3위 문자기호

구분	기호	기호의 의미	구분	기호	기호의 의미
종별	A	갑	구조	A	형강
	B	을		B	봉강
	C	병			
	D	정			
	F	무			
가공법 용도 형상	D	냉간 인발, 절삭, 연삭	알루미늄 합금의 열처리 기호	F	열처리를 하지 않는 재질
	CK	표면 경화용		O	풀림 처리한 재질
	F	평판(아연 철판)		H	가공 경화한 재질
	C	파판(아연 철판)		½H	가공 경화한 반경질
	P	강판(일반용 압연강재)		W	담금질 후 시효경화 진행 재료
	F	평강(일반용 압연강재)		T_2	풀림 처리한 재질(주물용)
				T_6	담금질한 후 뜨임 처리한 재료

비고 : 1. 숫자 다음에 부기하는 A는 연질, B는 반경질, C는 경질을 의미한다.
2. 단위 길이 당 중량의 표시는 ( )내에 기입한다.

4) 제4위 문자

재료의 제조법을 나타낸다.

[표 8.5] 제4위 문자기호

기호	제 조 법	기호	제 조 법
Oh	평로강(open hearth steel)	Cc	도가니강(crucible steel)
Oa	산성(acidic) 평로강	R	압연(rolled)
Ob	염기성(basic) 평로강	F	단련(forged)
Bes	전로강(bessemer steel)	Ex	압출(extruded)
E	전기로강(electric steel)	D	인발(drawn)

5) 제5위 문자

제품 형상에 대한 기호를 나타낸다. (강판, 둥근강, 파이프, 각재, 6각 강, 8각 강, 평강, I형강, 채널(channel) 등)

6) 금속재료의 기호

[표 8.6] 금속재료의 기호

재 질 명	기호	재 질 명	기호	재 질 명	기호
일반 구조용 압연 강재	SS	용접 구조용 압연 강재	SWC	피아노 선	PW
크롬 강재	SCr	니켈크롬강 강재	SNC	니켈 크롬 몰리브덴 강재	SNCM
기계구조용 망간강 및 망간 크롬강 강재	SMn	기계 구조용 탄소강 강재	SM	알루미늄 크롬 몰리브덴 강재	SALCr Mo
고속도 공구강 강재	SKH	고탄소 크롬 베어링강 강재	STB	스프링 강재	SPS
탕소 공구강 강재	STC	합금 공구강 강재	STC	합금 공구강 강재	STS, STD
탄소강 단강품	SF	크롬 몰리브덴 강 단강품	SFCM	니켈 크롬 몰리브덴 강 단강품	SFNCM
니켈 크롬 몰리브덴 강 단강품	SFNCM	탄소 주강품	SC	스테인리스 주강품	SSC
용접 구조용 주강품	SCW	회주철품	GC	구상 흑연 주철품	GCD
흑심 가단 주철품	BMC	펄라이트 가단 주철품	PMC	백심 가단 주철품	SMC

7) 비철금속재료의 기호

[표 8.7] 비철금속재료의 기호

재질명	기호	재질명	기호	재질명	기호
티탄선	TW	기계 구조 부품용 소결 재료	SMF	황동 주물	YBsC
청동 주물	BC	화이트 메탈	WM	아연 합금 다이캐스팅	ZDC
알루미늄 합금 다이캐스팅	ALDC	고강도 황동 주물	HBsC	알루미늄 합금 주물	AC
인청동 주물	PBC	연입 황동 주물	LBC	실리콘 청동 주물	SzBC
알루미늄 청동 주물	ALBC	마그네슘합금 주물	MgC	동 주물	CuC
니켈 및 니켈 합금 주물	NC				

8) 재료기호 표기의 범예

① SF30 : 탄소강 단강품[S(강 steel), F(단조품 forging), 30(최저 인장강도 ; kg/mm^2)]

② SC35 : 탄소강 주강품[S(강 steel), C(주조품 casting), 35(최저 인장강도 ; kg/mm^2)]

③ S2 : 초경합금 2종[S(초경합금 sintered), 2(2종)]

④ SHP2 : 열간압연 강판 2종[S(강 steel), H(열간가공, heating), P(강판 plate), 2(2종)]

⑤ SM20C : 기계구종용 탄소강재[SM(기계구조용 structure machine), 20C(탄소함유량 0.15~0.25%)]

⑥ PW2 : 피아노선 2종[PW(피아노선 piano wire), 2(2종)]

연습 1 표면거칠기 도면 연습(1)

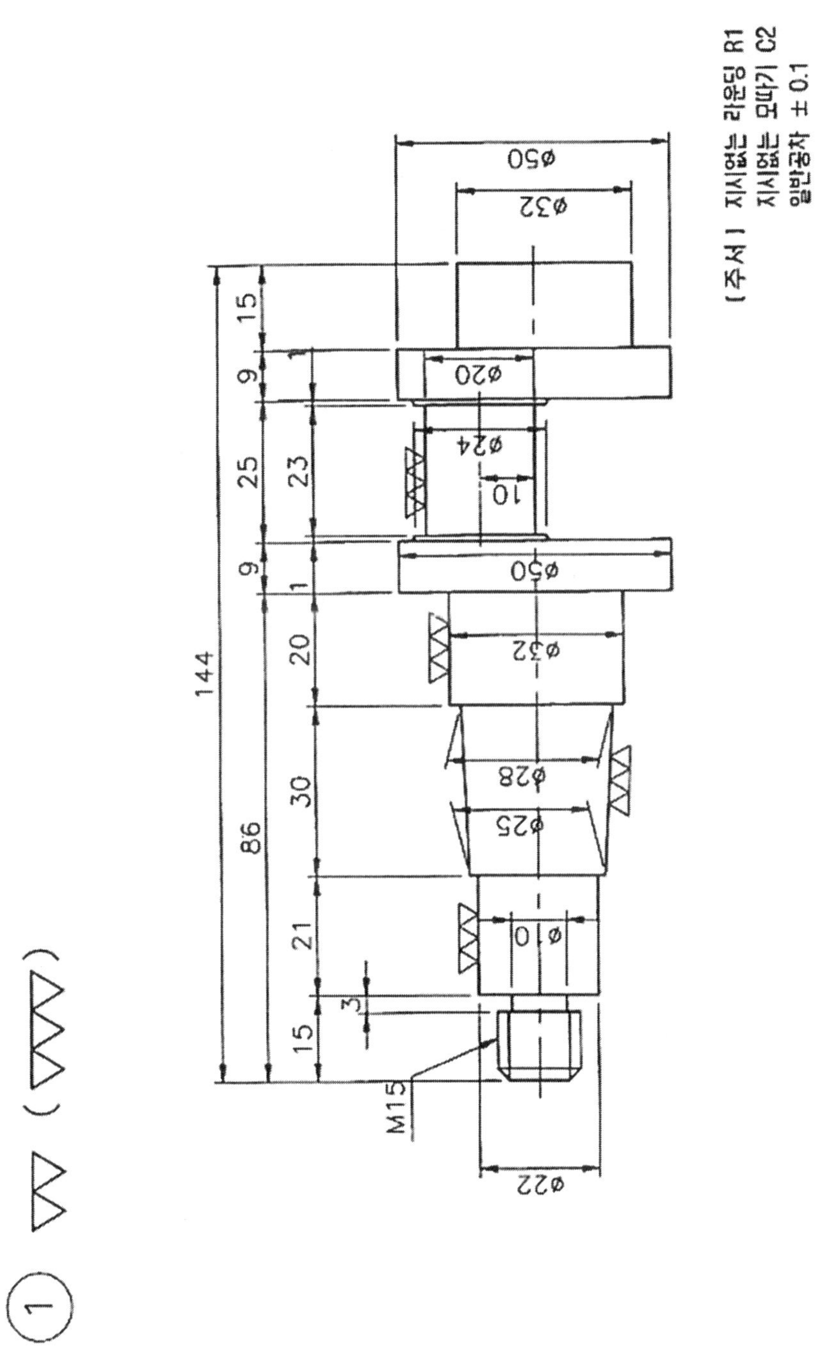

연습 2 표면거칠기 도면 연습(2)

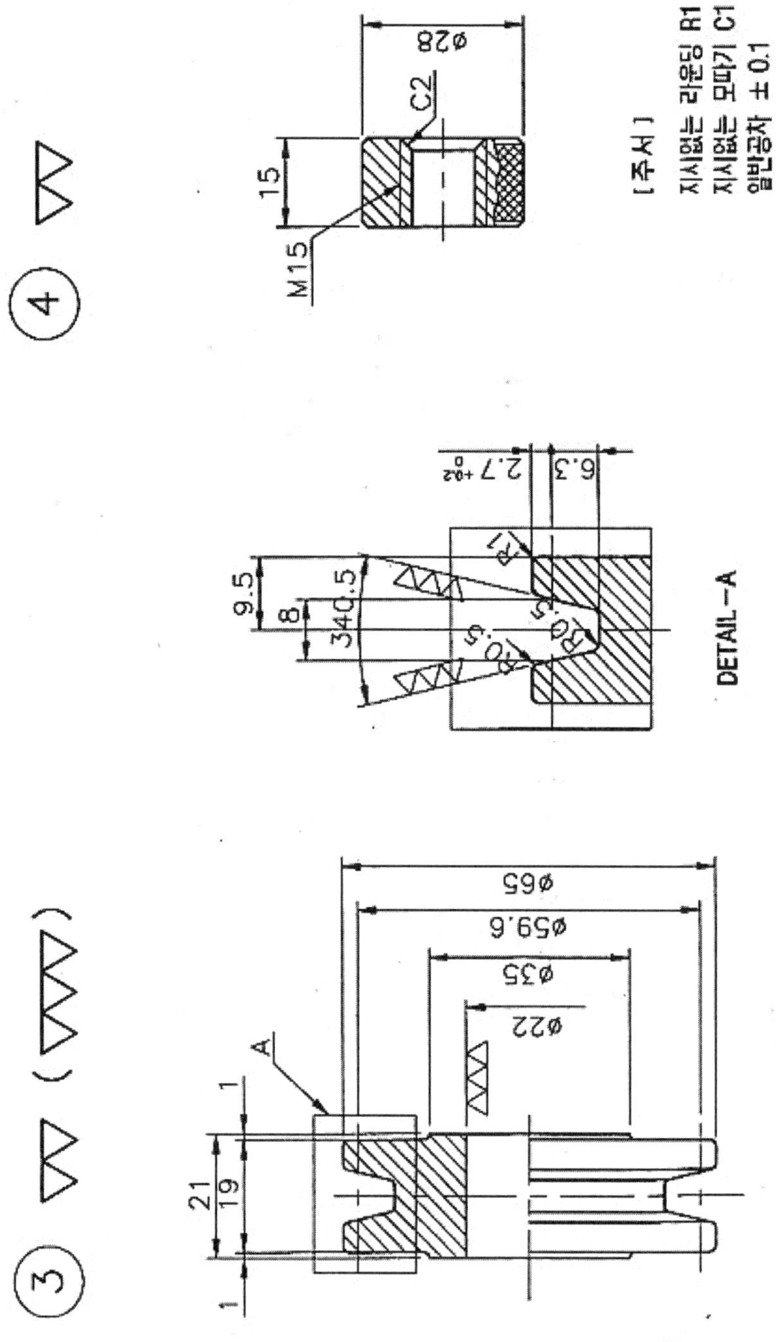

제9장 나사의 제도

기계장치는 여러 개의 다양한 부품들로 구성되어 있으며, 이 부품들을 서로 체결하기 위하여 가장 많이 사용되는 것이 볼트(bolt)와 너트(nut)이다. 이 볼트와 너트는 KS규격으로 정해져 있어서 전문 생산업체를 통해 필요한 규격을 쉽게 구입할 수 있다.

그러나 비규격품의 나사를 사용하는 경우도 많으며, 제품의 조립에 필요한 나사 부품의 형상을 명확하게 나타내야 하므로 도면으로 표현하는 방법을 알아야 한다. 나사부품의 제도는 기계요소부품의 제도 중에서 비교적 까다로운 작업이며 데이터 북(data book) 또는 KS 규격집을 다양하게 활용하는 제도법이 필요하며, 이번 단원에서는 나사의 명칭과 종류, 간략한 도시 방법에 대해 기술하였다.

9.1. 나사(thread)

나사는 나선곡선(helix)의 모양을 따라 4각 또는 3각 단면으로 원통면에 골을 파내어 만든 이송 또는 체결용으로 가장 많이 사용되는 기계요소이다.

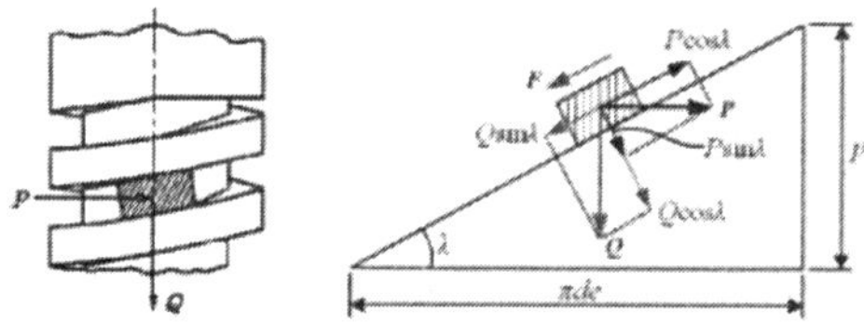

그림 9.1 나선곡선과 나선각

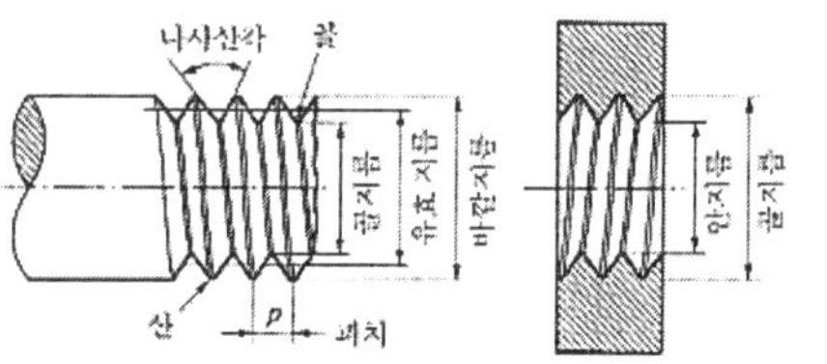

그림 9.2 나사의 용어

1) 나사의 종류

(1) 삼각나사 : 나사산의 단면 모양이 삼각형으로 주로 체결용(fastener)이다.

① 미터나사 : 미터 보통나사(M10)와 미터 가는 나사(M10 x 0.8)가 있다.

② 유니파이(unified) 나사 : 유니파이 보통 나사(3/8-12 UNC)와 유니파이 가는 나사(3/8-20UNF)가 있다.

③ 관용나사 : 관용 평행 나사와 관용 테이퍼 나사가 있다.

(2) 사각나사 : 나사산의 단면 모양이 사각형인 나사로써 주로 동력전달용이다.

(3) 사다리꼴나사 : 나사의 단면이 사다리꼴이 나사로서, 빗면의 각도가 29°와 30° 두 종류의 사다리꼴 나사가 있다.

(4)톱니나사 : 바이스(vise)나 잭(jack) 등 한쪽 방향으로 힘을 전달하는데 사용된다.

(5) 둥근나사 : 전구나 소켓 등 정밀도가 높지 않은 곳에 사용된다.

(6) 볼나사(ball screw) : 나사 축과 너트가 강구(steel ball)를 매개로 작동하는 나사로 수치제어(CNC) 공작기계의 정밀 이송과 위치결정에 사용된다.

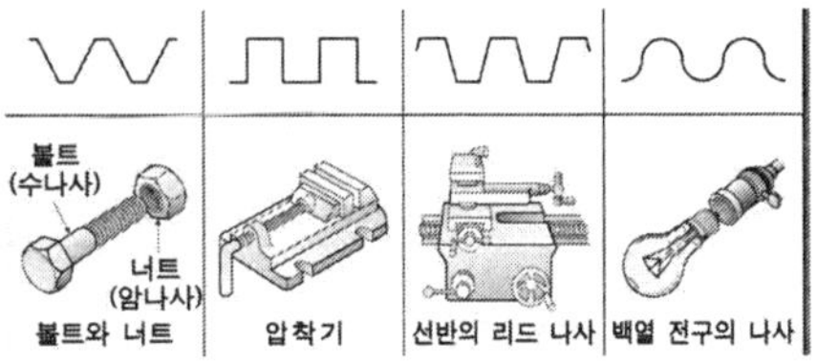

그림 9.3 나사의 종류

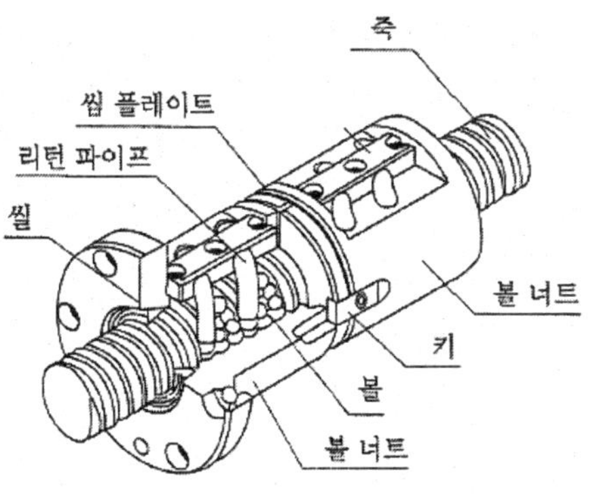

그림 9.4 볼 나사(ball screw)

2) 나사의 표기 방법

나사의 표기 방법 순서는 나사의 호칭, 나사의 등급, 나사산의 감긴 방향 및 나사산의 줄의 수에 대하여 다음의 순서로 나타낸다.

나사산의 감긴 방향	나사산의 줄 수	나사의 호칭	-	나사의 등급

(1) 나사산의 감긴 방향, 나사산의 줄 수 및 호칭

① 나사의 감긴 방향 : 왼나사일 때는 "왼" 표시, 오른나사일 때는 생략한다.

② 나사산의 줄 수 : 1줄 나사일 때는 생략하고, 줄 수가 2줄 이상일 때는 표시한다.

③ 나사의 호칭 : 나사의 호칭은 나사의 종류를 표시하는 기호, 지름을 표시하는 숫자와 피치 또는 25.4mm에 대한 나사산의 수(1인치당 나사산의 수)로 표시한다.

(가) 피치를 mm로 나타내는 경우

예 M10 × 1 : 호칭 지름이 10이고 피치가 1mm인 미터 가는나사
M8 : 호칭 지름이 8mm인 미터 보통나사(보통나사는 원칙적으로 피치를 생략한다.)

(나) 피치를 산의 수로 나타내는 경우 (유니파이 나사 제외)

예 TM20 산6 : 호칭 지름이 20mm이고 산의 수가 6산인 30° 사다리꼴나사
PT7 : 호칭 지름이 7mm인 관용 테이퍼 나사 (관용 나사에서는 산의 수를 생략한다.)

(다) 유니파이 나사의 경우

예 3/8 - 16 UNC : 호칭 지름이 3/8인치이고, 1인치에 대한 산의 수가 16산인 유니파이 보통나사(오해의 우려가 없으면 "산의 수"는 생략 할 수 있다.)

(2) 나사의 등급 : 나사의 등급은 나사의 등급을 표시하는 숫자와 문자와의 조합 또는 문자로서 표와 같이 표시한다.

[표 9.1] 나사의 등급 표시 방법(KS B 0200-1984)

구분	나사의 종류		정밀도		
			낮은 정밀도 ↔ 높은 정밀도		
ISO 규격에 있는 등급	미터나사 미터 가는나사	수나사	8g	6g, 6h	4h
		암나사	7H	6H	5H, 4H
ISO 규격에 없는 등급	유니파이 나사	수나사	1A	2A	3A
		암나사	1B	2B	3B

[표 9.2] 나사의 종류 및 호칭 표기법(KS B 0200-1984)

구분		나사의 종류		나사의 종류를 표시하는 기호	나사의 호칭에 대한 표시방법의 보기
일반용	ISO규격에 있는 것	미터 보통 나사[1]		M	M 8
		미터 가는 나사[2]			M 8×1
		미니추어 나사		S	S 0.5
		유니파이 보통 나사		UNC	3/8-16 UNC
		유니파이 가는 나사		UNF	No. 8-36 UNF
		미터 사다리꼴 나사		Tr	Tr 10×2
		관용 테이퍼 나사	테이퍼 수나사	R	R 3/4
			테이퍼 암나사	Rc	Rc 3/4
			평행 암나사[3]	Rp	Rp 3/4
		관용 평행 나사		G	G 1/2
	ISO규격에 없는 것	30°사다리꼴나사		TM	TM 18
		29°사다리꼴나사		TW	TW 20
		관용 테이퍼 나사	테이퍼 나사	PT	PT 7
			평행 암나사[4]	PS	PS 7
		관용 평행 나사		PF	PF 7
특수용		후강 전선관 나사		CTG	CTG 19
		박강 전선관 나사		TCT	CTC 19
		자전거 나사	일반용	BC	BC 3/4
			스포크용		BC 2.6
		미싱 나사		SM	SM 1/4 산 40
		전구 나사		E	E 10
		자동차용 타이어 밸브 나사		TV	TV 8
		자전거용 타이어 밸브 나사		CTV	CTV 8 산 30

주 : 1) 미터 보통나사 중 M1.7, M2.3, 및 M2.6은 ISO 규격에 규정되어 있지 않다.
2) 가는 나사임을 특별히 명확하게 나타낼 필요가 있을 때에는 피치 다음 ( )안에 넣어 기입한다. [예 : M8 x 1(가는 눈)]
3) 이 평행 암나사 Rp는 테이퍼 수나사 R에 대해서만 사용한다.
4) 이 평행 암나사 PS는 테이퍼 수나사 PT에 대해서만 사용한다.

(3) 미터 사다리꼴나사의 표시 방법 보기

① 1줄 미터 사다리꼴나사의 표시 방법

예 호칭 지름 40 mm, 피치가 7 mm인 경우
Tr 40×7

예 호칭 지름 40 mm, 피치 7 mm, 암나사의 등급이 7H인 경우
Tr 40 × 7 − 7H

② 여러 줄 미터 사다리꼴나사의 표시 방법

Tr 40 × 14(p7)

예 호칭 지름 40 mm, 리드 14 mm, 피치 7 mm, 수나사의 등급이 7e인 경우
Tr 40 × 14(p7) - 7e

③ 미터 사다리꼴 왼나사의 표시 방법

미터 사다리꼴 왼나사일 때에는 호칭 다음에 LH의 기호를 붙여서 표시한다.

예 Tr 40 × 7LH
Tr 40 × 7LH - 7H
Tr 40 × 14(P7)LH
Tr 40 × 14(P7)LH - 7e

3) 나사의 도시법

나사는 원칙적으로 그림과 같이 간략도로 표시하며 제도하는 방법은 다음과 같다.

(1) 수나사의 바깥지름, 암나사의 안지름을 나타내는 선은 굵은 실선으로 그린다.

(2) 나사의 골을 표시하는 선은 가는 실선으로 그린다.

(3) 불완전 나사부를 표시하는 경계선은 굵은 실선으로 그린다.

(4) 보이지 않는 부분의 나사는 외형선 약 1/2 정도 크기의 파선으로 그린다.

(5) 수나사와 암나사의 결합된 부분은 수나사로 표시한다.

(6) 나사부의 단면을 해칭 하는 경우는 나사산까지 하여야 한다.

(7) 불완전 나사부의 골을 나타내는 선은 축선에 대하는 30°의 가는 실선으로 그린다.

(8) 수나사와 암나사의 측면도에서는 골지름을 3/4만큼 그린다.

(9) 암나사의 단면에서 드릴 구멍의 끝 부분은 굵은 실선으로 120°로 그린다.

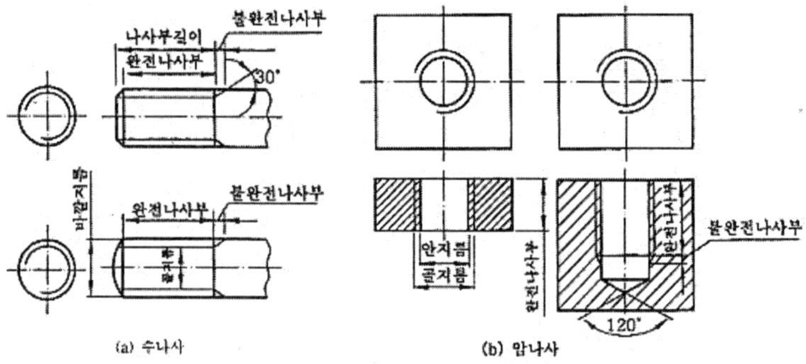

그림 9.5 나사의 도시법

아래 그림은 암나사의 제도 방법이다.

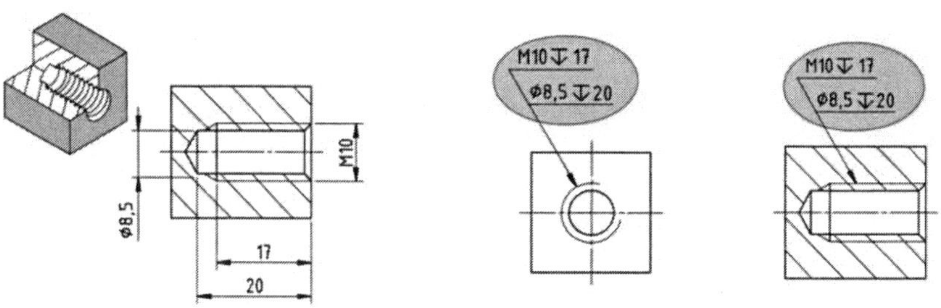

(a)암나사 유효 길이　　　(b)Tapping 깊이 표시

그림 9.6 암나사의 도시법

9.2 볼트와 너트

볼트(bolt)와 너트(nut)는 결합 및 분해가 쉬운, 체결용 기계요소 부품에 가장 많이 사용되고 있는 요소 부품이다.

1) 볼트와 너트의 호칭

(1) 볼트의 호칭

규격 번호	볼트 종류	등급	나사부의 호칭 x 길이	-	강도 구분	재료	지정 사항
예) KS B 1002	6각 볼트	A	M12 x 80	–	8.8	SM 25C	C

(주) 1) 규격번호는 특히 필요가 없으면 생략해도 좋다.
2) 지정 사항으로는 나사 끝의 모양, 표면 처리의 종류 등을 필요에 따라 표시한다.

(2) 너트의 호칭

규격 번호	너트 종류	형식	부품 등급	나사부 호칭	-	강도 구분	재료	지정 사항
예) KS B 1012	6각 너트	스타일1	A	M12	–	8	SM 20C	C

(주) 1) 규격 번호는 특히 필요가 없으면 생략해도 좋다.
2) 지정 사항으로는 6각 너트의 자리 붙임, 표면 처리의 종류 등을 필요에 따라 표시한다.

2) 볼트와 너트의 도시법

볼트와 너트를 도시할 때에는 제작도는 그리지 않고 그림(9.7)과 같이 제작도용 약도로 그리거나 그림(9.8)과 같이 간략도로 나타낸다.

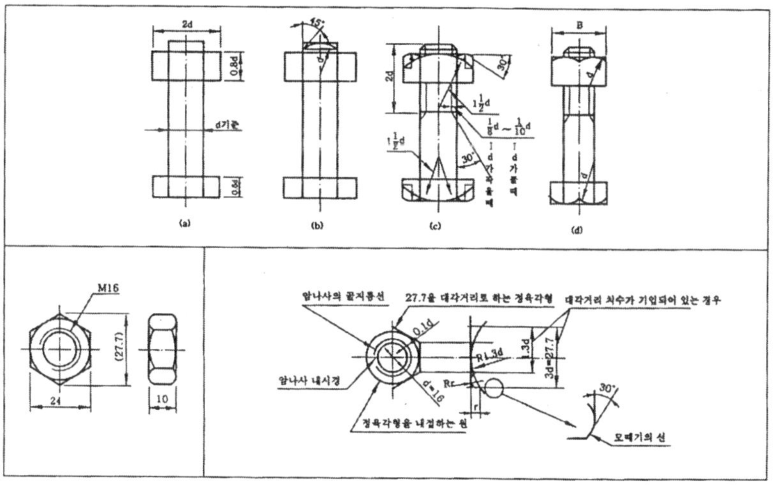

그림 9.7 볼트와 너트의 제도법

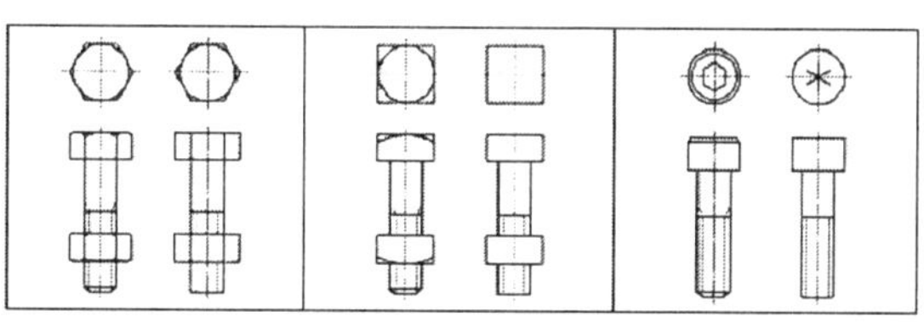

(a) 6각 볼트 및 너트 (b) 4각 볼트 및 너트 (c) 6각 구멍 붙이 볼트 및 너트

그림 9.8 여러 가지 볼트와 너트의 간략도

볼트는 체결 방식에 따라 다음과 같이 분류한다.

① 관통 볼트(through bolt) : 체결되는 두 부품에 관통된 구멍을 뚫고 조이는 것으로 가장 많이 사용되고 있다.

② 탭볼트(tap bolt) : 관통된 구멍을 뚫을 수 없을 때, 상대 부품에 탭으로 암나사를 가공한 후 체결하는 볼트로서 너트가 필요 없다.

③ 스터드 볼트(stud bolt) : 부품을 자주 분해할 때 암나사 손상으로 볼트를 기계 몸체에 탭 볼트와 같이 체결하고 따로 너트를 조이는 형식으로 볼트의 머리 대신에 너트를 사용하여 체결하는 방식이다.

종류		사용 용도
관통 볼트 (through bolt)	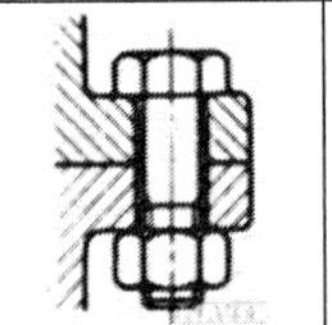	결합하고자 하는 두 물체에 관동 구멍을 뚫고, 여기에 볼트를 관통시킨 다음, 반대편에서 너트를 체결한다.
탭 볼트 (tap bolt)	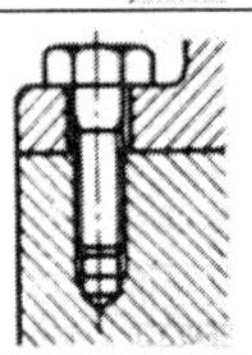	물체의 한 쪽에 암나사(tapping)를 깎은 다음 볼트로 체결하며 너트는 사용하지 않는다. 결합하려고 하는 부분의 두께가 두꺼워 관통 구멍을 뚫을 수 없을 경우에 사용된다.
스터드 볼트 (stud bolt)	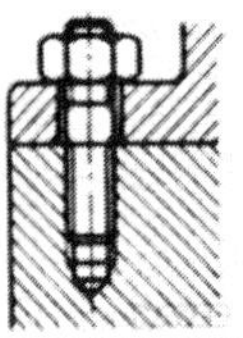	양 끝에 나사를 깎은 머리 없는 볼트로 체결하는 것으로서, 한 쪽 끝은 본체에 나사(tapping) 체결하고, 다른 끝에는 너트로 체결한다.

주)*Stud bolt의 경우 너트 2개를 사용하여 관통 구멍에 체결하면 잠금 너트(locknut)기능을 하게 된다.

그림 9.9 체결 방식에 따른 볼트의 종류와 용도

9.3 볼트의 종류

볼트는 머리의 모양에 따라 육각머리, 접시머리, 둥근머리, 육각렌치(hex socket head)형 등이 있으며, 체결 공구에 따라 드라이버 체결, 6각 렌치(L-wrench) 체결, 스패너(spanner) 체결 등이 있다. 또한 머리가 없이 6각 렌치로 체결하는 세트 스크루(set screw)가 있으며, 일반적으로 많이 사용되는 볼트는 다음의 그림에 정리하였다.

주)*VIS : 드라이버로 체결하는 작은 나사의 총칭으로 프랑스어에서 유래됨.

종류		사용 용도
6각 볼트 (hex bolt)	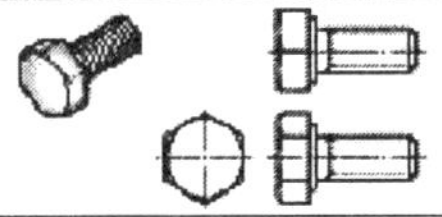	일반적으로 각종 부품을 결합하는 데 널리 쓰이는 대표적인 볼트이다.
6각 구멍 붙이 볼트 (6각wrench bolt)	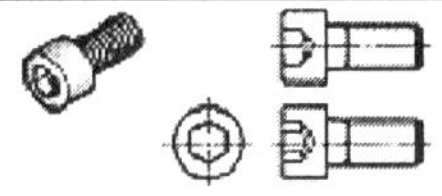	둥근 머리에 육각 홈을 파 놓은 것으로, 볼트의 머리가 밖으로 나오지 않아야 하는 곳에 사용된다.
나비 볼트 (butterfly bolt)	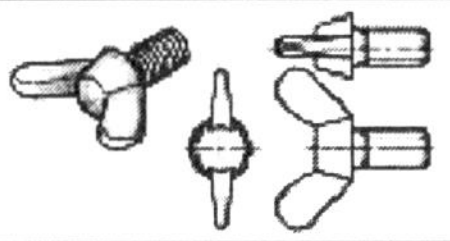	머리 부분을 나비의 날개 모양으로 만들어 손으로 쉽게 돌릴 수 있도록 한 볼트이다.
기초 볼트 (anchor bolt)	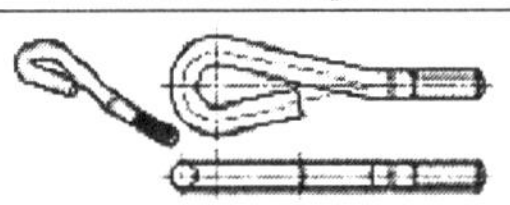	여러 가지 모양의 원통부를 만들어 기계 구조물을 콘크리트 기초 위에 고정시키도록 하는 볼트이다.
접시 머리 볼트 (flat headed bolt) (counter sunk bolt)	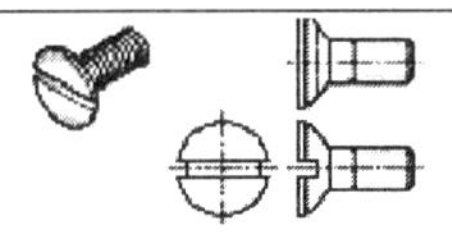	볼트의 머리가 밖으로 나오지 않아야 하는 곳에 사용하며 홈 붙이 접시 머리 볼트, 키 붙이 접시 머리 볼트 등이 있다.
아이 볼트 (cyc bolt)	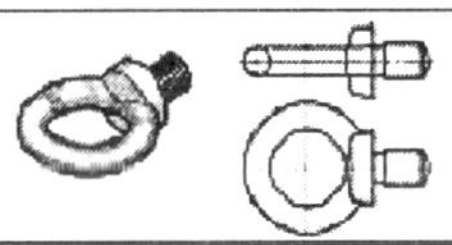	나사 머리부를 고리 모양으로 만들어, 체인, 또는 훅 등을 걸 때 사용한다.

그림 9.10 볼트의 종류

9.4 너트(nut)의 종류

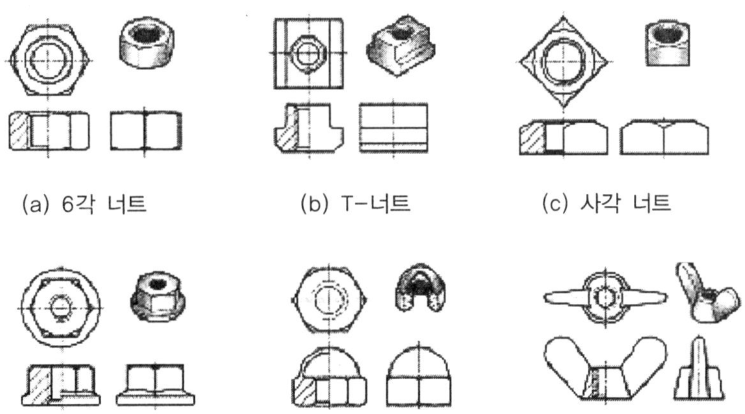

(a) 6각 너트　(b) T-너트　(c) 사각 너트

(d) 플랜지(flange) 육각 너트　(e) 6각 캡(cap) 너트　(f) 나비(butterfly) 너트

그림 9.11 너트의 종류

연습 1 Bolt 도면 연습(1)

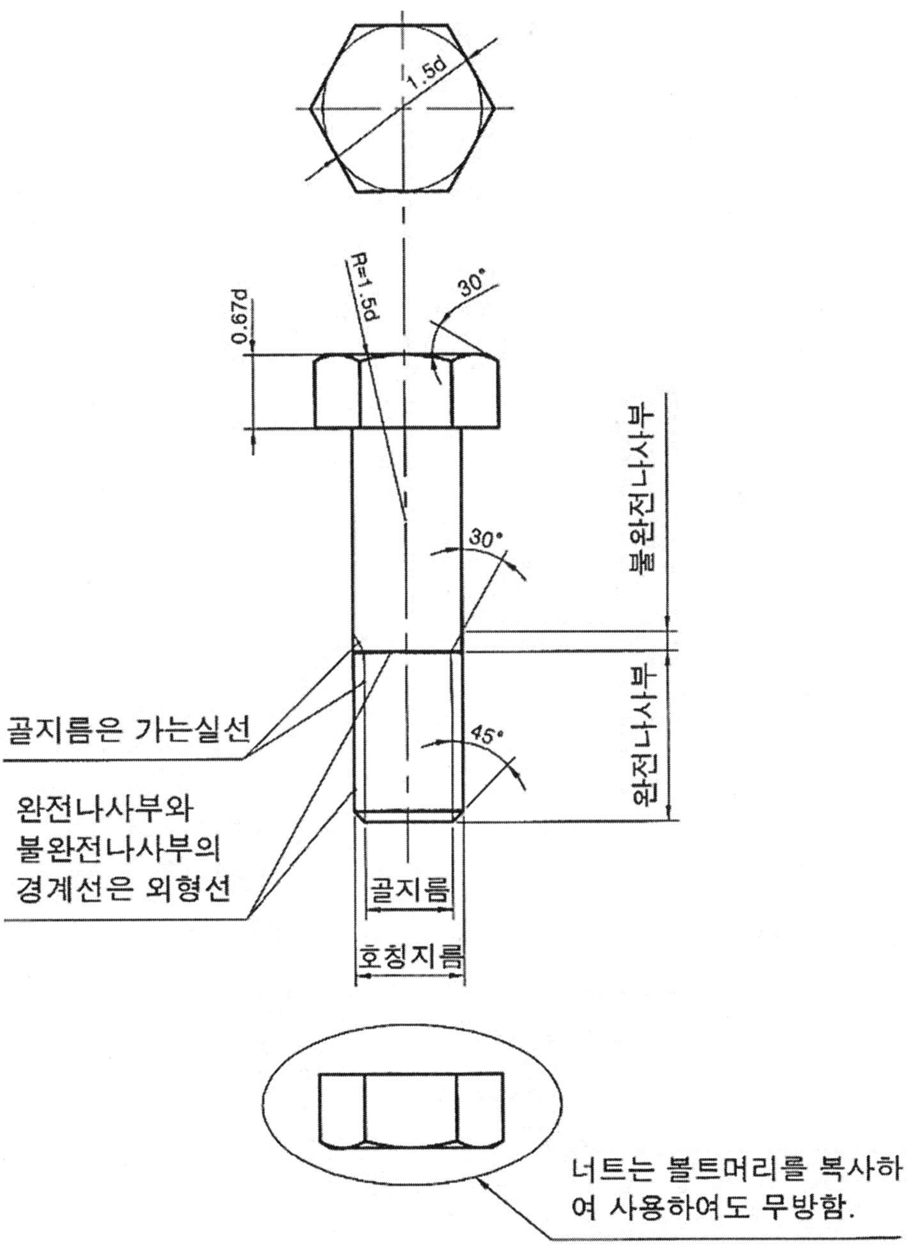

연습 2 Bolt 도면 연습(2)

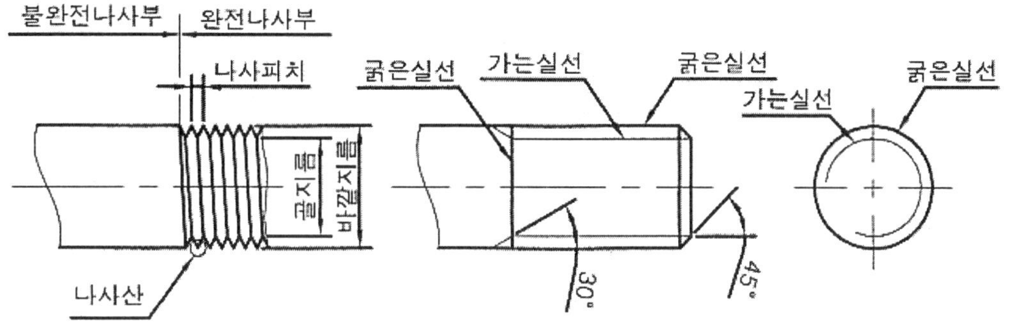

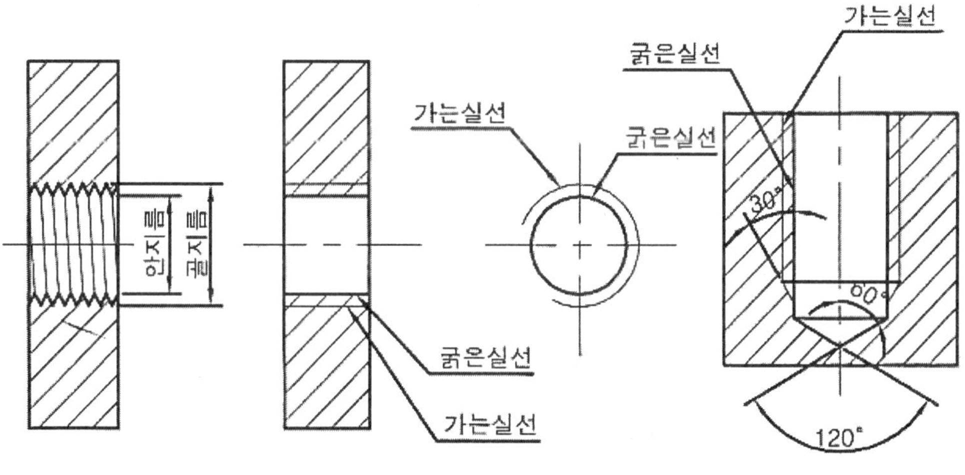

연습 3 Bolt 도면 연습(3)

- 불완전 나사부는 60° 처리하여야 한다.
- 수나사와 암나사가 결합되면 반드시 수나사를 기준으로 작성한다.
- 이하 세부적인 제도법은 KS 규격집에 따른다.

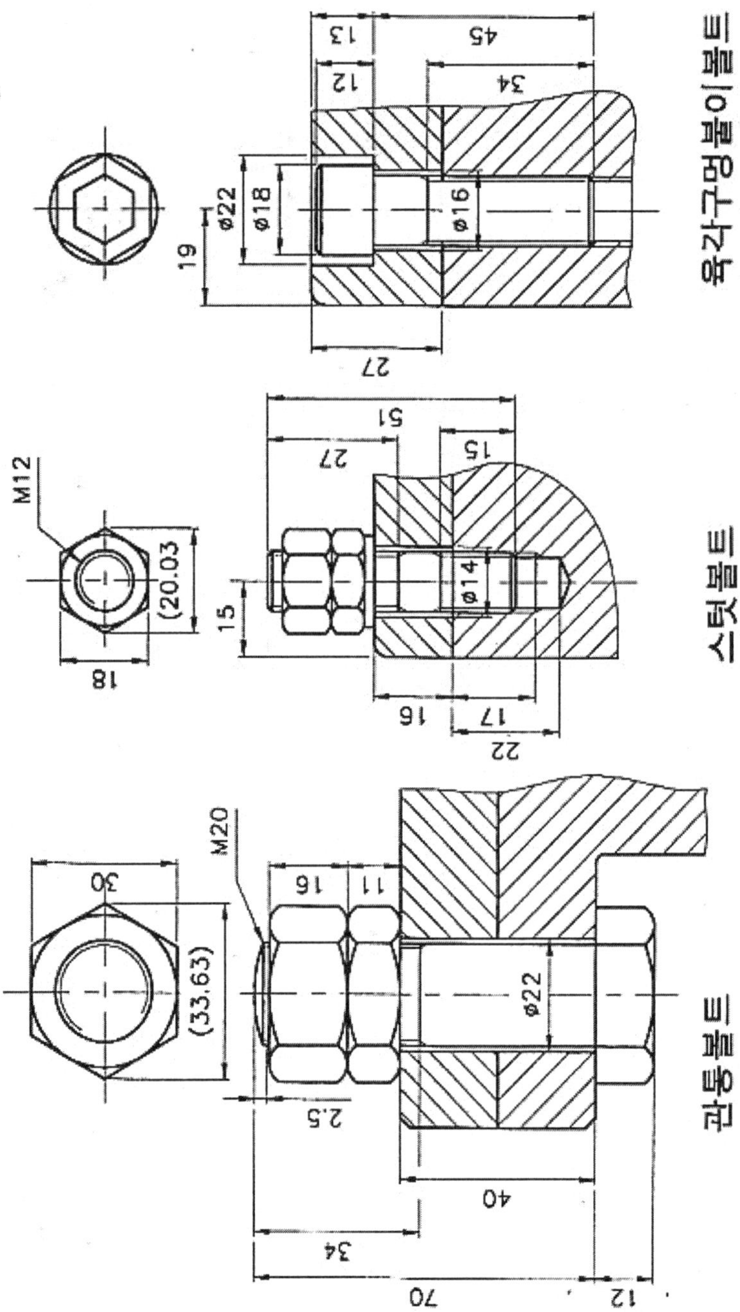

연습 4 Bolt 도면 연습(4)

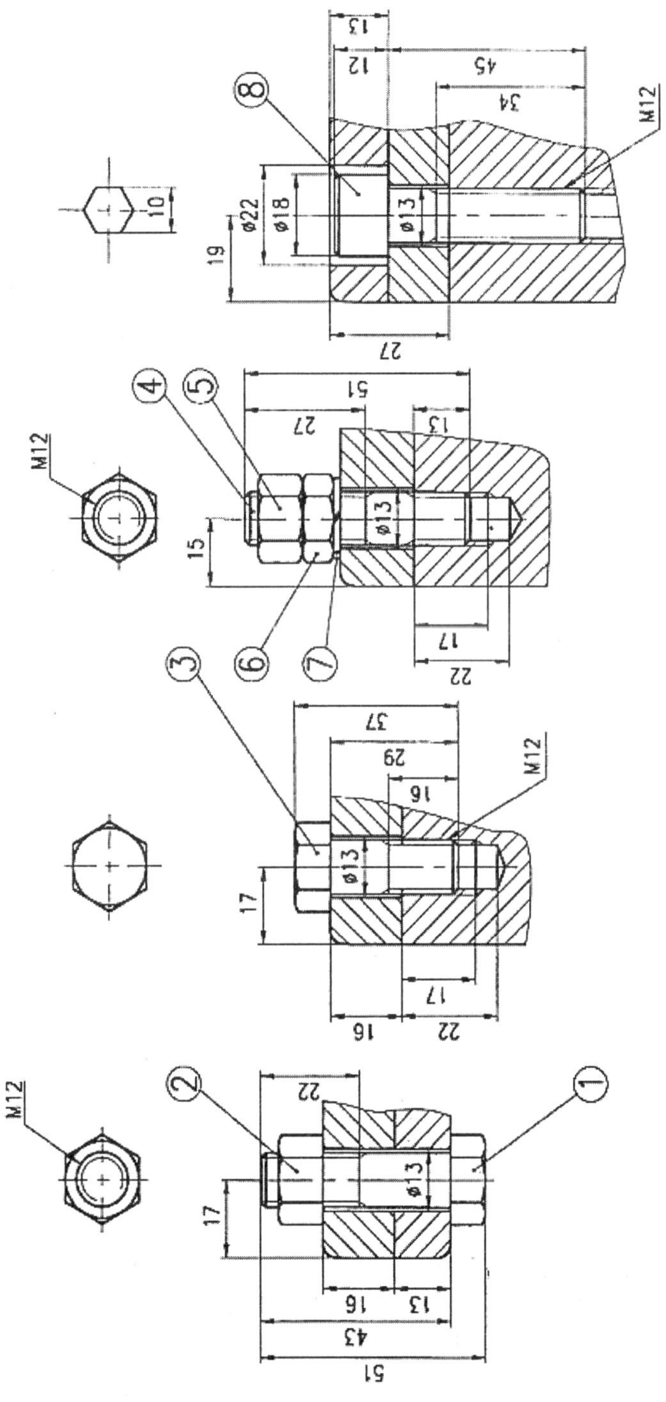

제10장 기타 요소의 제도

10.1 키이(key)

키이(key)는 축에 풀리(pulley), 커플링(coupling) 및 기어(gear) 등의 회전체를 고정시켜 축과 회전체가 미끄러짐 없이 회전 동력을 전달할 수 있도록 하는 대표적인 고정용 기계 요소이며, 그 종류는 그림과 같다.

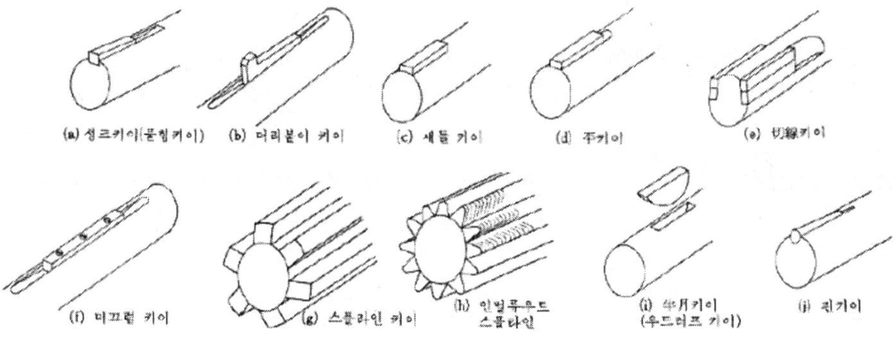

그림 10.1 Key의 종류

규격 번호	키이 종류 및 호칭 치수	×	길이	끝 모양의 특별 지정	재료
예) KS B 1313 미끄럼키	10 x 8 x 25			양끝 둥근	SM 45C
평 행 키	25 x 14 x 80			양끝 모짐	SM 25C

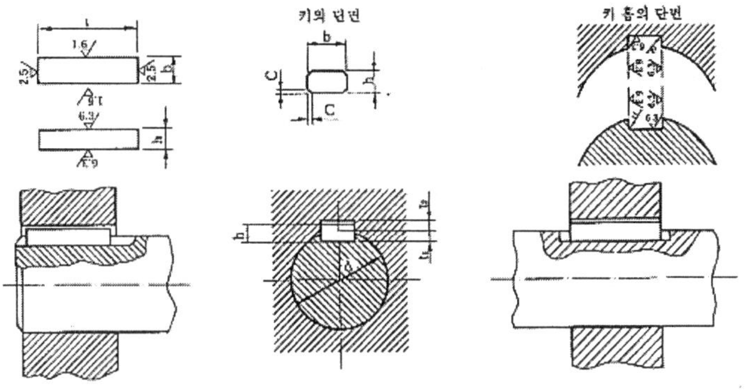

그림 10.2 Flat key 형상

[표 10.1] 평행 키이 및 키홈의 모양과 치수(단위 mm)

키의 호칭치수 b×h	키이의 치수 b 기준치수	b 허용차 (h9)	h 기준치수	h 허용차		c	l (1)	키홈의 치수 b1·b2의 기준치수	정밀급 b1및b2 허용차 (P9)	보통급 b1 허용차 (N9)	보통급 b2 허용차 (JS9)	r1·r2	t1의 기준치수	t2의 기준치수	t1·t2의 허용차	참고 (2) 적용하는 축의 지름 d
2×2	2	0 −0.025	2	0 −0.025	h9	0.16 ~0.25	6~20	2	−0.006 −0.031	−0.004 −0.029	±0.0125	0.08 ~0.16	1.2	1.0	+0.1 0	6~8
3×3	3		3	0 −0.030			6~36	3					1.8	1.4		8~10
4×4	4	0 −0.030	4				8~45	4	−0.012 −0.042	0 −0.030	±0.0150		2.5	1.8		10~12
5×5	5		5			0.25 ~0.40	10~56	5				0.16 ~0.25	3.0	2.3		12~17
6×6	6		6				14~70	6					3.5	2.8		17~22
(7×7)	7	0 −0.036	7	0 −0.036			16~80	7	−0.015 −0.051	0 −0.036	±0.0180		4.0	3.0	+0.2 0	20~25
8×7	8		7	0 −0.090	h11		18~90	8					4.0	3.3		22~30
10×8	10		8			0.40 ~0.60	22~110	10				0.25 ~0.40	5.0	3.3		30~38
12×8	12	0 −0.043	8				28~140	12	−0.018 −0.061	0 −0.043	±0.0215		5.0	3.3		38~44
14×9	14		9				36~160	14					5.5	3.8		44~50
(15×10)	15		10				40~180	15					5.0	5.0		50~55
16×10	16		10				45~180	16					6.0	4.3		50~58
18×11	18		11	0 −0.110			50~200	18					7.0	4.4		58~65
20×12	20	0 −0.052	12			0.60 ~0.80	56~220	20	−0.022 −0.074	0 −0.052	±0.0260	0.40 ~0.60	7.5	4.9		65~75
22×14	22		14				63~250	22					9.0	5.4		75~85

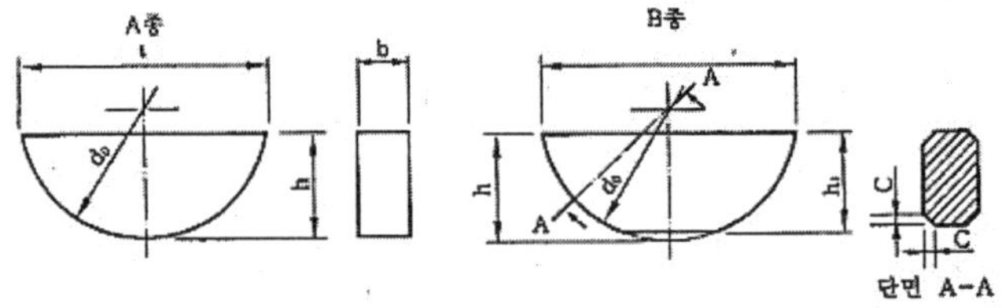

그림 10.3 반달 키이(woodruff key) 형상

[표 10.2] 반달 키 및 키홈의 모양과 치수(단위 : mm)

키의 호칭치수 b×h	반달 키의 치수									참 고		
	b		d_0		h		h_1		c(1)	l	전단 단면적 (mm²)	적용하는(2) 축지름 d
	기준 치수	허용차 (h9)	기준 치수	허용차	기준 치수	허용차	기준 치수	허용차				
2.5×10	2.5	0 −0.025	10	0 −0.1	3.7	0 −0.075	3.55	±0.1	0.16 ~0.25	9.6	21	7~12
3×10	3		10		3.7		3.55			9.6	26	8~14
3×13			13		5.0		4.75	±0.2		12.6	35	9~16
3×16			16		6.5	0 −0.090	6.3			15.7	45	11~18
4×13	4	0 −0.030	13		5.0	0 −0.075	4.75			12.6	46	11~18
4×16			16		6.5	0 −0.090	6.3			15.7	57	12~20
4×19			19		7.5		7.1			18.5	70	14~22
5×16	5		16		6.5		6.3		0.25 ~0.40	15.7	72	14~22
5×19			19		7.5		7.1			18.5	86	15~24
5×22			22		9.0		8.5			21.6	102	17~26
6×22	6		22		9.0		8.5			21.6	121	19~28
6×25			25	0 −0.2	10.0		9.5			24.4	141	20~30
6×28			28		11.0	0 −0.110	10.6			27.3	155	22~32
6×32			32		13.0		12.5			31.4	180	24~34

[참고] 양측 면의 표면 거칠기는 1.6a로 하고, 그 밖에는 6.3a로 한다.

키이의 양끝 모양은 그림과 같이 라운딩 처리(rounding or fillet) 또는 모 가공(chamfer) 방식으로 처리된다.

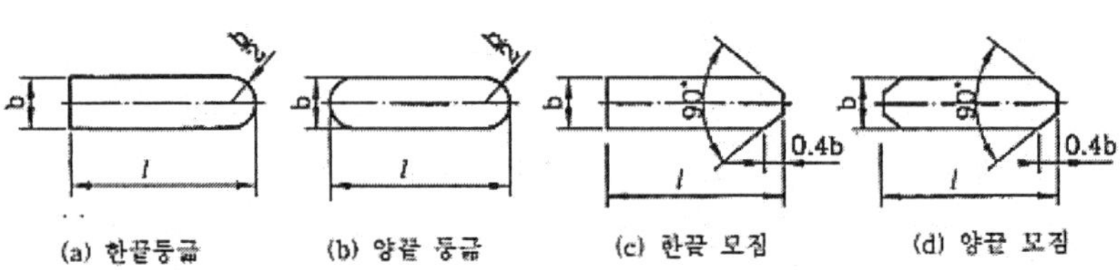

그림 10.4 키이의 모양

10.2 핀(pin)

핀(pin)은 기계 접촉면의 미끄럼 방지나 나사의 풀림 방지 및 위치 고정 등 비교적 적은 힘이 작용되는 곳에 사용된다.

(1) 핀의 종류

핀은 그림과 같은 종류가 있다.

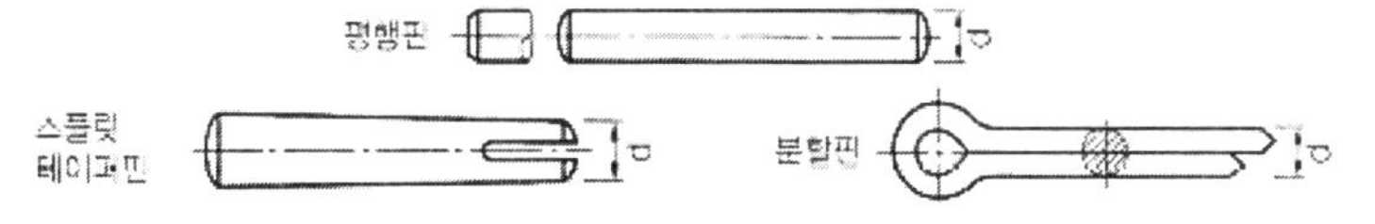

그림 10.5 핀의 종류

(2) 핀의 호칭법

표는 핀의 호칭법과 보기를 나타낸다.

[표 10.3] 핀의 호칭법(KS B 1320, 1321, 1323)

명칭	호칭법	범예
평행 핀 1) (KS B 1320)	규격번호 또는 명칭, 종류, 형식, 호칭 지름, 공차×호칭 길이, 재료	KSB 1320 6m6×30-SB41 KSB 1320 6m6×30-SM45C
스플릿 테이퍼 핀 (KS B 1323)	규격번호 또는 규격 명칭, 호칭 지름×호칭 길이, 재료, 지정 사항	스플릿 테이퍼 핀 6×70-SM50C 갈라짐의 깊이 10
분할 핀 (KS B 1321)	규격번호 또는 규격 명칭, 호칭 지름×길이, 재료	분할 핀 5×50-SWRM12

주1) : 종류는 끼워맞춤 기호에 따른 m6, h8의 두 종류이다. 형식은 끝면 모양이 납작한 것이 A, 둥근 것이 B.

10.3 코터(cotter)

코터는 키의 일종으로 축 방향으로 인장력이나 압축력이 작용하는 두 축을 연결하거나 분해할 필요가 있을 때에 주로 쓰인다. 결합과 분해가 이루어져야 되므로 테이퍼 또는 구배로 가공되며 그 기울기는 보통 1/20이 많이 사용된다.

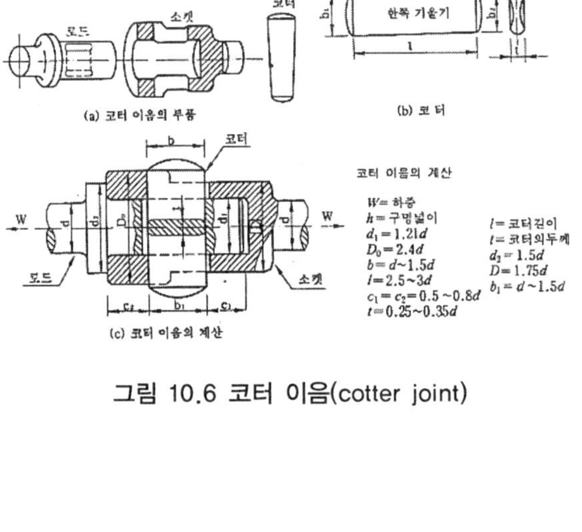

그림 10.6 코터 이음(cotter joint)

10.4 리벳(rivet)

리벳 체결(rivet joint)은 영구적 또는 반영구적으로 결합하는 데 사용된다.

1) 리벳의 호칭 방법

규격 번호 (생략할 수 있음)	리벳의 종류	호칭 지름 x 길이	재료

예) KS B 1102 둥근머리 리벳 16 × 40 SV330

2) 리벳의 종류와 형상

<table>
<tr><th colspan="2">종류 · 형상</th><th>종별</th><th>재료</th><th colspan="2">종류 · 형상</th><th>종별</th><th>재료</th></tr>
<tr><td rowspan="4">둥근머리</td><td rowspan="4">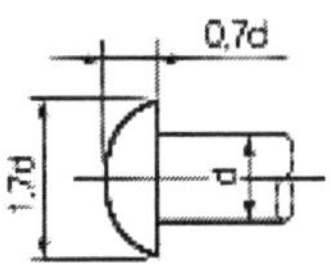</td><td>열간</td><td>SV330
SV440</td><td rowspan="4">둥근접시머리</td><td rowspan="4">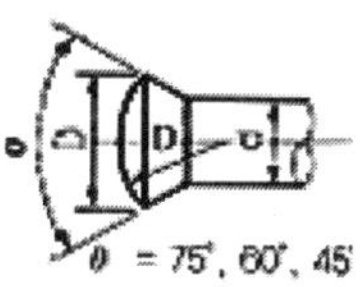</td><td rowspan="2">열간</td><td rowspan="2">SV330
SV400</td></tr>
<tr><td>보일러용</td><td>SV400</td></tr>
<tr><td>냉간</td><td>MSWR
12, 15, 17</td><td>보일러용</td><td>SV400</td></tr>
<tr><td>소형열간</td><td>Bs, W</td><td>냉간</td><td>SV330</td></tr>
<tr><td rowspan="2">납작머리</td><td rowspan="2">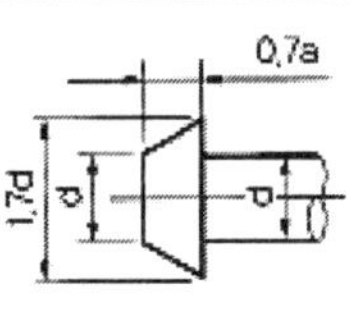</td><td rowspan="2">열간</td><td rowspan="2">SV330
SV400</td><td rowspan="2">접시머리</td><td rowspan="2">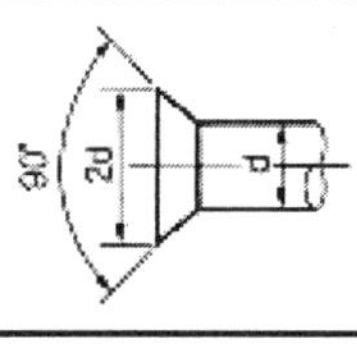</td><td>열간</td><td>SV330</td></tr>
<tr><td>냉간</td><td>SV400</td></tr>
</table>

그림 10.7 리벳의 종류와 형상

3) 리벳 이음 방법

리벳 이음에는 겹치기 이음(lap joint)과 맞대기 이음(butt joint)이 있으며, 리벳의 지름이 8mm 이상일 때는 열간 작업(hot working)을 하고, 8mm 이하일 때는 냉간 작업(cold working)을 한다. 리벳 이음 부위에 기밀이 필요할 때에는 종이, 석면 등으로 패킹(packing)을 하거나 코킹(caulking), 플러링(fullering)으로 마감 처리한다.

4) 리벳 이음의 도시법

(1) 리벳을 크게 도시할 필요가 없을 때에는 리벳 구멍을 약도로 표시한다.

(2) 리벳 작업의 개소가 많을 때에는 중심선만으로 도시한다.

(3) 얇은 판이나 형강 등의 단면은 굵은 실선으로 도시한다.

(4) 리벳은 길이 방향으로 절단하여 도시하지 않는다.

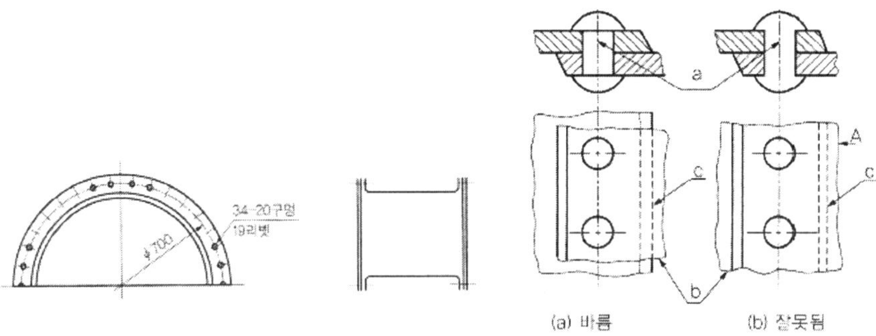

(a) 리벳의 위치 도시법 (b) 얇은 판의 단면 도시 (c) 리벳의 도시법

그림 10.8 리벳 이음의 도시

(5) 같은 피치로 연속되고 같은 종류의 구멍의 표시법은 "피치의 수 x 피치의 간격 = 합계 치수"와 같이 간략 기입법으로 대체한다.

(6) 여러 겹의 판이 겹쳐 있을 때, 각 판의 파단선은 서로 어긋나게 외형선을 긋는다.

(7) 구조물에 사용하는 리벳의 기호는 그림과 같다.

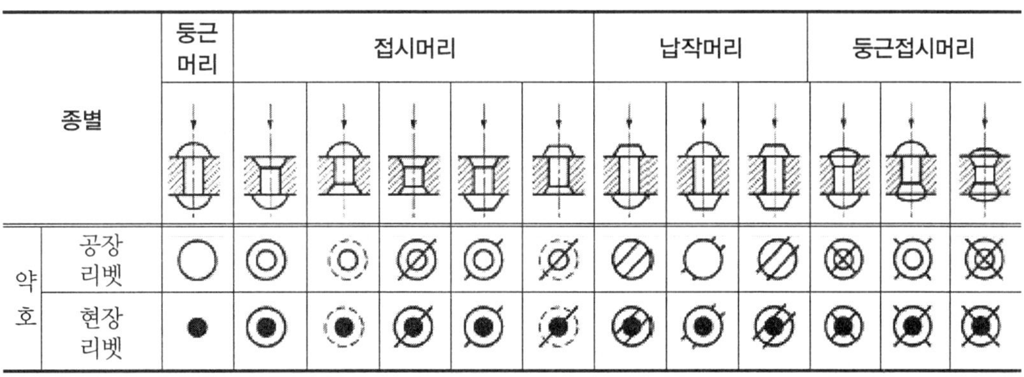

그림 10.9 리벳의 기호

10.5 스프링(spring)

일반적으로 탄성체는 하중을 받으면 그만큼 변위를 하게 되고, 그 변위 만큼의 탄성 에너지를 흡수하여 재료 내부에 축척하는 특성을 가진다. 이러한 특성과 기능을 이용한 기계 요소를 스프링(spring)이라 하며 각종 계측기류 및 자동화 기계장치에 많이 사용된다.

1) 코일 스프링의 제도

(1) 스프링 제도는 KS B 0005에 의해 일반적으로 간략도로 도시하고, 필요한 사항은 요목표에 기입한다.

(2) 스프링은 원칙적으로 무하중인 상태로 그린다. 단, 하중이 걸릴 때에는 치수와 하중을 기입한다.

(3) 하중과 높이, 처짐과의 관계를 표시할 필요가 있을 때에는 선도나 표로서 표시한다. 이때 그 굵기는 스프링을 표시하는 선과 같게 한다.

(4) 단서 조건이 없는 한 모두 오른쪽 감기로 도시하고, 왼쪽 감기일 경우 "감기 방향 왼쪽"이라고 표시한다.

(5) 코일 부분의 투상은 나선으로 시트에 조립한 끝 부분은 직선으로 표기한다.

(6) 중간 부분을 생략할 때에는 생략한 부분을 가는 1점 쇄선 또는 가는 2점 쇄선으로 나타낸다.

(7) 스프링의 종류와 모양만을 도시할 때에는 재료의 중심선만을 굵은 실선으로 도시한다.

(8) 조립도, 설명도 등에서는 그 단면만 표시하여도 된다.

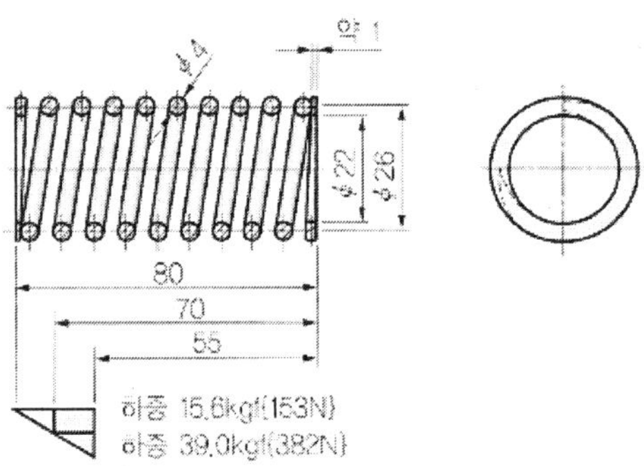

재 료		HSW-3
재료의 지름(mm)		4
코일의 평균 지름(mm)		26
코일의 안지름(mm)		22±0.4
유효 감김수		9.5
총 감김수		11.5
감김 방향		오른쪽
자유 높이(mm)		90
부하	하중(Kgf)	15.6±10%
	높이(mm)	70
최대 부하	하중(Kgf)	39
	높이(mm)	55
스프링 상수(Kg/mm)		1.56
표면처리	성형 후 표면처리	쇼트 피닝
	녹 방지 처리	ZPC2

그림 10.10 코일 스프링의 제도와 요목표

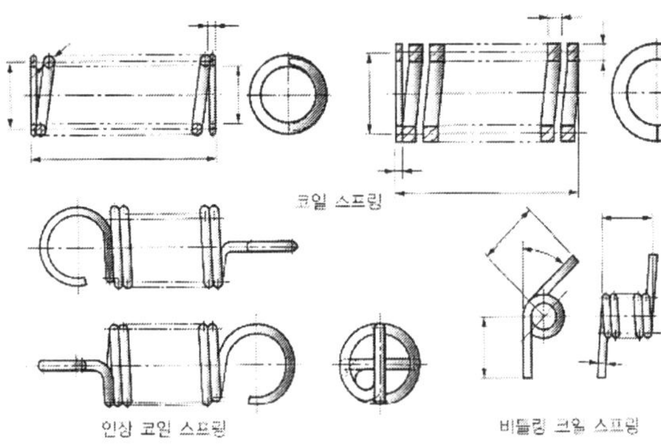

그림 10.11 코일 스프링의 중간부 생략

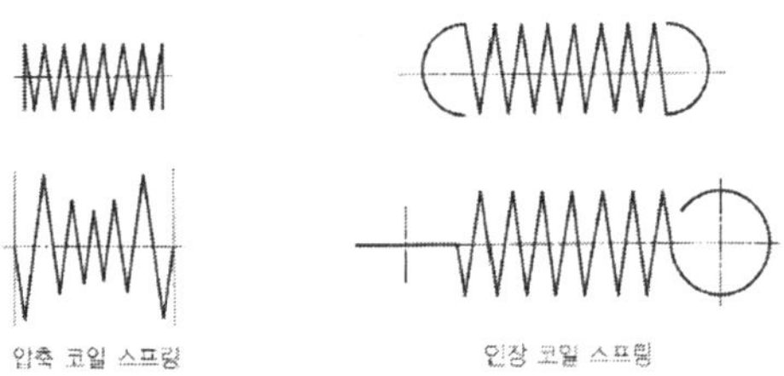

그림 10.12 코일 스프링의 간략도

2) 겹판 스프링의 제도

(1) 겹판 스프링은 원칙적으로 스프링 판이 상용 하중 상태에서 그린다. 단, 하중이 가해진 상태에서 그리고 치수를 기입하는 경우에는 하중을 명기한다.

(2) 무하중인 상태로 그릴 때에는 가상선(가는 1점 쇄선)으로 표시한다.

(3) 하중과 처짐의 관계는 요목표에 나타낸다.

(4) 종류 및 모양만을 도시 할 때에는 스프링의 외형을 굵은 실선으로 도시한다.

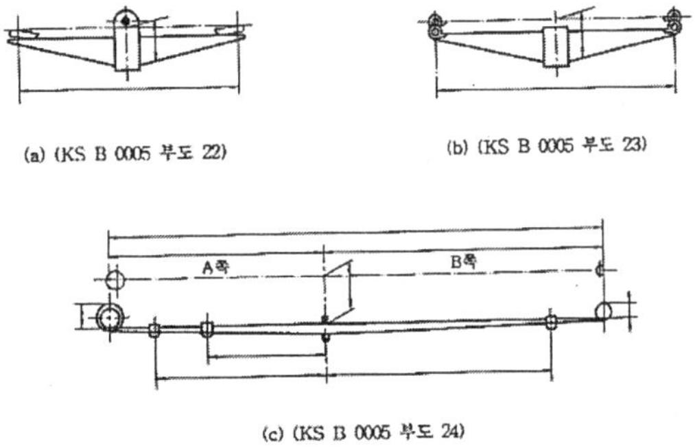

그림 10.13 겹판스프링(laminated spring)의 간략도

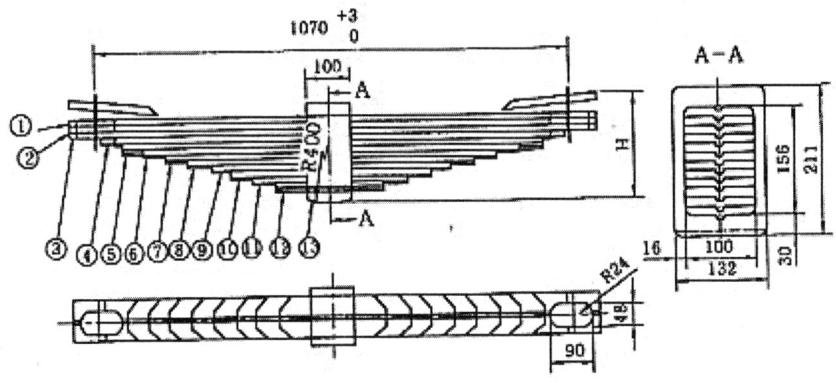

그림 10.14 겹판스프링(laminated spring)의 도시법

3) 벌류트(volute), 스파이럴(spiral), 접시 스프링의 제도

(1) 벌류트 스프링의 치수는 스프링의 전체 높이, 최대 지름, 최소 지름, 등으로 표시한다.

(2) 스파이럴 스프링은 바깥 부분과 안쪽 부분만 굵은 실선으로 표시하고 전개도를 그려 주는 것이 좋다.

(3) 스파이럴 스프링은 바깥 부분과 안쪽 부분만 굵은 실선으로 표시하고 전개도를 그려 주는 것이 좋다.

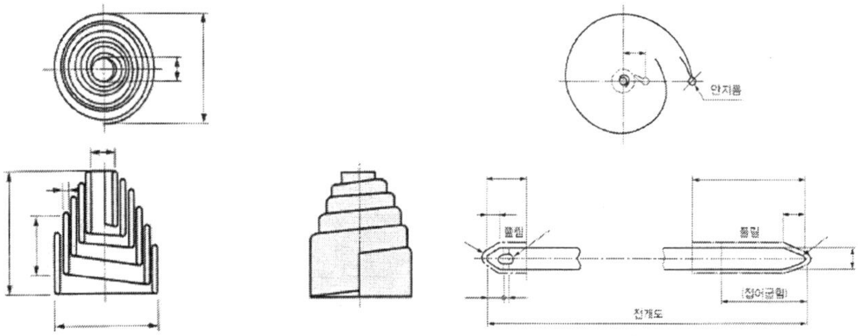

그림 10.15 벌류트 스프링과 스파이럴 스프링의 제도

(4) 접시 스프링은 제도는 그림을 참조한다.

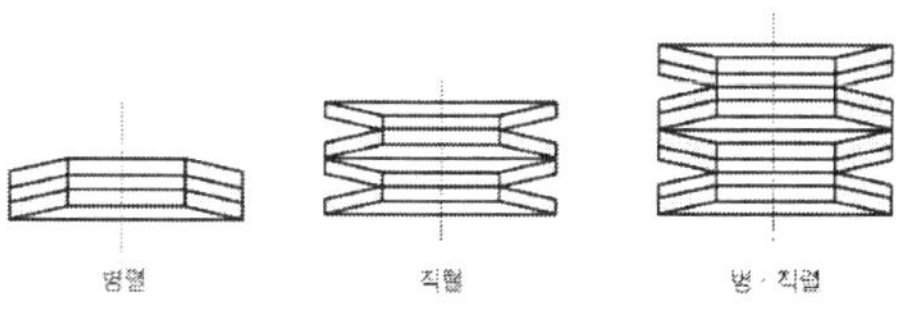

그림 10.16 접시 스프링의 제도

10.6 캠(cam)

다양한 형태를 가진 면 또는 홈에 의하여 회전운동을 왕복운동으로 변환함으로써 주기적인 운동을 발생하는 기구를 캠 기구라 한다. 캠 기구를 이용한 캠 장치는 내연기관의 밸브(valve) 개폐장치, 인쇄기, 직조기, 자동 선반 등에 널리 사용되며, 다양한 형태의 운동과 속도를 제어할 수 있도록 자동화 기구장치에 널리 응용되고 있다.

1) 캠의 종류

캠은 궤적 곡선과 종동절이 평면운동을 하는 평면 캠(plane cam)과 3차원상 공간 운동을 하는 입체 캠(solid cam)이 있다.

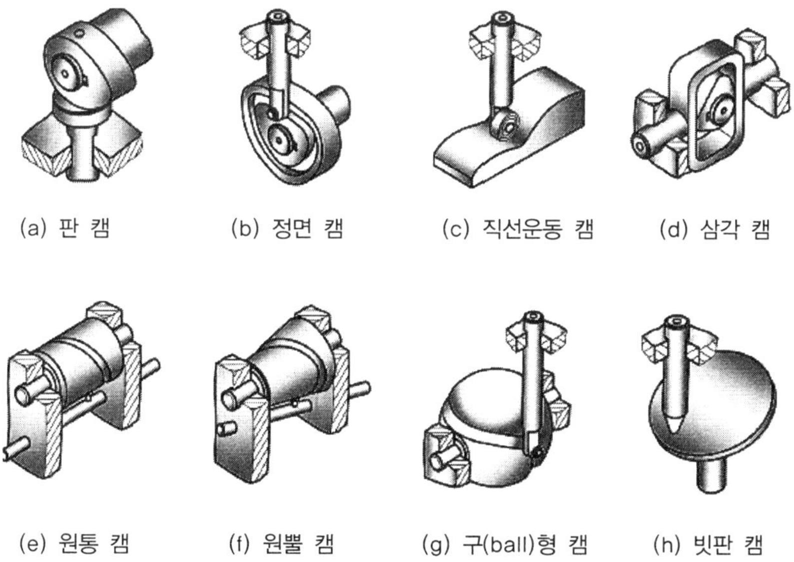

(a) 판 캠 (b) 정면 캠 (c) 직선운동 캠 (d) 삼각 캠

(e) 원통 캠 (f) 원뿔 캠 (g) 구(ball)형 캠 (h) 빗판 캠

그림 10.17 캠의 종류

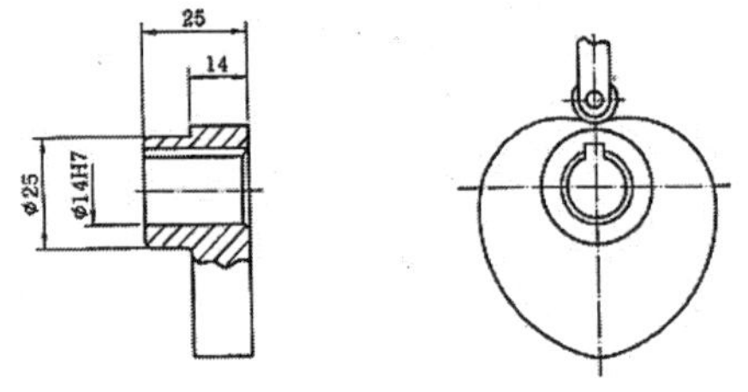

그림 10.18 하트 캠(heart cam)의 제도

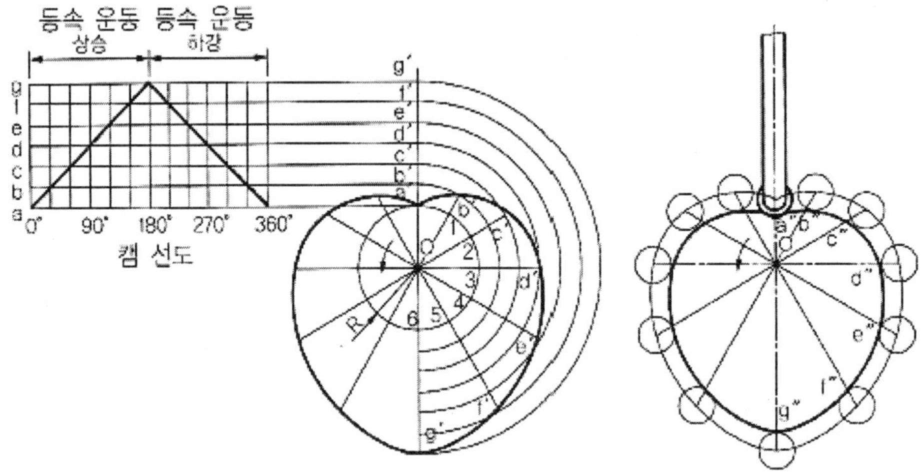

그림 10.19 하트 캠(heart cam) 선도

연습 1 Spring 도면 연습

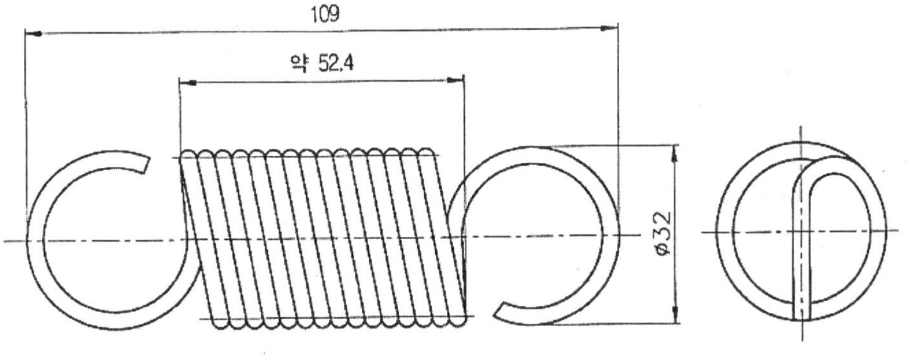

연습 2 기타 기계요소 부품 도면 연습

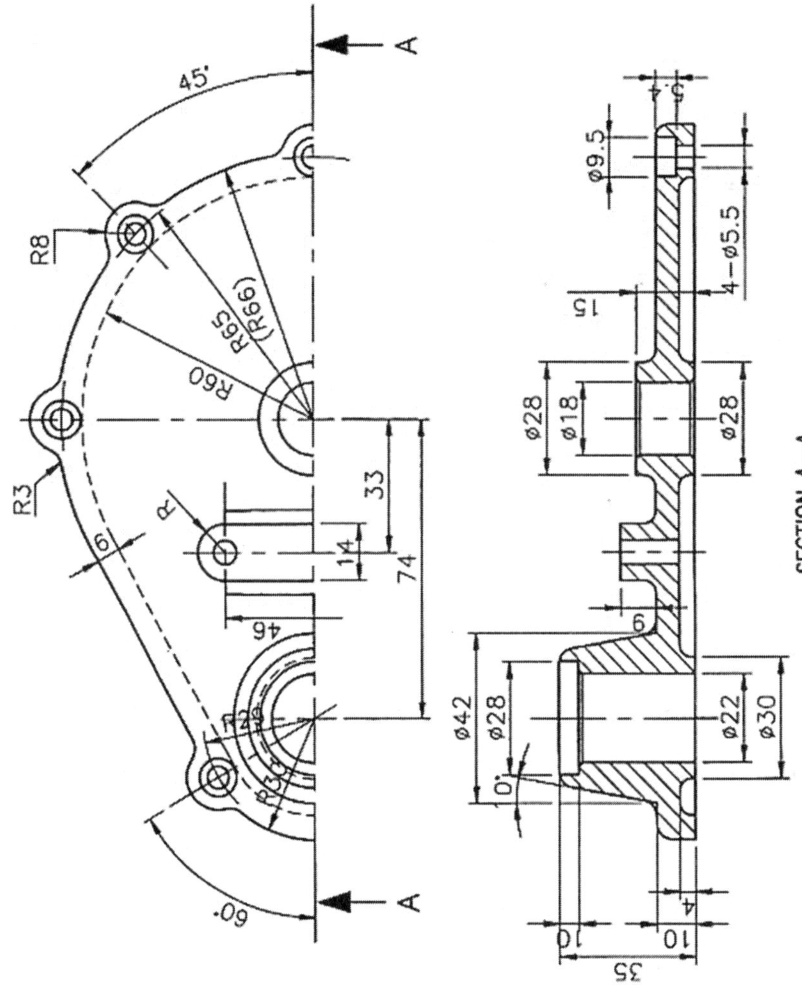

제11장 베어링의 제도

11.1 베어링(bearing)

회전축을 지지하는 축용 기계요소를 베어링(bearing)이라 하며, 베어링과 접촉하고 있는 축 부분을 저널(journal)이라 한다. 저널과 베어링의 상대 운동에 따라 미끄럼 베어링(sliding bearing)과 구름 베어링(rolling bearing)으로 나누고, 축에 받는 하중의 방향에 따라 레이디얼(radial) 베어링과 트러스트(thrust) 베어링으로 구분한다.

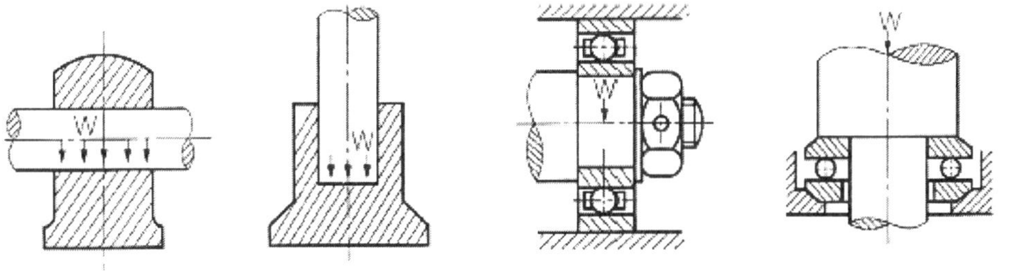

(a) 레이디얼 베어링 (b) 트러스트 베어링 (c) 레이디얼 구름 베어링 (d) 트러스트 구름 베어링

그림 11.1 베어링의 종류

1) 롤러 베어링의 기호와 치수

(1) 치수는 mm계와 inch계열을 사용하며 mm치수는 ISO에 의해 구체적으로 표준화되어 있다.

(2) 롤러 베어링은 KS B 2012 호칭 번호로 정해져 있다.

형식 번호	치수기호 (나비와 지름 기호)	안지름 번호	등급 기호

① 형식 번호(첫 번째 숫자)

1 : 복렬 자동 조심형 2, 3 : 복렬 자동 조심형(큰 나비) 5 : 트러스트 베어링
6 : 단열 홈형 7 : 단열 앵귤러 볼형 N : 원통 롤러형

② 치수 번호(두 번째 숫자)

0, 1 : 특별 경하중형 2 : 경하중형 3 : 중간 하중형 4 : 중하중형

③ 안지름 번호(세 번째, 네 번째 숫자)

1 ~ 9 = 숫자가 내경임(형식 치수 번호 내경 번호(1자리)) EX : 608일 때 내경 8 mm
00 : 안지름 10 mm 01 : 안지름 12 mm 02 : 안지름 15 mm
03 : 안지름 17 mm 04 : 안지름 20 mm(4×5 = 20)
05 : 안지름 25 mm(5×5 = 25)
16 : 안지름 80 mm(16×5 = 80) / 22 : 안지름 22 mm

④ 등급 기호(다섯 번째 이후의 기호)

무기호 : 보통급
H : 상급
P : 정밀급
SP : 초정밀급

2) 호칭 번호의 구성 및 배열

[표 11.1] 베어링 호칭 번호의 배열

기본 번호			보조 기호					
베어링 계열기호	안지름 번호	접촉각 기호	내부 치수	밀봉기호 또는 실드기호	궤도 륜 모양기호	조합 기호	내부 틈새 기호	정밀도 등급기호

보기 6308 Z NR
63 : 베어링 계열기호 − 단열 깊은 홈 볼 베어링6, 지름 계열03
08 : 안지름 번호(호칭 베어링 안지름 8 × 5 = 40mm)
Z : 실드 기호(한쪽 shield)
NR : 궤도 륜(輪) 모양기호(stop rind 붙이)

[표 11.2] 접촉각 기호

<table>
<tr><th>베어링 형식</th><th>호칭 접촉각</th><th>접촉각 기호</th></tr>
<tr><td rowspan="3">단열 앵귤러
볼 베어링</td><td>10° 초과 22° 이하</td><td>C</td></tr>
<tr><td>22° 초과 32° 이하</td><td>A (생략가능)</td></tr>
<tr><td>32° 초과 45° 이하</td><td>B</td></tr>
<tr><td rowspan="2">테이퍼
롤러 베어링</td><td>17° 초과 24° 이하</td><td>C</td></tr>
<tr><td>24° 초과 32° 이하</td><td>D</td></tr>
</table>

[표 11.3] 보조기호

<table>
<tr><th colspan="2">내부기호</th><th colspan="2">실· 실드
(shield)</th><th colspan="2">궤도 륜 모양</th><th colspan="2">베어링의
조합</th><th colspan="2">레이디얼
내부 틈새</th><th colspan="2">정밀도
등급</th></tr>
<tr><td>내용</td><td>기호</td><td>내용</td><td>기호</td><td>내용</td><td>기호*</td><td>종류</td><td>기호</td><td>구분</td><td>기호</td><td>등급</td><td>기호</td></tr>
<tr><td rowspan="2">내부설계가 표준과 다른 베어링</td><td rowspan="3">A</td><td>양쪽
실붙이</td><td>UU</td><td>내륜
원통구멍</td><td>없음</td><td>뒷면
조합</td><td>DB</td><td>보통의 레이디얼 내부 틈새보다 작다</td><td>C2</td><td>0급</td><td>없음</td></tr>
<tr><td rowspan="2">한쪽
실붙이</td><td rowspan="2">U</td><td>플랜지 붙이</td><td>F</td><td rowspan="2">정면
조합</td><td rowspan="2">DF</td><td rowspan="2">보통의 레이디얼 내부 틈새</td><td rowspan="2">CN</td><td>6X급</td><td>P6X</td></tr>
<tr><td rowspan="4">ISO 규정에 따라 제작된 테이퍼 롤러 베어링</td><td>내륜 테이퍼 구멍 (기준 테이퍼 1/12)</td><td>K</td><td>6급</td><td>P6</td></tr>
<tr><td rowspan="3">J</td><td rowspan="2">양쪽
실드
붙이</td><td rowspan="2">ZZ</td><td rowspan="2">링 홈붙이</td><td rowspan="2">N</td><td rowspan="3">병렬
조합</td><td rowspan="3">DT</td><td>보통의 레이디얼 내부 틈새보다 크다</td><td>C3</td><td>5급</td><td>P5</td></tr>
<tr><td>C3보다 크다</td><td>C4</td><td>4급</td><td>P4</td></tr>
<tr><td>한쪽
실드
붙이</td><td>Z</td><td>멈춤링 붙이</td><td>NR</td><td>C4보다 크다</td><td>C5</td><td>2급</td><td>P2</td></tr>
</table>

주* : * 표는 다른 기호도 사용될 수 있다.

11.2 구름 베어링의 약도와 도시기호

그림에는 구름베어링의 약도 및 도시 기호법을 정리하여 나타내었다.

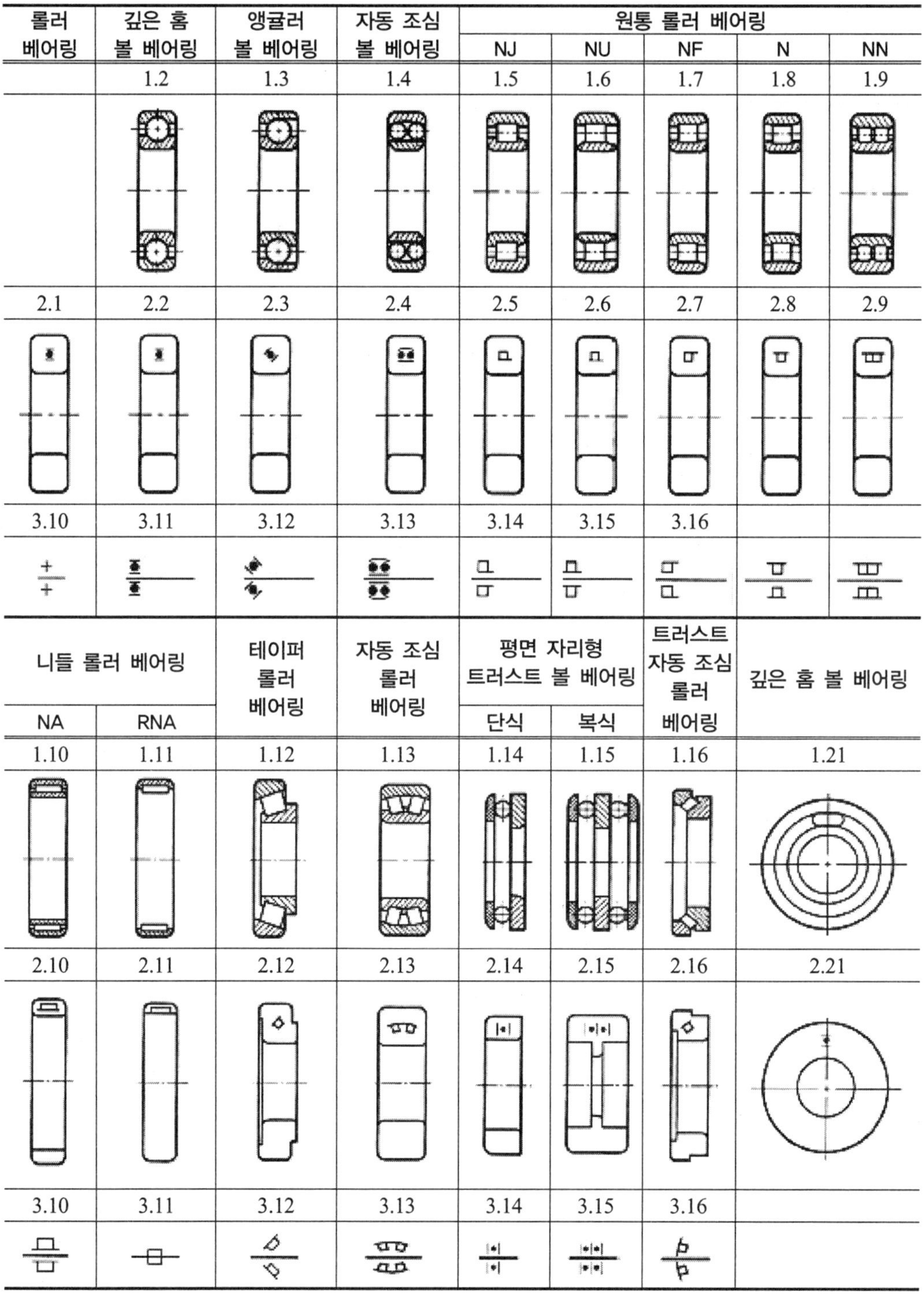

그림 11.2 구름 베어링의 약도와 도시기호

연습 1 기계요소 도면 제도 연습(1)

기계부품 제작
조립도 그리기

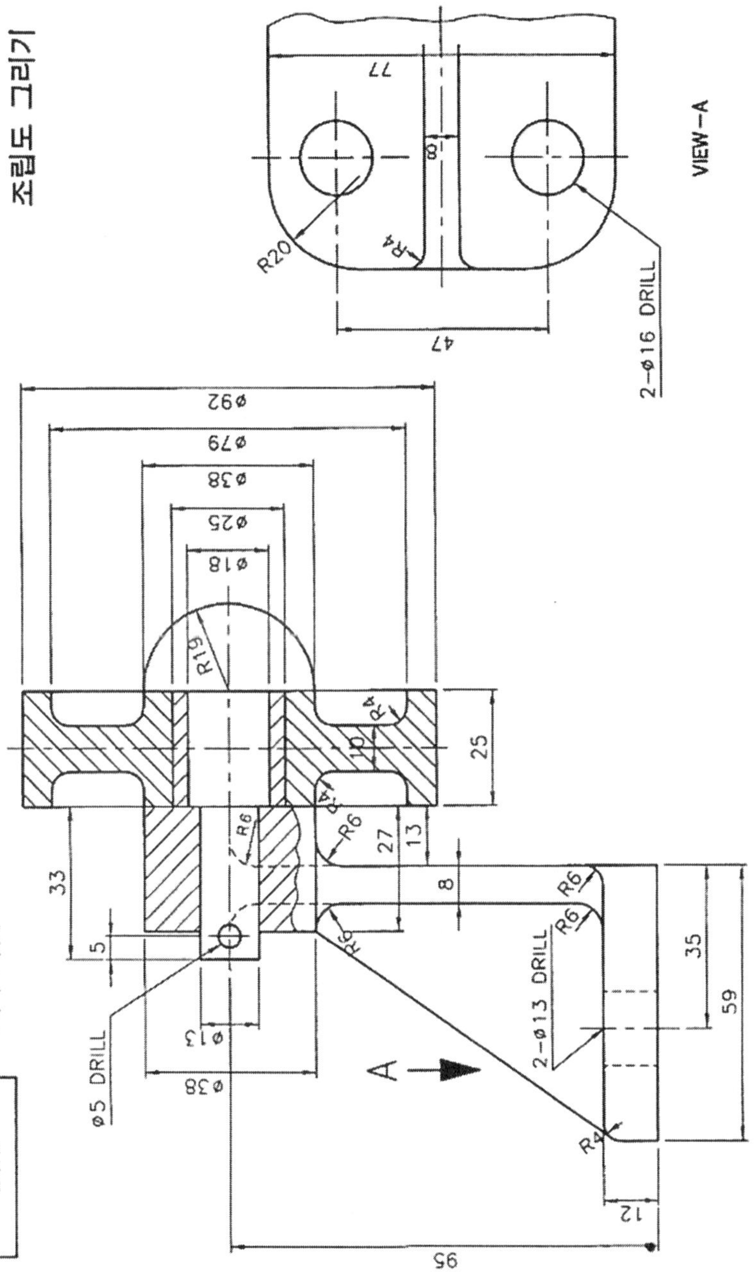

DIM

치수기입

연습 2 기계요소 도면 제도 연습(2)

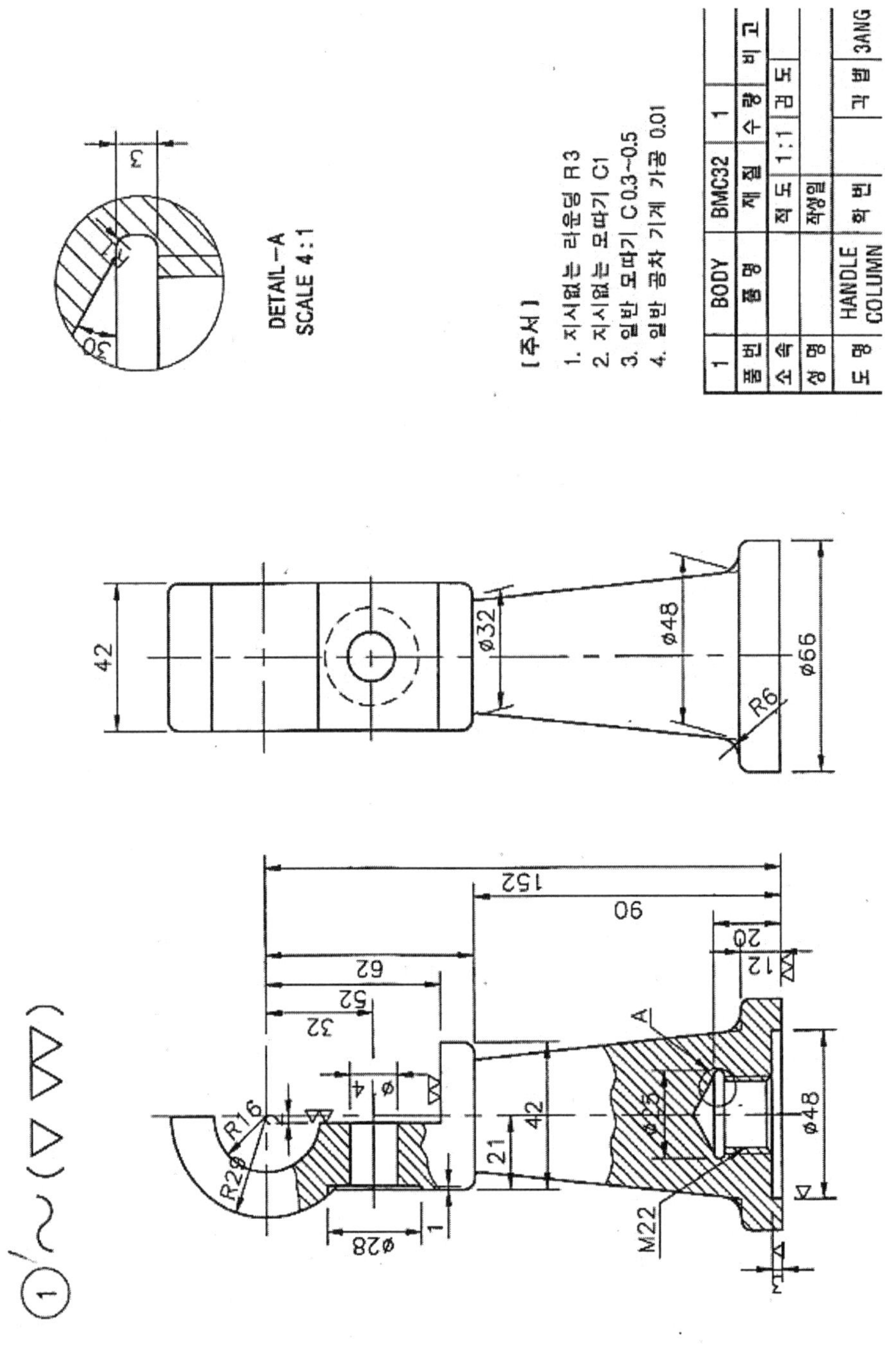

제12장 전동 요소의 제도

외부로부터 동력을 받아들여 이 동력을 전달하는 데 사용되는 기계요소를 전동용 기계요소라 하며 기어(gear), 벨트(belt), 로프(rope), 체인(chain) 등이 있다.

12.1 기어(gear)

한 쌍의 마찰차 접촉면에 이(tooth)를 만들어 미끄러지지 않고 서로 맞물려 회전하도록 하는 기계 요소로서, 축간 거리가 가까우며 큰 동력을 일정 속도비로 정확하게 전달하는 대표적인 전동용 기계요소이다.

1) 기어의 종류

기어는 사용 목적, 두 축의 상대 위치 및 이의 접촉에 따라 표와 같이 구분한다.

[표 12.1] 기어의 종류

기어의 종류	두 축의 상대 위치	이의 접촉	특 성
스퍼 기어(spur gear)	평 행	직선	원통형, 잇줄이 축에 평행
내접 기어(internal gear)		직선	이는 스퍼 기어와 같음
헬리컬 기어(helical gear)		직선	잇줄이 비틀린 원통형
더블 헬리컬 기어(double helical gear)		직선	좌우의 헬리컬 기어를 조합
랙과 피니언(rack & pinion)		직선	회전운동을 직선운동으로 바꿈
직선 베벨 기어(straight bevel gear)	교 차	직선	잇줄이 원뿔의 모선과 일치
스파이럴 베벨 기어(spiral bevel gear)		곡선	잇줄이 비틀린 베벨 기어
하이포이드 기어(hypoid gear)	평행하지도, 교차하지도 않음	곡선	원뿔형
스크류 기어(screw gear)		점	2개의 헬리컬 기어
웜 기어(worm gear)		점	감속 비율이 큼

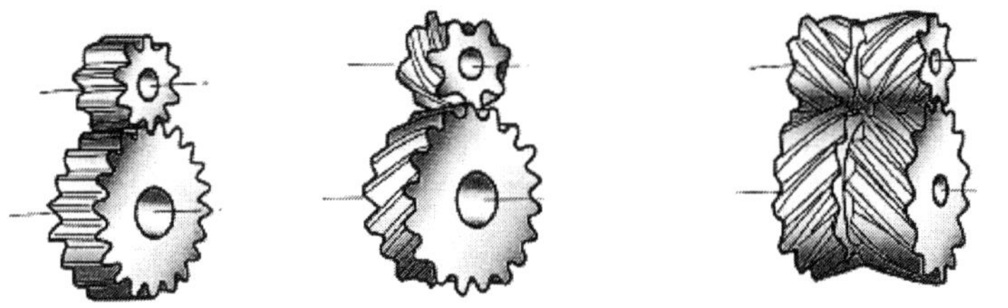

(a)평(spur) 기어 (b)헬리컬(helical) 기어 (c)더블 헬리컬 기어

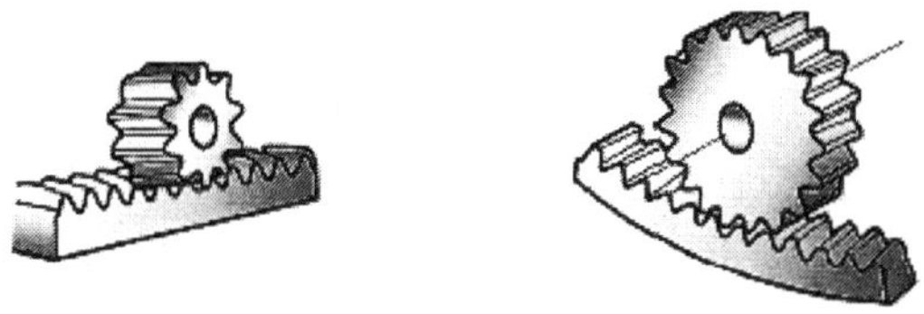

(d)rack & pinion (e)내접기어(internal)와 외접기어(external)

그림 12.1 두 축이 평행한 경우 사용되는 기어

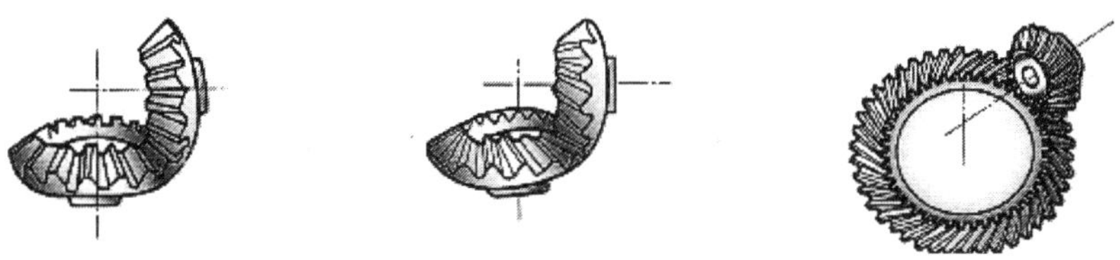

(a)직선(spur) 베벨 기어 (b)헬리컬 베벨 기어 (c)스파이럴(spiral) 베벨 기어

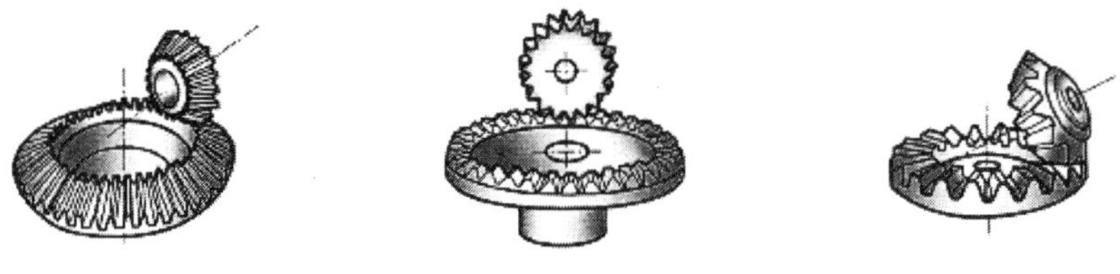

(d)제롬(gerome) 베벨 기어 (e)크라운(crown) 기어 (f)앵귤러(angular) 베벨 기어

그림 12.2 두 축이 교차하는 경우 사용되는 기어

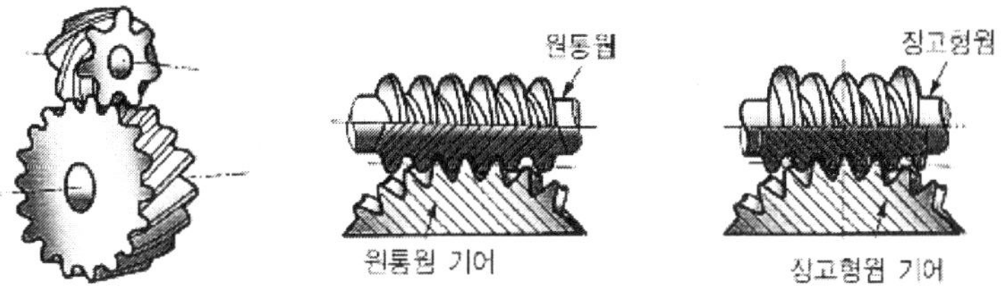

(a)나사(screw) 기어 (b)원통 웜(worm) 기어 (c)장고형 웜 기어

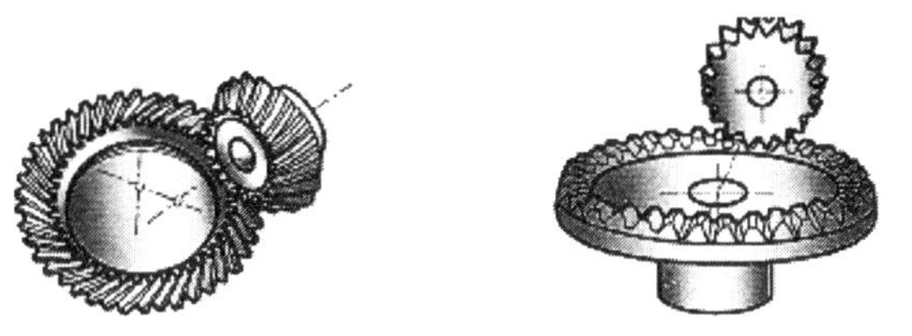

(d)하이포이드(hypoid) 기어 (e)헬리컬 크라운(helical crown) 기어

그림 12.3 두 축이 어긋나는 경우 사용되는 기어

2) 기어의 각부 명칭

기어의 각부의 명징은 KS B 0102에 규정되어 있으며, 그 중에서 기본적으로 알아 두어야 할 사항은 그림으로 나타내었다.

(1) 이의 크기

이의 크기를 나타내는 방법으로는 모듈(module), 원주피치, 지름피치 등과 같이 3가지 방법이 있으며, KS규격에서는 모듈을 제시하고 있다. 모듈은 피치원의 지름(d)을 잇수(Z)로 나눈 값으로 [m]이라는 기호를 표시한다. KS규격에서는 모듈을 0.1 ~ 25까지 제시하고 있으며, 모듈의 값이 클수록 이의 크기가 크게 된다. 아래의 표는 모듈의 표준 값이다.

$$d = mZ \quad m = \frac{d}{Z}\,[module]$$

[표 12.2] 모듈의 표준 값(KS B 1404)

제1계열	1 1.25 1.5 2 2.5 3 4 5 6 8 10 12 16 20 25 32 40 50
제2계열	1.125 1.375 1.75 2.25 2.75 3.5 4.5 5.5 6.5 7 9 11 14 18 22 28 36 45

비고 : 제1계열을 우선적으로 사용하고, 필요에 따라 제2계열을 선택한다.

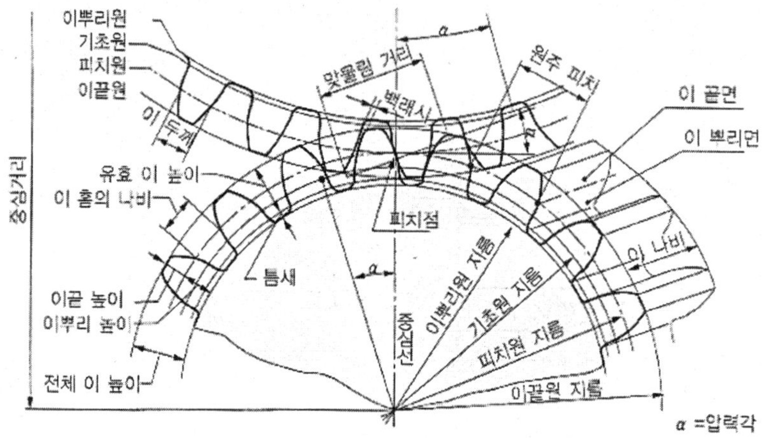

그림 12.4 평기어의 각부 명칭

3) 기어의 도시법

기어의 부품도는 기어의 형상과 요목표를 병용한다. KS B 0002의 기어에서는 인벌류트(involute) 치형으로 된 스퍼 기어, 헬리컬 기어, 더블 헬리컬 기어, 나사기어, 직선 베벨기어, 하이포이드 기어, 웜 및 웜 휠의 8종류에 대하여 규정하고 있다. 이외의 기어에 대하여도 이 규격을 준용한다.

기어를 도시할 때 보통 축에 직각인 방향에서 본 그림을 정면도로, 축 방향에서 본 것을 측면도로 하여 도시한다.

(1) 스퍼기어(spur gear)

① 이끝원은 굵은 실선으로 그린다.

② 피치원과 피치선은 가는 1점 쇄선으로 그린다.

③ 이뿌리원은 가는 실선으로 그리지만, 측면도는 생략해도 좋다. 단, 정면도를 단면으로 도시할 때 이를 절단하지 않고 이뿌리 선은 굵은 실선으로 나타낸다.

④ 스퍼기어의 표준 압력각은 $\alpha = 20°$로 규정하고 있다.

⑤ 서로 맞물리는 한 쌍의 스퍼기어를 도시할 때 측면도의 이끝원은 굵은 실선, 정면도의 단면에서 한쪽의 이끝원은 은선으로 그린다.

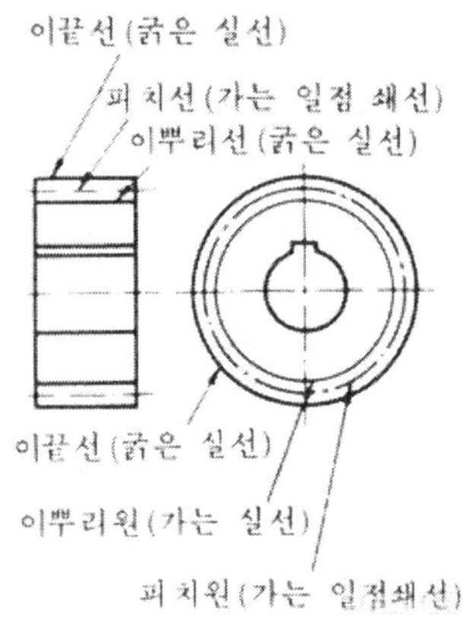

그림 12.5 평기어의 도시

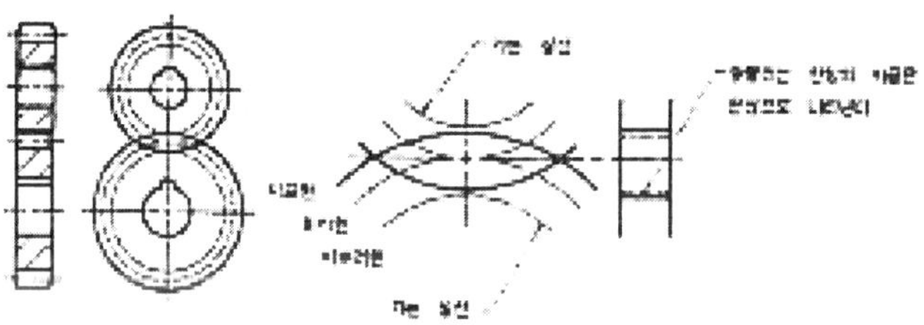

그림 12.6 맞물리는 한 쌍의 평기어 도시

⑥ 기어의 제작에 중요한 치형, 모듈, 압력각, 피치원 지름 등 기타 필요한 사항은 표와 같이 요목표를 만들어 기입한다.

[표 12.3] 스퍼기어의 요목표 기입 범예

<table>
<tr><th colspan="5">스퍼어(spur) 기어</th></tr>
<tr><td colspan="2">기어 치형</td><td>전위</td><td>다듬질 방법</td><td>호브 절삭</td></tr>
<tr><td rowspan="3">기준
래크</td><td>치형</td><td>보통 이</td><td>정밀도</td><td>KS B 1405 5급</td></tr>
<tr><td>모듈</td><td>6</td><td rowspan="7">비고</td><td rowspan="7">상대 기어 전위량 0
상대 기어 잇수 50
중심 거리 207
백래시 0.20 ~ 0.89

* 재료
* 열처리
* 경도</td></tr>
<tr><td>압력각</td><td>20º</td></tr>
<tr><td colspan="2">잇 수</td><td>18</td></tr>
<tr><td colspan="2">기준 피치원 지름</td><td>108</td></tr>
<tr><td colspan="2">전위 량</td><td>+3.16</td></tr>
<tr><td colspan="2">전체 이 높이</td><td>13.34</td></tr>
<tr><td>이두께</td><td>걸치기 이두께</td><td>$47.96^{-0.08}_{-0.38}$
(걸치기 잇수=3)</td></tr>
</table>

주* : * 표를 붙인 사항은 필요에 따라 기입한다.

(2) 헬리컬 기어와 더블 헬리컬 기어

① 잇줄 방향은 3개의 가는 실선으로 나타낸다. 단, 경사각은 실제와의 각도와 관계없이 그린다.

② 정면도를 단면도로 할 때, 지면보다 앞쪽에 있을 때는 잇줄 방향은 3개의 가는 2점 쇄선(가상선)으로 표시한다.

③ 간략도의 잇줄은 가는 3줄의 실선으로 나타낸다.

④ 그림은 헬리컬 기어를 도시하고 있다.

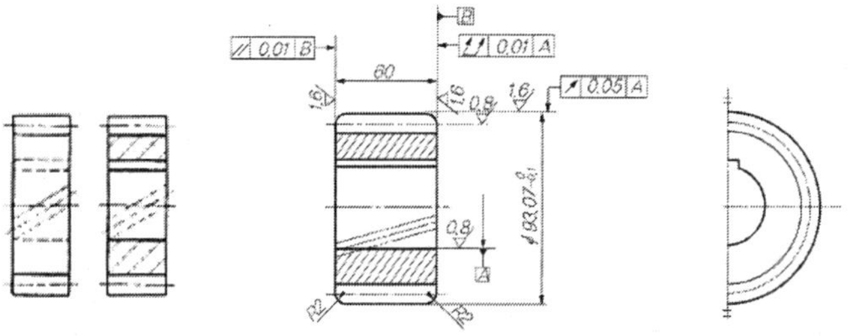

그림 12.7 헬리컬 기어의 도시

⑤ 기어의 제작에 중요한 치형, 모듈, 압력각, 피치원 지름 등 기타 필요한 사항은 표와 같이 요목표를 만들어 기입한다.

[표 12.4] 헬리컬 기어의 요목표 기입 범예

<table>
<tr><th colspan="6">헬리컬 기어</th></tr>
<tr><td colspan="2">기어 치형</td><td>표준</td><td colspan="2">전체 이높이</td><td>9.40</td></tr>
<tr><td colspan="2">치형 기준평면</td><td>치 직각</td><td rowspan="2">이두께</td><td rowspan="2">오버 핀
(pin) 치수</td><td rowspan="2">$95.19^{-0.14}_{-0.29}$
(볼 지름 = 7.144)</td></tr>
<tr><td rowspan="3">기준
래크</td><td>치형</td><td>보통이</td></tr>
<tr><td>모듈</td><td>4</td><td colspan="2">다듬질방법</td><td>연삭 다듬질</td></tr>
<tr><td>압력각</td><td>20°</td><td colspan="2">정밀도</td><td>KS B 1405 1급</td></tr>
<tr><td colspan="2">잇수</td><td>19</td><td rowspan="5">비
고</td><td colspan="2" rowspan="5">상대 기어 잇수 24
중심 거리 96.265
기초원 지름 78.783
* 재료 SNCM 415
* 열처리 침단 퀜칭
* 경도(표면) HRC 55 ~ 61
유효 경화층 깊이 0.8 ~ 1.2
백래시 0.15 ~ 0.31
치형 수정 및 크라우닝을 할 것</td></tr>
<tr><td colspan="2">비틀림각</td><td>26.7°
(27° 42')</td></tr>
<tr><td colspan="2">비틀림 방향</td><td>왼쪽</td></tr>
<tr><td colspan="2">* 리드</td><td>531.385</td></tr>
<tr><td colspan="2">기준 피치원 지름</td><td>85.071</td></tr>
</table>

주* : * 표를 붙인 사항은 필요에 따라 기입한다.

(3) 베벨 기어

① 축 방향에서 본 베벨 기어의 측면도상 이끝원은 굵은 실선, 피치원은 가는 1점 쇄선, 이뿌리원은 생략한다.

② 스파이어럴 베벨 기어의 약도에서 잇줄을 나타내는 선은 한 줄의 굵은 실선으로 나타낸다.

③ 한 쌍의 맞물리는 기어에서 맞물리는 부분의 이끝원은 숨은선으로 그린다.

④ 이끝 및 이뿌리를 나타내는 원뿔각의 선은 꼭지 점에 이르기 전에 그친다.

⑤ 그림은 직선 베벨 기어를 도시하고 있다.

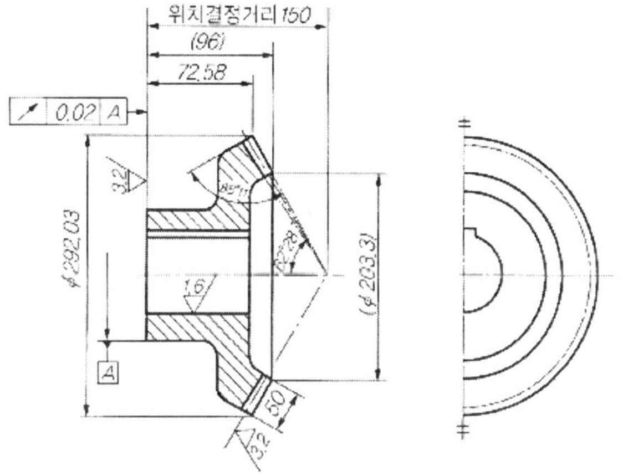

그림 12.8 직선 베벨 기어

(4) 웜 기어

(1) 웜기어(worm gear)의 잇줄 방향은 헬리컬 기어와 같이 3줄의 가는 실선으로 그린다.

(2) 웜 휠(worm wheel)의 측면도는 기어의 바깥지름을 굵은 실선으로 그리고, 피치원은 가는 1점 쇄선으로 그리며, 이뿌리원과 목 부분의 원은 그리지 않는다. 또한 피치원은 상대 웜 축을 포함하여 단면 모양으로 그린다.

(3) 웜 기어 요목표에는 치형에 직각 방식인지 또는 축에 직각 방식인지 기입한다.

(4) 그림은 웜과 웜휠의 도시를 나타내었다.

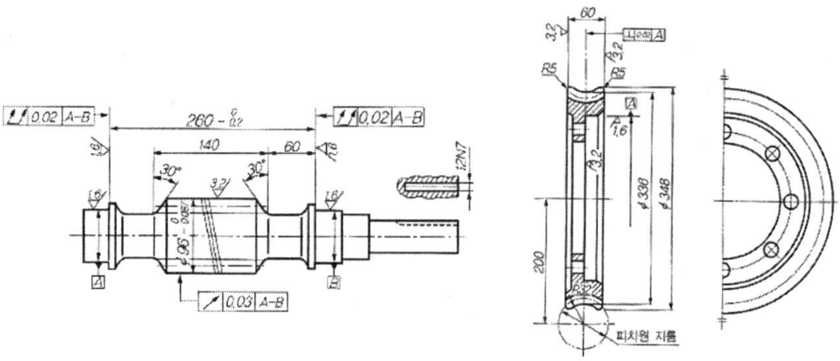

그림 12.9 웜과 웜휠의 도시

(5) 맞물리는 기어의 간략 도시법

① 조립도 등에 기어를 도시할 때는 제도의 능률을 위해 간략도로 표시하며, 대신 기어 요목표에 상세한 사항들을 기입한다.

② 맞물림 부와 이끝원은 모두 굵은 실선으로 표시한다.

③ 주 투영도를 단면도로 표시할 때는 맞물림 부의 한쪽 이끝원을 표시하는 원은 가는 파선 또는 굵은 파선을 사용하여 표시한다.

④ 그림은 각종 기어의 간략 도시를 나타내고 있다.

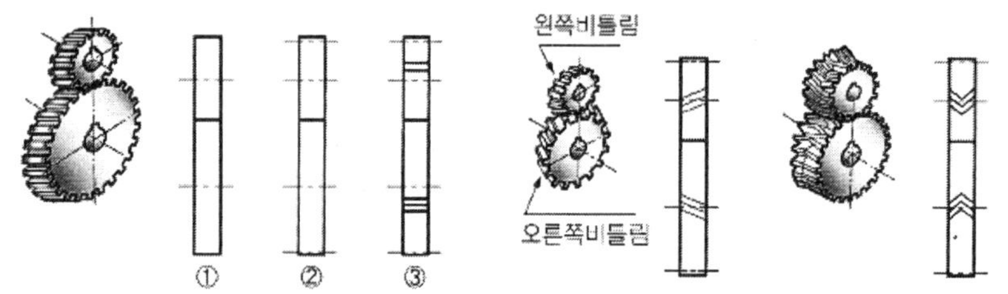

(a) 스퍼 기어 (b) 헬리컬 기어 (c) 더블 헬리컬 기어

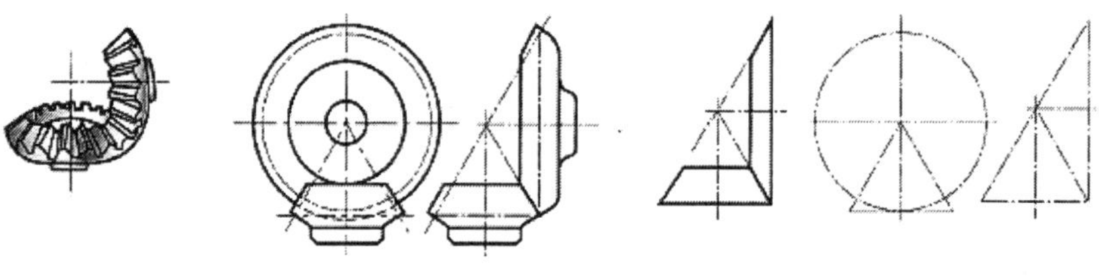

(d) 베벨 기어

그림 12.10 기어의 간략 도시(1)

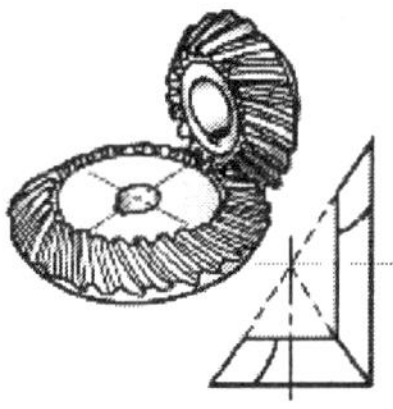

(e) 스파이럴 베벨 기어

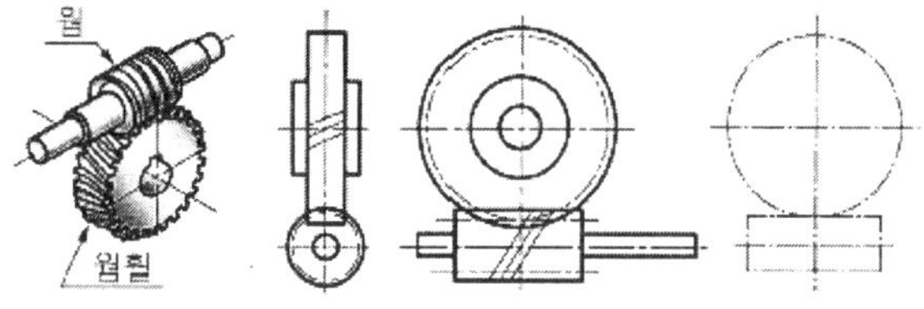

(f) 웜 기어

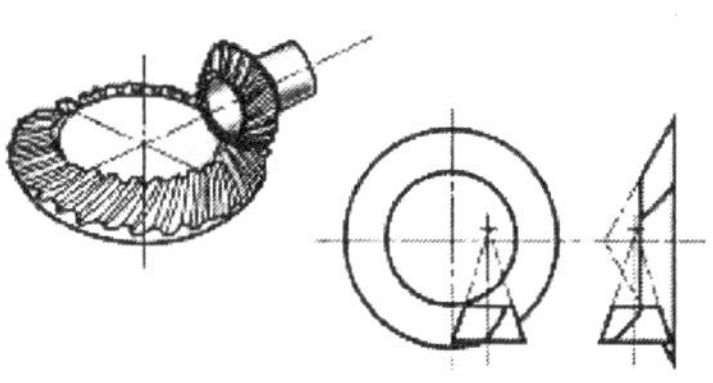

(g) 하이포이드 기어

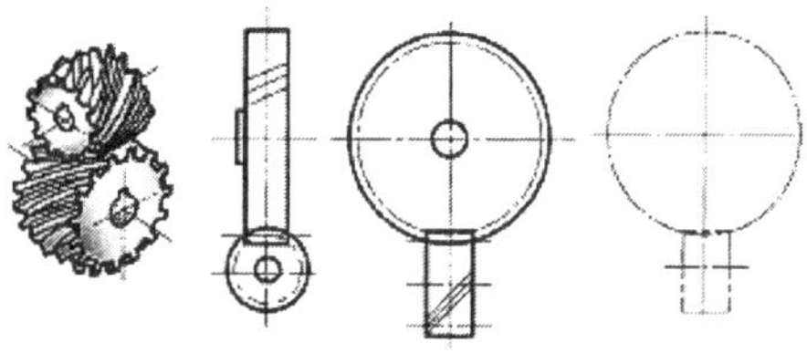

(h) 나사 기어

그림 12.11 기어의 간략 도시(2)

12.2 벨트, 로프, 체인(belt, rope, chain)

벨트, 로프 및 체인 등을 사용하여 원동차에서 종동차로 동력을 전달하는 장치를 전동장치(transmission)라 하며, 축간 거리와 속도비 등에 따라 표와 같이 적용 범위가 달라지므로 적정 용도의 것을 선택하여야 한다.

[표 12.5] 전동 장치별 적용 범위

종 류		축간 거리(m)	속도비	속도(m/s)
벨트 (belt)	평벨트	10 이하	1:1~6, 최대 1:15	10~30 최대 50
	V벨트	5 이하	1:1~7, 최대 1:10	10~18 최대 25
로프 (rope)	섬유	10~30	1:1~2, 최대 1:5	15~30
	강철	50~100, 최대 150	보통 1:1	최대 25
체인 (chain)	사일런트(silent)	4 이하	1:1~5, 최대 1:8	5 이하 최대 10
	롤러(roller)			7 이하 최대 10

1) 평벨트(flat belt) 전동

벨트에 사용하는 재료는 가죽, 직물, 고무, 강철이 있으며, 평벨트 풀리는 구조에 따라서 일체형과 분할형이 있다.

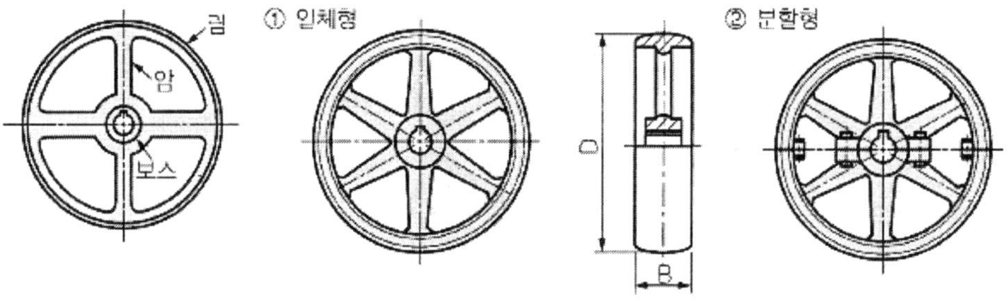

그림 12.12 평벨트 풀리의 종류

(1) 평벨트 호칭법

명칭	등급 또는 종류	치수 (폭 x 층 수)

보기 평가죽 벨트 1급 114 × 2
평고무 벨트 1종 50 × 3

(2) 평벨트 풀리의 구조

① 림(rim) : 풀리의 둘레를 구성하는 얇은 살을 가진 원통형의 바퀴둘레를 말한다.

② 보스(boss) : 전동축을 끼울 수 있는 중앙의 내경 구멍을 말한다.

③ 암(arm) : 림과 보스 부분을 방사선의 형상으로 연결하는 몇 개의 막대부분을 말한다. 암 대신 평판을 사용한 것도 있다.

재료는 일반적으로 주철로 된 것이 사용되며, 고속(원주 속도 30 m/sec 이상)일 때에는 주강으로 만든 것이 쓰인다.

(3) 평벨트 풀리의 도시법

① 벨트 풀리는 축 직각 방향의 투상을 정면도로 한다.

② 벨트 풀리와 같이 대칭형인 것은 그 일부분만을 도시한다.

③ 암과 같은 방사형의 것은 수직 중심선 또는 수평 중심선까지 회전하여 투상한다.

④ 암의 길이 방향으로 절단하여 단면의 도시를 하지 않는다.

⑤ 암의 단면형은 도형의 안이나 밖에 도시할 때에는 실선으로 그린다. 또, 단면형은 보통 타원이다.

⑥ 암의 테이퍼 부분 치수를 기입할 때 치수 보조선은 경사선(수평과 60° 또는 30°)으로 긋는다.

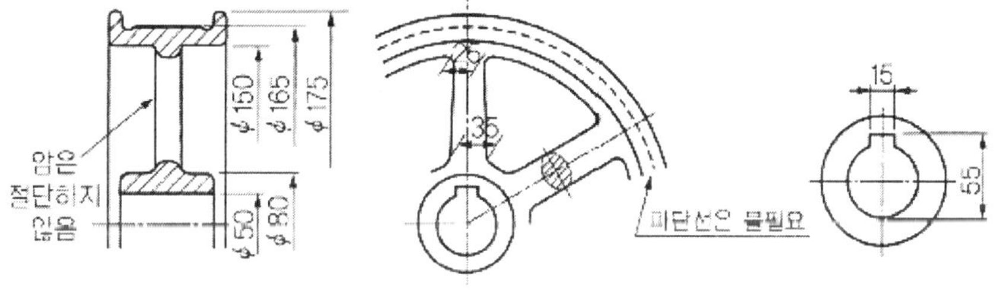

그림 12.13 벨트 풀리의 도시

2) V벨트 전동

V벨트는 사다리꼴의 단면을 가진 합성 고무 재질의 벨트로서, V형의 홈이 파져 있는 V풀리(V - pulley)에 밀착시켜 구동하는 방법이다. 평벨트에 비해 미끄럼과 진동이 적고, 운전이 조용하며 공작 기계나 내연 기관 등의 동력전달에 널리 사용된다. 풀리는 주로 주철제이고, 고속인 경우에는 주강이나 알루미늄 합금제를 사용한다.

(1) V벨트 홈의 모양과 치수

V벨트는 홈 부분의 모양과 치수는 표와 같다.

[표 12.6] V벨트 홈의 모양과 치수(KS B 1400)

(단위 : mm)

V벨트의 종류	호칭 지름	각도 α(°)	Lo	k	ko	e	f	r1	r2	r3	(참고)V벨트의 두께
M	50이상 71이하 71초과 90이하 90초과	34 36 38	8.0	2.7	6.3	- [1]	9.5	0.2~0.5	0.5~1.0	1~2	5.5
A	71이상 100이하 100초과 125이하 125초과	34 36 38	9.2	4.5	8.0	15.0	10.0	0.2~0.5	0.5~1.0	1~2	9
B	125이상 160이하 160초과 200이하 200초과	34 36 38	12.5	5.5	9.5	19.0	12.5	0.2~0.5	0.5~1.0	1~2	11
C	200이상 250이하 250초과 315이하 315초과	34 36 38	16.9	7.0	12.0	25.5	17.0	0.2~0.5	1.0~1.6	2~3	14
D	355이상 450이하 450초과	36 38	24.6	9.5	15.5	37.0	24.0	0.2~0.5	1.6~2.0	3~4	19
E	500이상 630이하 630초과	36 38	28.7	12.7	19.3	44.5	29.0	0.2~0.5	1.6~2.0	4~5	24

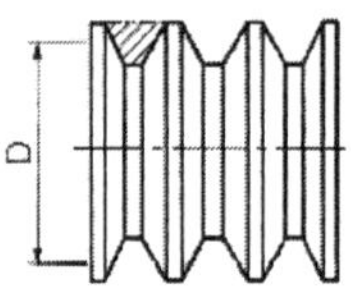

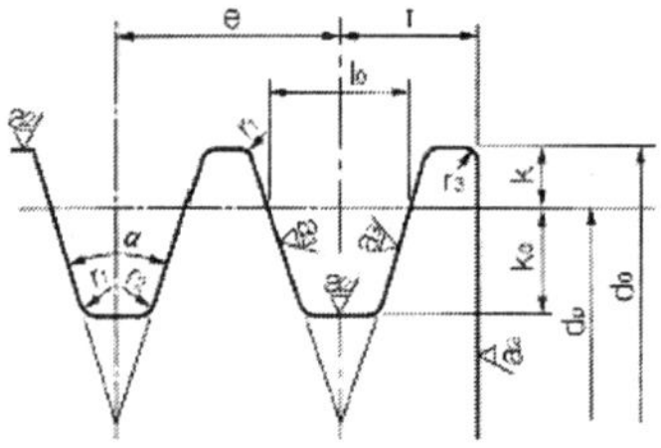

주[1] : M형은 원칙적으로 한 줄만 걸친다.

(2) V벨트의 치수

V벨트의 치수는 단면의 치수로 표시하며, 단면의 크기에 따라 M, A, B, C, D, E 형으로 나눈다. 단면은 좌우 대칭이며 단면의 치수는 표와 같이 규격화 되어 있다.

[표 12.7] V벨트의 표준치수(KS M 6535)

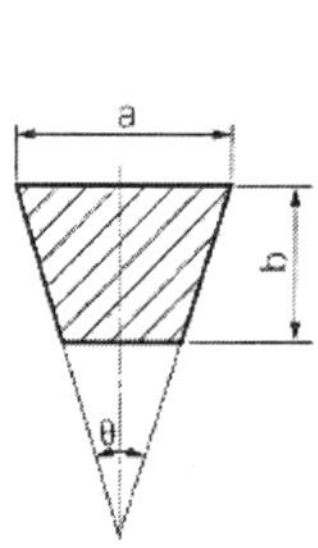

치수	a(mm)		b(mm)		각도 θ(°)		인장강도	굴곡후의 인장강도 [kN/가닥]	영구 신장률 (%)
형별	치수	허용값	치수	허용값	치수	허용값	[kN/가닥]		
M	10.0	±0.6	5.5	±1.0	40	±1.0	1.2이상	0.8이상	7이하
A	12.5	±0.7	9.0	±1.0	40	±1.0	2.4이상	1.4이상	7이하
B	16.5	±0.8	11.0	±1.0	40	±1.0	3.5이상	2.4이상	7이하
C	22.0	±1.0	14.0	±1.5	40	±1.0	5.9이상	4.0이상	8이하
D	31.5	±1.5	19.0	±1.5	40	±1.0	10.8이상	8.0이상	8이하
E	38.0	±1.5	24.0	±2.0	40	±1.0	14.7이상	12이상	8이하

(3) V벨트 제품의 호칭

일반용 V벨트	M	60	or	B	2020
명칭	종류(형별)	호칭[inch]		종류(형별)	벨트 길이[mm]

3) 체인(chain) 전동

체인 전동은 체인을 스프로킷 휠(sprocket wheel)에 감아서 체인과 휠의 이가 서로 물리는 힘으로 동력을 전달시키며, 축간 거리가 4 m 이하이고, 회전비를 일정하게 할 필요가 있을 때나, 전달 동력이 크고 속도가 5 m/s 이하일 때 사용한다.

(1) 체인의 종류

① 롤러 체인 : 롤러 링크(roller link)와 핀 링크(pin link)로 연결한다.

② 링크 체인 : 강판을 펀칭(punching)하여 링크로 연결한다.

(2) 스프로킷 휠(sprocket wheel)

롤러 체인용 스프로킷 휠은 주강 또는 고급 주철 등으로 만든다. 치형은 S형과 U형이 있으나 S형이 주로 많이 사용된다.

(3) 스프로킷의 도시법

① 바깥지름은 굵은 실선, 피치원은 가는 1점 쇄선, 이뿌리원은 가는 실선 또는 굵은 파선으로 그린다.

② 축의 직각 방향에서 본 그림을 단면으로 도시할 때에는 이뿌리의 위치에서 절단하고 이뿌리 선은 굵은 실선으로 그린다.

③ 요목표에는 톱니의 특성을 기입한다.

④ 스프로킷의 도시법은 그림으로 나타내었다.

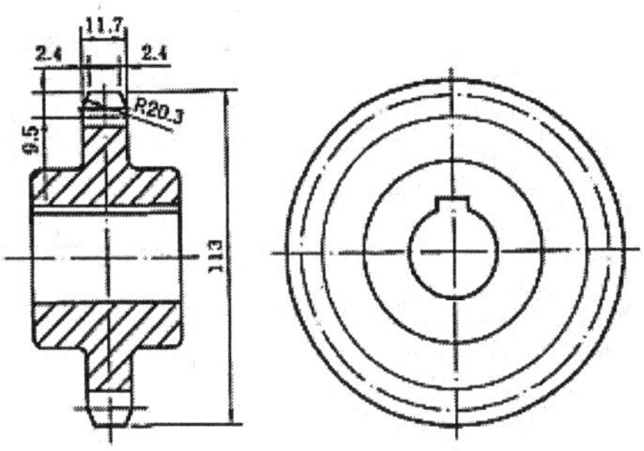

보기 스프로킷 60N17S

(단위 : mm)

롤러 체인	피 치	19.05	비고
	롤러 바깥지름	11.91	
스프로킷	D_P	103.67	기계 이 절삭
	D_O	113	
	D_B	91.76	
	D_C	91.32	

그림 12.14 스프로킷의 간략도와 요목표

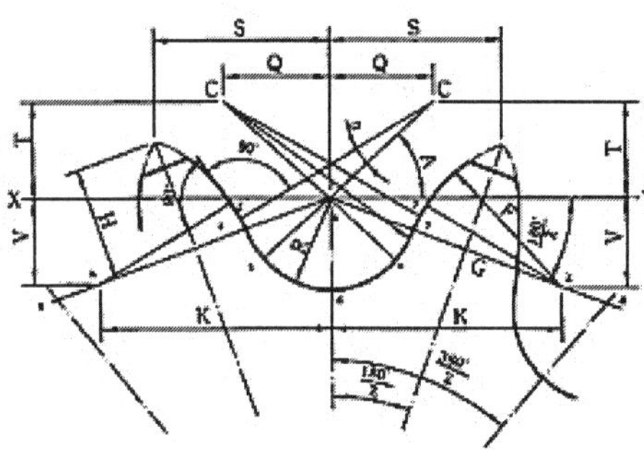

Z= 잇수
D_s= 잇골부 원호의 직경 $=2R$
D_r= 롤러외경
D_p= 피치원 직경
p= 체인피치
p_t= 지름피치

$$p_t = p\left(1+\frac{D_s-D_r}{D_p}\right)$$

그림 12.15 스프로킷의 상세도

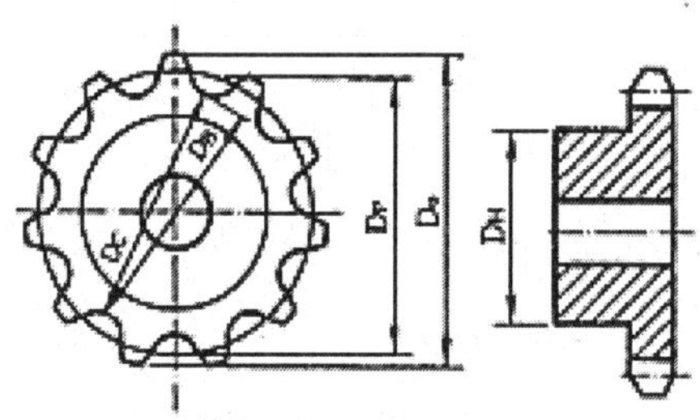

P:체인의 피치 (mm)
z:잇수
Dr: 롤러의 바깥 지름 (mm)

그림 12.16 스프로킷의 규격

연습 1 전동용 기계요소 도면 연습(1)

[주] 기어의 정면도는 중심으로 잘라서 화살표 방향으로 관찰한 부분이 정면도가 된다.

기어의 설계법

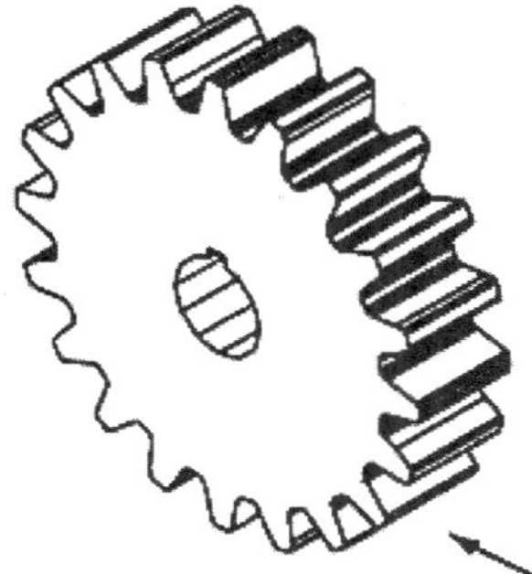

기어 입체도

정면도

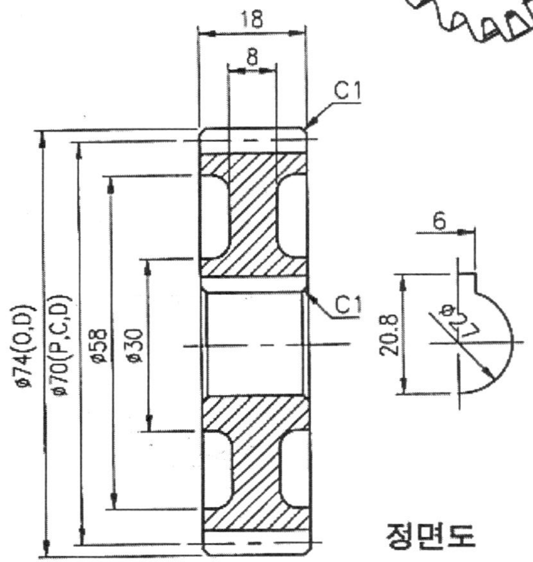

정면도

기어 요목표

스퍼기어		
치형		표준
공구	이모양	보통
	모	2 (M)
	압력각	20°
잇수		35Z
피치원경		70
가공방법		호빙

[계산식]

1. P,C,D = 2(M)x35(Z)
2. Z = 70(D) / 2(M)
3. M = D(70) / 35(Z)
4. O,D = 70(P,C,D) + 2x2(M)

연습 2 전동용 기계요소 도면 연습(2)

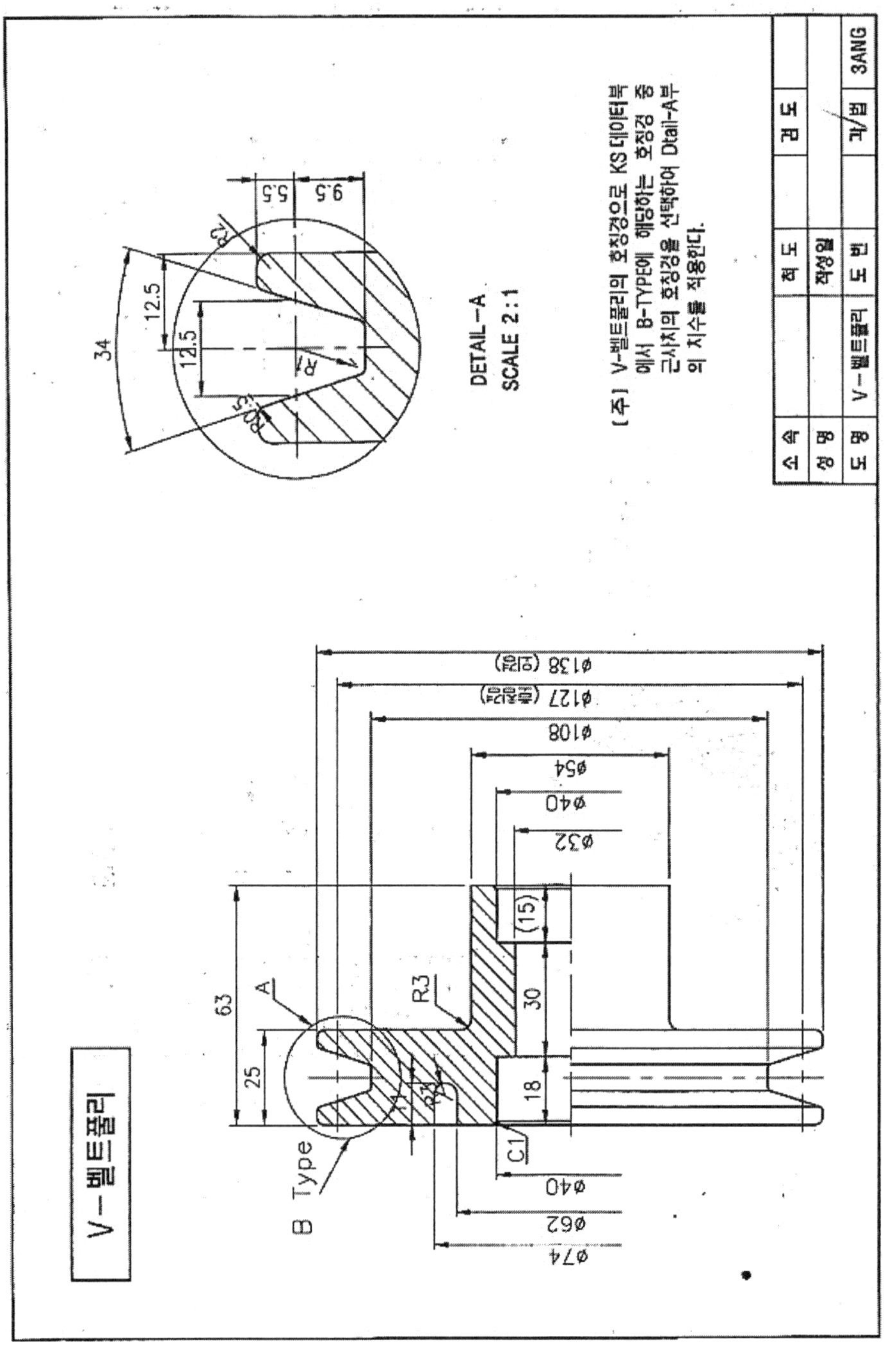

연습 3 전동용 기계요소 도면 연습(3)

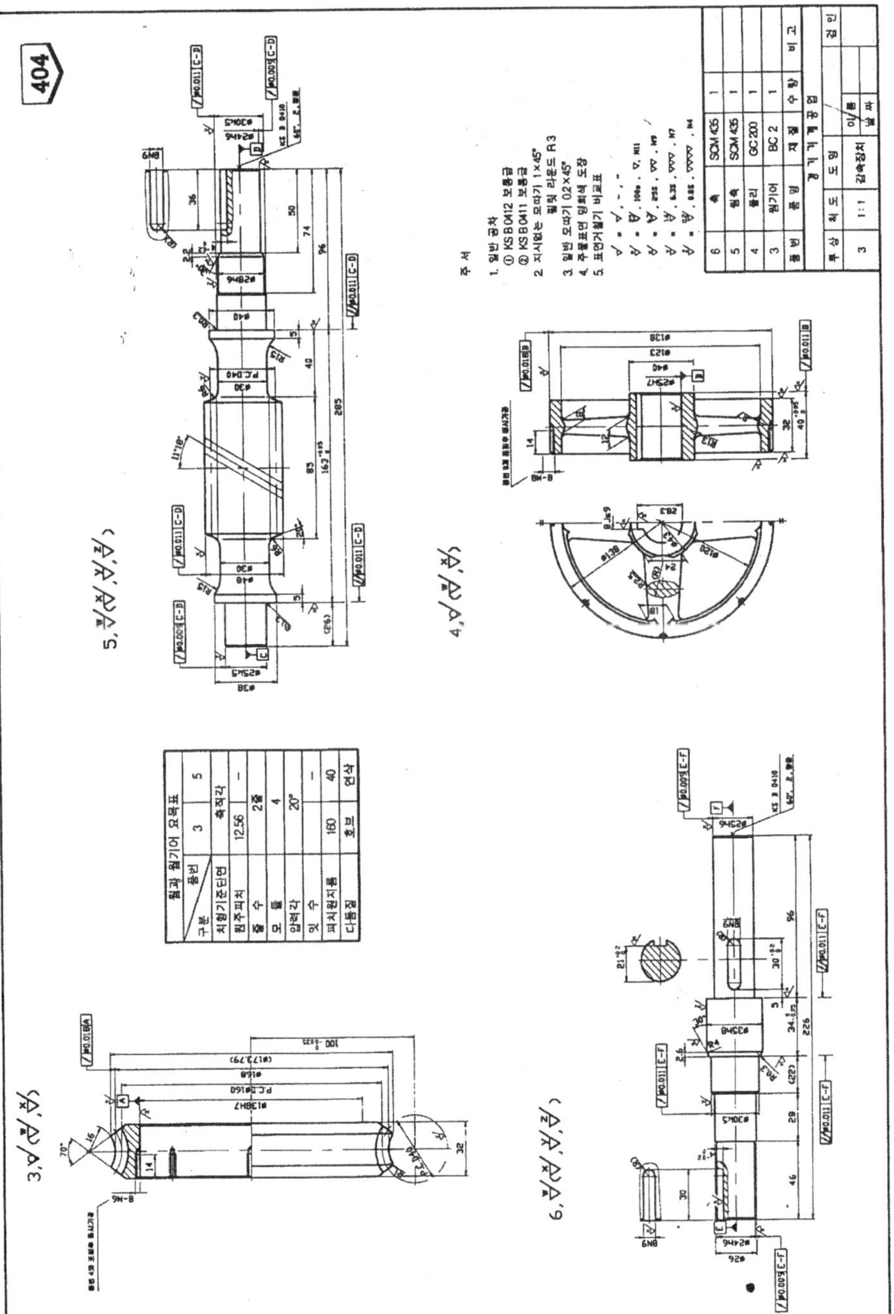

연습 4 전동용 기계요소 도면 연습(4)

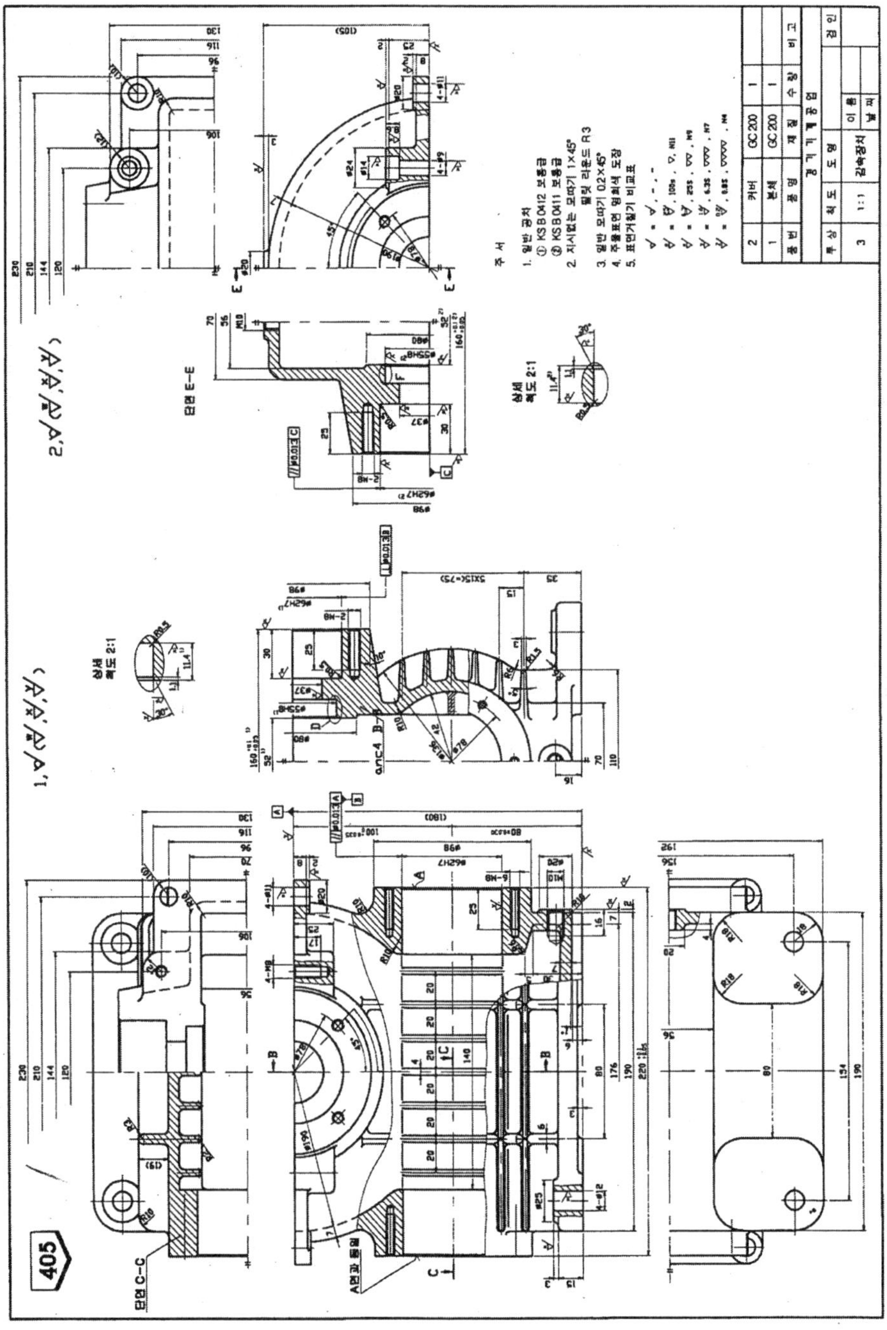

▢ KS 기계제도 규격

1. 표면 거칠기(KS B 0507, KS B 0161)
2. 끼워 맞춤 공차(KS B 0401)
3. IT공차(KS B 0401)
4. 중심 거리의 허용차(KS B 0420)
5. 모따기 및 둥글기의 값(KS B 0403)
6. 널링(KS B 0901)
7. T홈(KS B ISO 299, KS B 1038)
8. T홈 간격
9. T홈 간격 허용차
10. 미터 보통나사(KS B 0201)
11. 미터 가는나사(KS B 0204)
12. 관용 평행나사(KS B 0221)
13. 관용 테이퍼나사(KS B 0221)
14. 6각 구멍 붙이 볼트 자리파기-폐지
15. 멈춤링
    (1) C형 멈춤링(KS B 1336)
    (2) E형 멈춤링(KS B 1337)
    (3) C형 동심 멈춤링(KS B 1338)
16. 생크(KS B 3245)
17. 키(KS B 1311)
18. 깊은 홈 볼 베어링(KS B 2023)
19. 앵귤러 볼 베어링(KS B 2024)
20. 자동 조심 볼 베어링(KS B 2025)
21. 원통 롤러 베어링(KS B 2026)
22. 테이퍼 롤러 베어링(KS B 2027)
23. 니들 롤러 베어링(KB B 2029)
24. 평면자리형 트러스트 볼베이링(KS B 2022)
25. 평면 자리형 트러스트 볼 베어링(복식) (KS B 2022)
26. 베어링 구석 홈 부 둥글기(KS B 2051)
27. 베어링의 끼워 맞춤(KS B 2051)
28. 그리스 니플(KS B 2801)
29. O링(원통면)(KS B 2799)
30. O링 부착 부의 예리한 모서리를 제거하는 설계 방법(KS B 2799)
31. O링(평면)(KS B 2799)
32. 오일 실(KS B 2804)
33. 오일 실 부착 관계(축 및 하우징 구멍의 모따기와 둥글기)(KS B 2804)
34. 롤러체인, 스프로킷(KS B 1408)
35. V벨트 풀리(KS B 1400)
36. 가는 나비 V벨트 풀리(KS B 1401)
37. 지그용 부시 및 그 부속 부품(고정 라이너)(KS B 1030)
38. 지그용 부시 및 그 부속 부품(고정 부시) (KS B 1030)
39. 지그용 부시(KS B 1030)
40. 부시와 멈춤쇠 또는 멈춤나사의 중심 거리 및 부착나사의 가공 치수(KS B 1030)
41. 분할 핀(KS B ISO 1234)
42. 주서(예)
43. 양끝 센터(예)(KS B 0410)
44. 양끝 센터(예)(KS A ISO 6411)
45. 기어 요목표
46. 기계재료 기호(KS D)

1. 표면 거칠기-KS B 0507, KS B 0161

거칠기 구분치		0.025a	0.05a	0.1a	0.2a	0.4a	0.8a	1.6a	3.2a	6.3a	12.5a	25a	50a
산술 평균 거칠기의 표면 거칠기의 범위 (㎛Ra)	최소치	0.02	0.04	0.08	0.17	0.33	0.66	1.3	2.7	5.2	10	21	42
	최대치	0.03	0.06	0.11	0.22	0.45	0.90	1.8	3.6	7.1	14	28	56
거칠기 번호 (표준편 번호)		N1	N2	N3	N4	N5	N6	N7	N8	N9	N10	N11	N12

2. 끼워 맞춤 공차-KS B 0401

기준 구멍	헐거움	중간	억지
	g	h	n
H6	5	5	
	6	6	6
H7	6	6	6
	(7)	7	(7)
H8		7	
		8	

3. IT 공차-KS B 0401

단위 : ㎛

치수 초과	이하	IT4 4급	IT5 5급	IT6 6급	IT7 7급
–	3	3	4	6	10
3	6	4	5	8	12
6	10	4	6	9	15
10	18	5	8	11	18
18	30	6	9	13	21
30	50	7	11	16	25
50	80	8	13	19	30
80	120	10	15	22	35
120	180	12	18	25	40
180	250	14	20	29	46
250	315	16	23	32	52
315	400	18	25	36	57
400	500	20	27	40	63

4. 중심 거리의 허용차-KS B 0420

단위 : ㎛

중심 거리 구분 초과	이하	1급	2급
–	3	±3	±7
3	6	±4	±9
6	10	±5	±11
10	18	±6	±14
18	30	±7	±17
30	50	±8	±20
50	80	±10	±23
80	120	±11	±27
120	180	±13	±32
180	250	±15	±36
250	315	±16	±41

5. 모떼기 및 둥글기의 값-KS B 0403

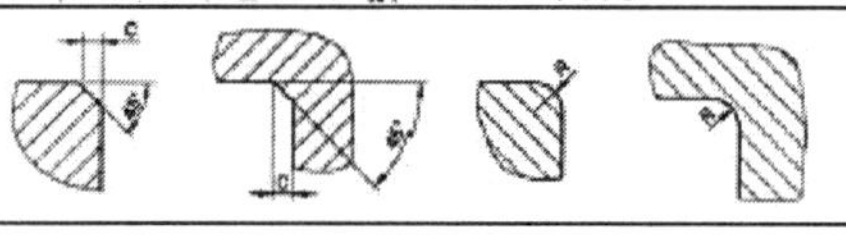

0.1	0.4	0.8	1.6	3 (3.2)	6	12	25	50
0.2	0.5	1.0	2.0	4	8	16	32	–
0.3	0.6	1.2	2.5 (2.4)	5	10	20	40	–

6. 널링-KS B 0901

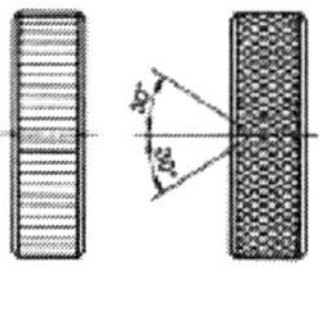

[보 기] : ☞ 바른 줄 m 0.5
☞ 빗 줄 m 0.3

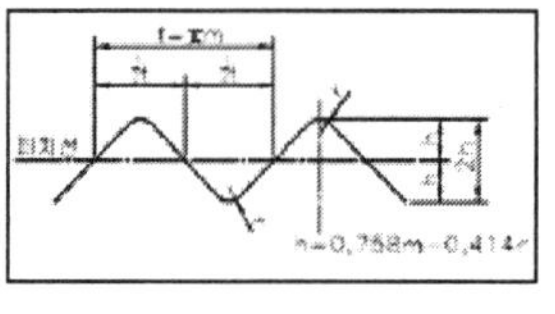

바른 줄 형			
모듈 m	0.2	0.3	0.5
피치 t	0.628	0.942	1.571
r	0.06	0.09	0.16
h	0.15	0.22	0.37

빗 줄 형			
모듈 m	0.5	0.3	0.2
cos 30°	0.577	0.346	0.230

7. T홈-KS B ISO 299, KS B 1038

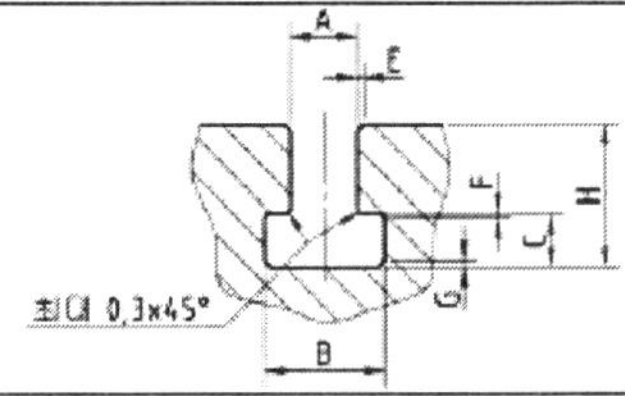

호칭 (볼트) 치수	A			B		C		H		E	F	G
	기준 치수	허용차		기준 치수		기준 치수				최대 모떼기	최대 모떼기	최대 모떼기
		기준 홈 H8	고정 홈 H12	최소	최대	최소	최대	최소	최대			
M4	5	+0.018 / 0	+0.12 / 0	10	11	3.5	4.5	8	10	1	0.6	1
M5	6			11	12.5	5	6	11	13	1	0.6	1
M6	8	+0.022 / 0	+0.15 / 0	14.5	16	7	8	15	18	1	0.6	1
M8	10			16	18	7	8	17	21	1	0.6	1
M10	12	+0.027 / 0	+0.18 / 0	19	21	8	9	20	25	1	0.6	1
M12	14			23	25	9	11	23	28	1.6	0.6	1.6
M16	18			30	32	12	14	30	36	1.6	1	1.6
M20	22	+0.033 / 0	+0.21 / 0	37	40	16	18	38	45	1.6	1	2.5
M24	28			46	50	20	22	48	56	1.6	1	2.5
M30	36	+0.039 / 0	+0.25 / 0	56	60	25	28	61	71	2.5	1	2.5
M36	42			68	72	32	35	74	85	2.5	1.6	4
M42	48			80	85	36	40	84	95	2.5	2	6
M48	54	+0.046 / 0	+0.30 / 0	90	95	40	44	94	106	2.5	2	6

8. T홈 간격

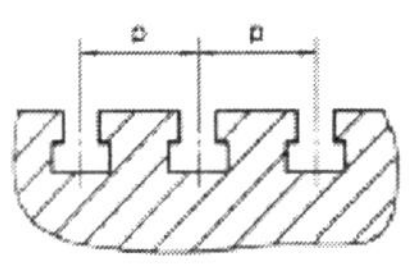

T홈의 폭 A	간격 p
5	20 25 32
6	25 32 40
8	32 40 50
10	40 50 63
12	(40) 50 63 80
14	(50) 63 80 100
18	(63) 80 100 125
22	(80) 100 125 160
28	100 125 160 200
36	125 160 200 250
42	160 200 250 320
48	200 250 320 400
54	250 320 400 500

( )호 치수는 되도록 피한다.

9. T홈 간격 허용차

간격 p	허용차
20~25	±0.2
32~100	±0.3
125~250	±0.5
320~500	±0.8

비 고 모든 T-홈의 간격에 대한 공차는 누적되지 않는다.

10. 미터 보통 나사–KS B 0201

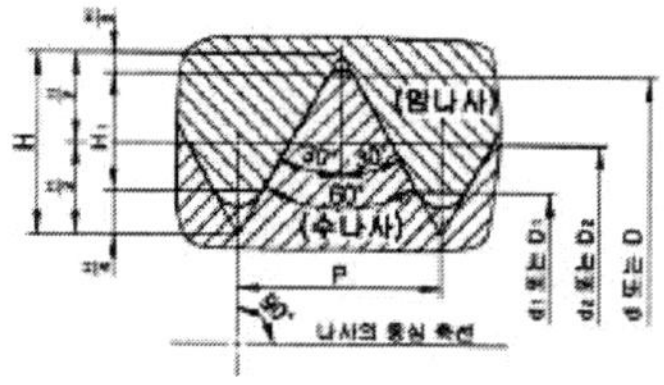

나사의 호칭	피치(P)	접촉 높이(H_1)	암나사		
			골 지름 D	유효 지름 D_2	안 지름 D_1
			수나사		
			바깥 지름 d	유효 지름 d_2	골 지름 d_1
M3	0.5	0.271	3.000	2.675	2.459
M4	0.7	0.379	4.000	3.545	3.242
M5	0.8	0.433	5.000	4.480	4.134
M6	1	0.541	6.000	5.350	4.917
M8	1.25	0.677	8.000	7.188	6.647
M10	1.5	0.812	10.000	9.026	8.376
M12	1.75	0.947	12.000	10.863	10.106
M16	2	1.083	16.000	14.701	13.835

11. 미터 가는 나사–KS B 0204

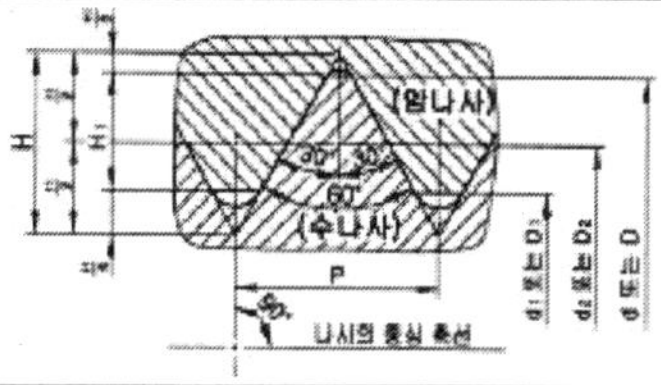

나사의 호칭	접촉 높이(H_1)	암나사		
		골 지름 D	유효 지름 D_2	안 지름 D_1
		수나사		
		바깥 지름 d	유효 지름 d_2	골 지름 d_1
M 1 × 0.2 M 1.1 × 0.2 M 1.2 × 0.2	0.108	1.000 1.100 1.200	0.870 0.970 1.070	0.783 0.883 0.983
M 1.4 × 0.2 M 1.6 × 0.2 M 1.8 × 0.2		1.400 1.600 1.800	1.270 1.470 1.670	1.183 1.383 1.583
M 2 × 0.25 M 2.2 × 0.25	0.135	2.000 2.200	1.838 2.038	1.729 1.929
M 2.5 × 0.35 M 3 × 0.35 M 3.5 × 0.35	0.189	2.500 3.000 3.500	2.273 2.773 3.273	2.121 2.621 3.121
M 4 × 0.5 M 4.5 × 0.5 M 5 × 0.5 M 5.5 × 0.5	0.271	4.000 4.500 5.000 5.500	3.675 4.175 4.675 5.175	3.459 3.959 4.459 4.959
M 6 × 0.75 M 7 × 0.75	0.406	6.000 7.000	5.513 6.513	5.188 6.188
M 8 × 1 M 8 × 0.75	0.541 0.406	8.000	7.350 7.513	6.917 7.188
M 9 × 1 M 9 × 0.75	0.541 0.406	9.000	8.350 8.513	7.917 8.188
M 10 × 1.25 M 10 × 1 M 10 × 0.75	0.677 0.541 0.406	10.000	9.188 9.350 9.513	8.647 8.917 9.188
M 11 × 1 M 11 × 0.75	0.541 0.406	11.000	10.350 10.513	9.917 10.188
M 12 × 1.5 M 12 × 1.25 M 12 × 1	0.812 0.677 0.541	12.000	11.026 11.188 11.350	10.376 10.647 10.917
M 14 × 1.5 M 14 × 1.25 M 14 × 1	0.812 0.677 0.541	14.000	13.026 13.188 13.350	12.376 12.647 12.917
M 15 × 1.5 M 15 × 1	0.812 0.541	15.000	14.026 14.350	13.376 13.917
M 16 × 1.5 M 16 × 1	0.812 0.541	16.000	15.026 15.350	14.376 14.917

12. 관용 평행 나사-KS B 0221

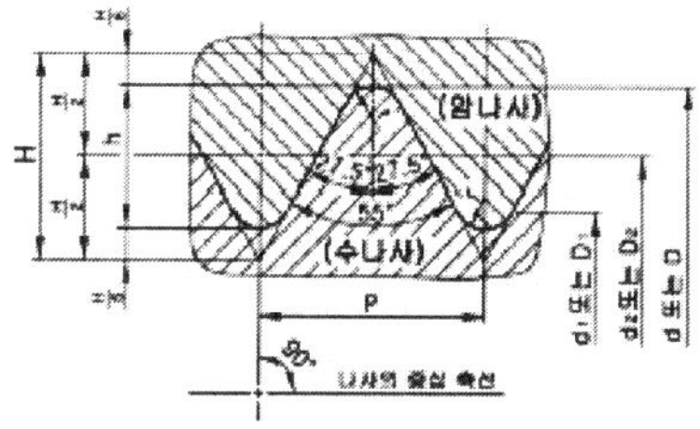

나사의 표시방법 : 수나사의 경우 G 1A, G 1B
암나사의 경우 G1

나사의 호칭	나사 산수 25.4mm에 대하여 n	피치 P (참고)	나사 산의 높이 h	산의 봉우리 및 골의 둥글기 r	암나사		
					골 지름 D	유효 지름 D_2	안 지름 D_1
					수나사		
					바깥 지름 d	유효 지름 d_2	골 지름 d_1
G 1/16	28	0.9071	0.581	0.12	7.723	7.142	6.561
G 1/8	28	0.9071	0.581	0.12	0.12	9.728	9.147
G 1/4	19	1.3368	0.856	0.18	0.18	13.157	12.301
G 3/8	19	1.3368	0.856	0.18	0.18	16.662	15.806
G 1/2	14	1.8143	1.162	0.25	20.955	19.793	18.631
G 5/8	14	1.8143	1.162	0.25	22.911	21.749	20.587
G 3/4	14	1.8143	1.162	0.25	26.441	25.279	24.117
G 7/8	14	1.8143	1.162	0.25	30.201	29.039	27.877
G 1	11	2.3091	1.479	0.32	33.249	31.770	30.291
G 1 1/8	11	2.3091	1.479	0.32	37.897	36.418	34.939
G 1 1/4	11	2.3091	1.479	0.32	41.910	40.431	38.952
G 1 1/2	11	2.3091	1.479	0.32	47.803	46.324	44.845
G 1 3/4	11	2.3091	1.479	0.32	53.746	52.267	50.788
G 2	11	2.3091	1.479	0.32	59.614	58.135	56.656
G 2 1/4	11	2.3091	1.479	0.32	65.710	64.231	62.752
G 2 1/2	11	2.3091	1.479	0.32	75.184	73.705	72.226
G 2 3/4	11	2.3091	1.479	0.32	81.534	80.055	78.576
G 3	11	2.3091	1.479	0.32	87.884	86.405	84.926
G 3 1/2	11	2.3091	1.479	0.32	100.330	98.851	97.372

13. 관용 테이퍼 나사–KS B 0221

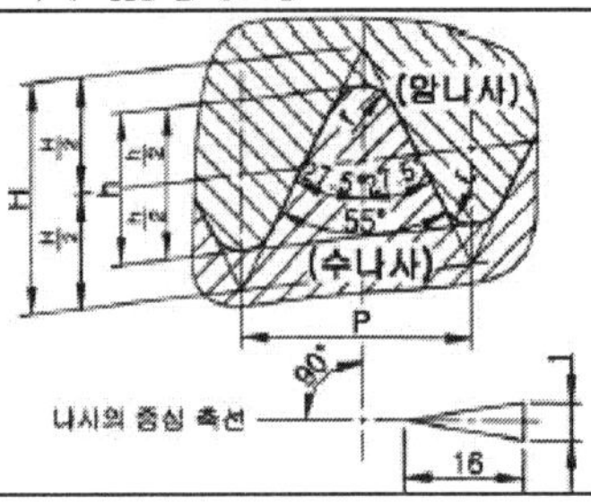

나사의 표시방법 : 수나사의 경우 R 1½
암나사의 경우 Rc 1½

나사의 호칭	나사 산수 25.4mm 에 대하여 n	피 치 P (참 고)	나사 산의 높이 h	둥글기 r 또는 r'	산의 봉우리 및 골의 둥글기 r	암나사 골 지름 D / 수나사 바깥 지름 d	암나사 유효 지름 D2 / 수나사 유효 지름 d2	암나사 안 지름 D1 / 수나사 골 지름 d1
R 1/16	28	0.9071	0.581	0.12	7.723	7.142	6.561	3.97
R 1/8	28	0.9071	0.581	0.12	9.728	9.147	8.566	3.97
R 1/4	19	1.3368	0.856	0.18	13.157	12.301	11.445	6.01
R 3/8	19	1.3368	0.856	0.18	16.662	15.806	14.950	6.35
R 1/2	14	1.8143	1.162	0.25	20.955	19.793	18.631	8.16
R 3/4	14	1.8143	1.162	0.25	26.441	25.279	24.117	9.53
R1	11	2.3091	1.479	0.32	33.249	31.770	30.291	10.39
R1 1/4	11	2.3091	1.479	0.32	41.910	40.431	38.952	12.70
R1 1/2	11	2.3091	1.479	0.32	47.803	46.324	44.845	12.70
R2	11	2.3091	1.479	0.32	59.614	58.135	56.656	15.88
R2 1/2	11	2.3091	1.479	0.32	75.184	73.705	72.226	17.46
R3	11	2.3091	1.479	0.32	87.884	86.405	84.926	20.64
R4	11	2.3091	1.479	0.32	113.030	111.551	110.072	25.40
R5	11	2.3091	1.479	0.32	138.430	136.951	135.472	28.58
R6	11	2.3091	1.479	0.32	163.830	162.351	160.872	28.58

14. 6각 구멍 붙이 볼트 자리파기–폐지(권장 크기)

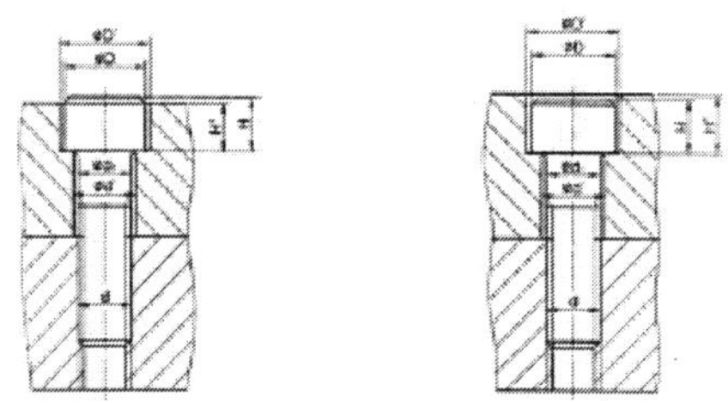

나사 호칭 (d)	M3	M4	M5	M6	M8	M10	M12	M14	M16
d1	3	4	5	6	8	10	12	14	16
d'	3.4	4.5	5.5	6.6	9	11	14	16	18
D	5.5	7	8.5	10	13	16	18	21	24
D'	6.5	8	9.5	11	14	17.5	20	23	26
H	3	4	5	6	8	10	12	14	16
H'	2.7	3.6	4.6	5.5	7.4	9.2	11	12.8	14.5
H"	3.3	4.4	5.4	6.5	8.6	10.8	13	15.2	17.5

15. 멈춤링

(1) C형 멈춤링-KS B 1336

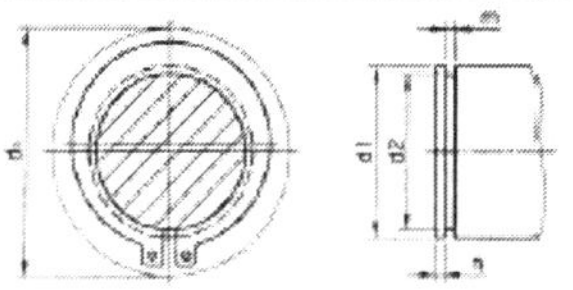

축용 멈춤링

(d3는 축에 끼울때 바깥 둘레의 최대 지름이다)

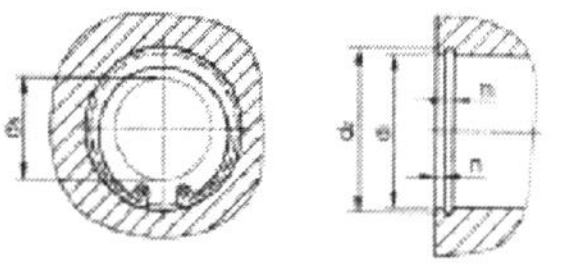

구멍용 멈춤링

(d4는 구멍에 끼울때 안 둘레의 최소 지름이다)

축 치수 d1	d2 기준치수	d2 허용차	m 기준치수	m 허용차	n 최소	멈춤링 두께 기준치수	멈춤링 두께 허용차
10	9.6	$^{0}_{-0.09}$	1.15	$^{+0.14}_{0}$	1.5	1	±0.05
11	10.5	$^{0}_{-0.11}$					
12	11.5						
13	12.4						
14	13.4						
15	14.3						
16	15.2						
17	16.2						
18	17		1.35			1.2	±0.06
19	18						
20	19	$^{0}_{-0.21}$					
21	20						
22	21						
24	22.9						
25	23.9						
26	24.9						
28	26.6		1.75			1.6	
29	27.6						
30	28.6						
32	30.3	$^{0}_{-0.25}$					
34	32.3						
35	33						
36	34		1.95		2	1.8	±0.07
38	36						

구멍 치수 d1	d2 기준치수	d2 허용차	m 기준치수	m 허용차	n 최소	멈춤링 두께 기준치수	멈춤링 두께 허용차
10	10.4	$^{+0.11}_{0}$	1.15	$^{+0.14}_{0}$	1.5	1	±0.05
11	11.4						
12	12.5						
13	13.6						
14	14.6						
15	15.7						
16	16.8						
17	17.8						
18	19	$^{+0.21}_{0}$					
19	20						
20	21						
21	22						
22	23						
24	25.2		1.35			1.2	±0.06
25	26.2						
26	27.2						
28	29.4						
30	31.4	$^{+0.25}_{0}$					
32	33.7						
34	35.7		1.75		2	1.6	
35	37						
36	38						
37	39						

(2) E형 멈춤 링-KS B 1337

(사용 상태)

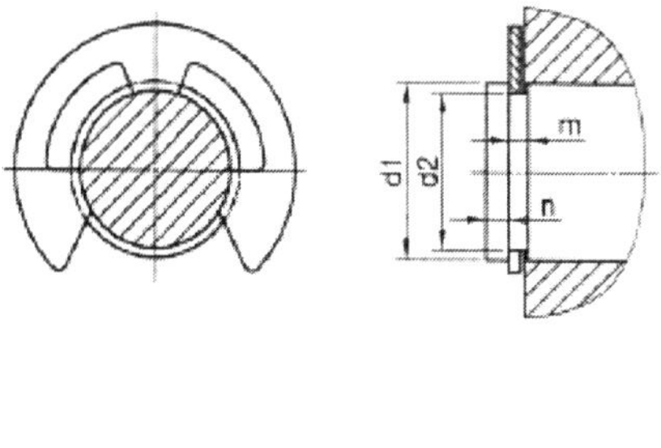

축 치수 d1 초과	축 치수 d1 이하	d2 기준치수	d2 허용차	m 기준치수	m 허용차	n 최소	멈춤 링 두께 기준치수	멈춤 링 두께 허용차
1	1.4	0.8	$^{+0.05}_{0}$	0.3	$^{+0.05}_{0}$	0.4	0.2	±0.02
1.4	2	1.2	$^{+0.06}_{0}$	0.4		0.6	0.3	±0.025
2	2.5	1.5		0.5		0.8	0.4	±0.03
2.5	3.2	2				1		
3.2	4	2.5						
4	5	3		0.7	$^{+0.1}_{0}$		0.6	±0.04
5	7	4	$^{+0.075}_{0}$			1.2		
6	8	5						
7	9	6		0.9			0.8	
8	11	7	$^{+0.09}_{0}$			1.5		
9	12	8				1.8		
10	14	9				2		
11	15	10		1.15	$^{+0.14}_{0}$		1.0	±0.05
13	18	12	$^{+0.11}_{0}$			2.5		
16	24	15		1.75		3	1.6	±0.06
20	31	19	$^{+0.13}_{0}$			3.5		
25	38	24		2.2		4	2.0	±0.07

(3) C형 동심 멈춤 링-KS B 1338

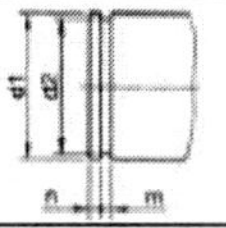

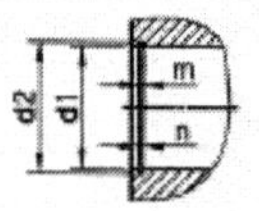

축 치수 d1	d2		m		n	멈춤 링 두께	
	기준치수	허용차	기준치수	허용차	최소	기준치수	허용차
20	19	0 −0.21	1.35	+0.14 0	1.5	1.2	±0.07
22	21						
25	23.9						
28	26.6		1.75			1.6	
30	28.6						
32	30.3	0 −0.25					
35	33						
40	38		1.9		2	1.75	±0.08
45	42.5						
50	47		2.2			2	

구멍 치수 d1	d2		m		n	멈춤 링 두께	
	기준치수	허용차	기준치수	허용차	최소	기준치수	허용차
20	21	+0.21 0	1.15	+0.14 0	1.5	1	±0.07
22	23						
25	26.2		1.35			1.2	
28	29.4						
30	31.4						
35	37	+0.25 0	1.75		2	1.6	
40	42.5		1.9			1.75	±0.08
45	47.5						
50	53		2.2			2	

16. 생크-KS B 3245

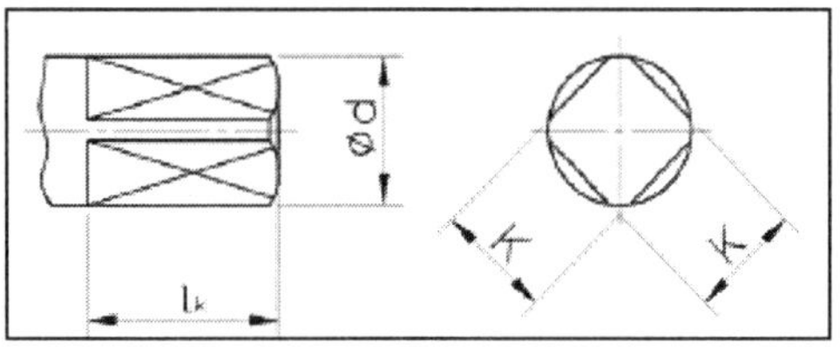

Φd		K		l_k
초과	이하	기준치수	허용차(h12)	
7.5	8.5	6	0 −0.15	9
8.5	9.5	6.5		10
9.5	10.6	7		11
10.6	11.8	8		12
11.8	13.2	9		13
13.2	15	10	0 −0.18	14
15	17	11		16
17	19	12		18
19	21.2	13		20
21.2	23.6	14		22
23.6	26.5	15	0 −0.21	24
26.5	30	17		26
30	33.5	19		28
33.5	37.5	21		31

17. 키-KS B 1311

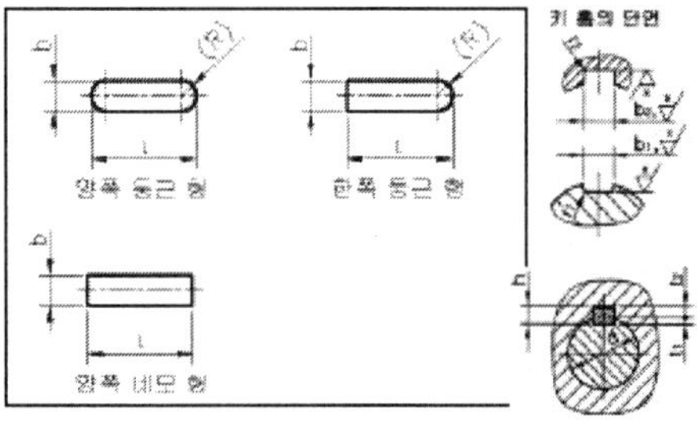

키 홈의 치수								적용하는 축 지름 d (초과~이하)
b_1 및 b_2의 기준치수	활동형		보통형		t_1의 기준치수	t_2의 기준치수	t_1 및 t_2의 허용차	
	b_1 허용차	b_2 허용차	b_1 허용차	b_2 허용차				
2	H9	D10	N9	JS9	1.2	1.0	+0.1 0	6~8
3					1.8	1.4		8~10
4					2.5	1.8		10~12
5					3.0	2.3		12~17
6					3.5	2.8		17~22
7					4.0	3.3	+0.2 0	20~25
8					4.0	3.3		22~30
10					5.0	3.3		30~38

18. 깊은 홈 볼 베어링-KS B 2023

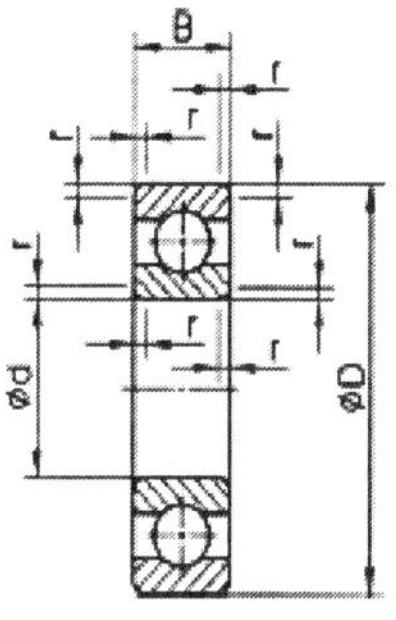

호칭 번호 (68계열)	치수			
	d	D	B	r
6800	10	19	5	0.3
6801	12	21		
6802	15	24		
6803	17	26		
6804	20	32	7	
6805	25	37		
6806	30	42		
6807	35	47		
6808	40	52		
6809	45	58		
6810	50	65		

호칭 번호 (64계열)	치수			
	d	D	B	r
6403	17	62	17	1.1
6404	20	72	19	1.1
6405	25	80	21	1.5
6406	30	90	23	1.5
6407	35	100	25	1.5
6408	40	110	27	2
6409	45	120	29	2
6410	50	130	31	2.1
6411	55	140	33	2.1
6412	60	150	35	2.1
6413	65	160	37	2.1

호칭 번호 (69계열)	치수			
	d	D	B	r
6900	10	22	6	0.3
6901	12	24		
6902	15	28	7	
6903	17	30		
6904	20	37	9	
6905	25	42		
6906	30	47		
6907	35	55	10	0.6
6908	40	62	12	

호칭 번호 (60계열)	치수			
	d	D	B	r
6000	10	26	8	0.3
6001	12	28		
6002	15	32	9	
6003	17	35	10	
6004	20	42	12	0.6
6005	25	47		
6006	30	55	13	1
6007	35	62	14	
6008	40	68	15	

호칭 번호 (62계열)	치수			
	d	D	B	r
6200	10	30	9	0.6
6201	12	32	10	0.6
6202	15	35	11	0.6
6203	17	40	12	0.6
6204	20	47	14	1
6205	25	52	15	1
6206	30	62	16	1
6207	35	72	17	1.1
6208	40	80	18	1.1

호칭 번호 (63계열)	치수			
	d	D	B	r
6300	10	35	11	0.6
6301	12	37	12	1
6302	15	42	13	1
6303	17	47	14	1
6304	20	52	15	1.1
6305	25	62	17	1.1

19. 앵귤러 볼 베어링-KS B 2024

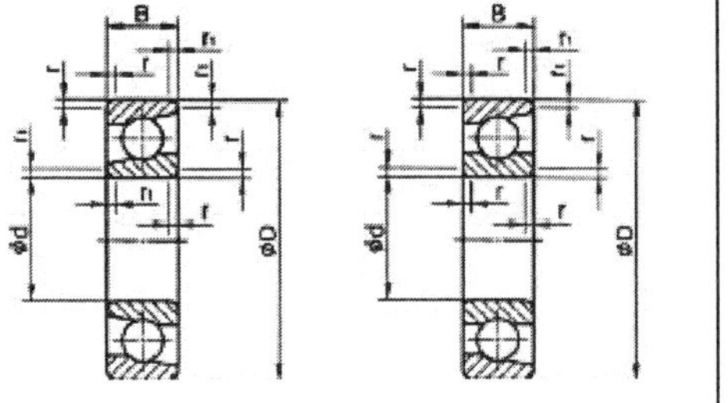

호칭 번호 (70계열)	치수				
	d	D	B	r	r_1
7000A	10	26	8	0.3	0.15
7001A	12	28	8	0.3	0.15
7002A	15	32	9	0.3	0.15
7003A	17	35	10	0.3	0.15
7004A	20	42	12	0.6	0.3
7005A	25	47	12	0.6	0.3
7006A	30	55	13	1	0.6
7007A	35	62	14	1	0.6
7008A	40	68	15	1	0.6
7009A	45	75	16	1	0.6

호칭 번호 (72계열)	치수				
	d	D	B	r	r_1
7200A	10	30	9	0.6	0.3
7201A	12	32	10	0.6	0.3
7202A	15	35	11	0.6	0.3
7203A	17	40	12	0.6	0.3
7204A	20	47	14	1	0.6
7205A	25	52	15	1	0.6
7206A	30	62	16	1	0.6

호칭 번호 (73계열)	치수				
	d	D	B	r	r_1
7300A	10	35	11	0.6	0.3
7301A	12	37	12	1	0.6
7302A	15	42	13	1	0.6
7303A	17	47	14	1	0.6
7304A	20	52	15	1.1	0.6
7305A	25	62	17	1.1	0.6
7306A	30	72	19	1.1	0.6

호칭 번호 (74계열)	치수				
	d	D	B	r	r_1
7404A	20	72	19	1.1	0.6
7405A	25	80	21	1.5	1
7406A	30	90	23	1.5	1

20. 자동 조심 볼 베어링-KS B 2025

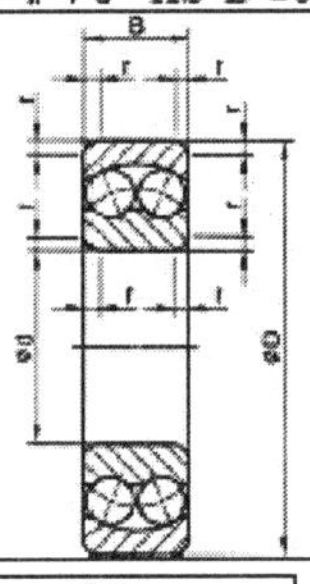

호칭 번호 (22계열)	치수			
	d	D	B	r
2200	10	30	14	0.6
2201	12	32	14	0.6
2202	15	35	14	0.6
2203	17	40	16	0.6
2204	20	47	18	1
2205	25	52	18	1
2206	30	62	20	1

호칭 번호 (12계열)	치수			
	d	D	B	r
1200	10	30	9	0.6
1201	12	32	10	0.6
1202	15	35	11	0.6
1203	17	40	12	0.6
1204	20	47	14	1
1205	25	52	15	1
1206	30	62	16	1

호칭 번호 (13계열)	치수			
	d	D	B	r
1300	10	35	11	0.6
1301	12	37	12	1
1302	15	42	13	1
1303	17	47	14	1
1304	20	52	15	1.1
1305	25	62	17	1.1

호칭 번호 (23계열)	치수			
	d	D	B	r
2300	10	35	17	0.6
2301	12	37	17	1
2302	15	42	17	1
2303	17	47	19	1
2304	20	52	21	1.1
2305	25	62	24	1.1

21. 원통 롤러 베어링-KS B 2026

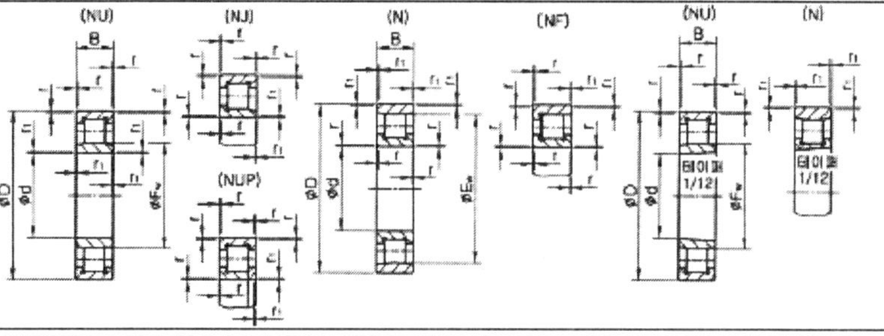

호칭 번호 (NU2, NUP2, N2, NF2계열)							치수				
원통 구멍					테이퍼 구멍		d	D	B	r	r1
–	–	–	N203	–	–	–	17	40	12	0.6	0.3
NU204	NJ204	NUP204	N204	NF204	NU204K	–	20	47	14	1	0.6
NU205	NJ205	NUP205	N205	NF205	NU205K	–	25	52	15	1	0.6
NU206	NJ206	NUP206	N206	NF206	NU206K	N206K	30	62	16	1	0.6
NU207	NJ207	NUP207	N207	NF207	NU207K	N207K	35	72	17	1.1	0.6
NU208	NJ208	NUP208	N208	NF208	NU208K	N208K	40	80	18	1.1	1.1

호칭 번호 (NU22, NUP22, NJ22계열)				치수				
원통 구멍			테이퍼 구멍	d	D	B	r	r1
NU2204	NJ2204	NUP2204	–	20	47	18	1	0.6
NU2205	NJ2205	NUP2205	NU2205K	25	52	18	1	0.6
NU2206	NJ2206	NUP2206	NU2206K	30	62	20	1	0.6
NU2207	NJ2207	NUP2207	NU2207K	35	72	23	1.1	0.6
NU2208	NJ2208	NUP2208	NU2208K	40	80	23	1.1	1.1
NU2209	NJ2209	NUP2209	NU2209K	45	85	23	1.1	1.1

호칭 번호 (NU3, NJ3, NUP3, N3, NF3계열)							치수				
원통 구멍					테이퍼 구멍		d	D	B	r	r1
NU304	NJ304	NUP304	N304	NF304	NU304K	–	20	52	15	1.1	0.6
NU305	NJ305	NUP305	N305	NF305	NU305K	–	25	62	17	1.1	1.1
NU306	NJ306	NUP306	N306	NF306	NU306K	N306K	30	72	19	1.1	1.1
NU307	NJ307	NUP307	N307	NF307	NU307K	N307K	35	80	21	1.5	1.1
NU308	NJ308	NUP308	N308	NF308	NU308K	N308K	40	90	23	1.5	1.5
NU309	NJ309	NUP309	N309	NF309	NU309K	N309K	45	100	25	1.5	1.5
NU310	NJ310	NUP310	N310	NF310	NU310K	N310K	50	110	27	2	2

호칭 번호 (NU23, NJ23, NUP23계열)				치수				
원통 구멍			테이퍼 구멍	d	D	B	r	r1
NU2305	NJ2305	NUP2305	NU2305 K	25	62	24	1.1	1.1
NU2306	NJ2306	NUP2306	NU2306 K	30	72	27	1.1	1.1
NU2307	NJ2307	NUP2307	NU2307 K	35	80	31	1.5	1.1
NU2308	NJ2308	NUP2308	NU2308 K	40	90	33	1.5	1.5
NU2309	NJ2309	NUP2309	NU2309 K	45	100	36	1.5	1.5
NU2310	NJ2310	NUP2310	NU2310 K	50	110	40	2	2

호칭 번호 (NU4, NJ4, NUP4, N4, NF4계열)					치수				
					d	D	B	r	r1
NU406	NJ406	NUP406	N406	NF406	30	90	23	1.5	1.5
NU407	NJ407	NUP407	N407	NF407	35	100	25	1.5	1.5
NU408	NJ408	NUP408	N408	NF408	40	110	27	2	2
NU409	NJ409	NUP409	N409	NF409	45	120	29	2	2
NU410	NJ410	NUP410	N410	NF410	50	130	31	2.1	2.1
NU411	NJ411	NUP411	N411	NF411	55	140	33	2.1	2.1

호칭 번호 (NN30계열)		치수				
원통 구멍	테이퍼 구멍	d	D	B	r	r1
NN 3005	NN 3005 K	25	47	16	0.6	0.6
NN 3006	NN 3006 K	30	55	19	1	1
NN 3007	NN 3007 K	35	62	20	1	1
NN 3008	NN 3008 K	40	68	21	1	1
NN 3009	NN 3009 K	45	75	23	1	1
NN 3010	NN 3010 K	50	80	23	1	1

호칭 번호 (NU10계열)	치수				
	d	D	B	r	r1
NU 1005	25	47	12	0.6	0.3
NU 1006	30	55	13	1	0.6
NU 1007	35	62	14	1	0.6
NU 1008	40	68	15	1	0.6
NU 1009	45	75	16	1	0.6
NU 1010	50	80	16	1	0.6

22. 테이퍼 롤러 베어링–KS B 2027

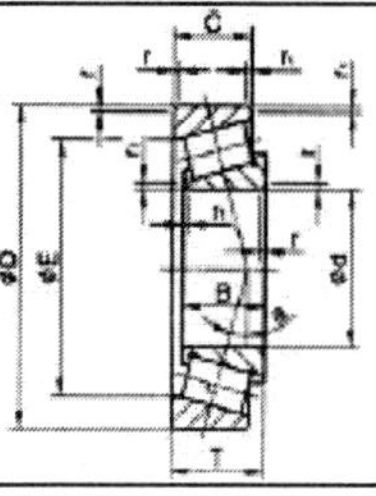

호칭 번호 (302계열)	d	D	T	B	C	r 내륜	r 외륜	r_1
30203 K	17	40	13.25	12	11	1	1	0.3
30204 K	20	47	15.25	14	12	1	1	0.3
30205 K	25	52	16.25	15	13	1	1	0.3
30206 K	30	62	17.25	16	14	1	1	0.3
30207 K	35	72	18.25	17	15	1.5	1.5	0.6
30208 K	40	80	19.75	18	16	1.5	1.5	0.6

호칭 번호 (320계열)	d	D	T	B	C	r 내륜	r 외륜	r_1
32004K	20	42	15	15	12	0.6	0.6	0.15
32005K	25	47	15	15	11.5	0.6	0.6	0.15
32006K	30	55	17	17	13	1	1	0.3
32007K	35	62	18	18	14	1	1	0.3
32008K	40	68	19	19	14.5	1	1	0.3
32009K	45	75	20	20	15.5	1	1	0.3

호칭 번호 (322계열)	d	D	T	B	C	r 내륜	r 외륜	r_1
32203 K	17	40	17.25	16	14	1	1	0.3
32204 K	20	47	19.25	18	15	1	1	0.3
32205 K	25	52	19.25	18	16	1	1	0.3
32206 K	30	62	21.25	20	17	1	1	0.3
32207 K	35	72	24.25	23	19	1.5	1.5	0.6
32208 K	40	80	25.75	23	19	1.5	1.5	0.6

호칭 번호 (303계열)	d	D	T	B	C	r 내륜	r 외륜	r_1
30302 K	15	42	14.25	13	11	1	1	0.3
30303 K	17	47	15.25	14	12	1	1	0.3
30304 K	20	52	16.25	15	13	1.5	1.5	0.6
30305 K	25	62	18.25	17	15	1.5	1.5	0.6
30306 K	30	72	20.75	19	16	1.5	1.5	0.6
30307 K	35	80	22.75	21	18	2	1.5	0.6

호칭 번호 (303 D계열)	d	D	T	B	C	r 내륜	r 외륜	r_1
30305D K	25	62	18.25	17	13	1.5	1.5	0.6
30306D K	30	72	20.75	19	14	1.5	1.5	0.6
30307D K	35	80	22.75	21	15	2	1.5	0.6

호칭 번호 (323계열)	d	D	T	B	C	r 내륜	r 외륜	r_1
32303 K	17	47	20.25	19	16	1	1	0.3
32304 K	20	52	22.25	21	18	1.5	1.5	0.6
32305 K	25	62	25.25	24	20	1.5	1.5	0.6
32306 K	30	72	28.75	27	23	1.5	1.5	0.6
32307 K	35	80	32.75	31	25	2	1.5	0.6
32308 K	40	90	35.25	33	27	2	1.5	0.6

23. 니들 롤러 베어링–KS B 2029

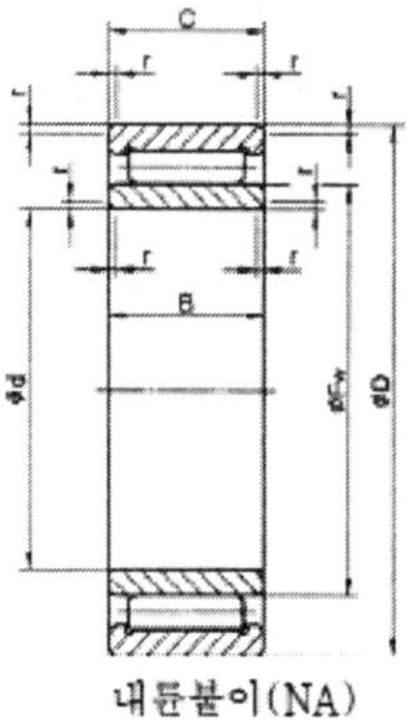

내륜붙이(NA)

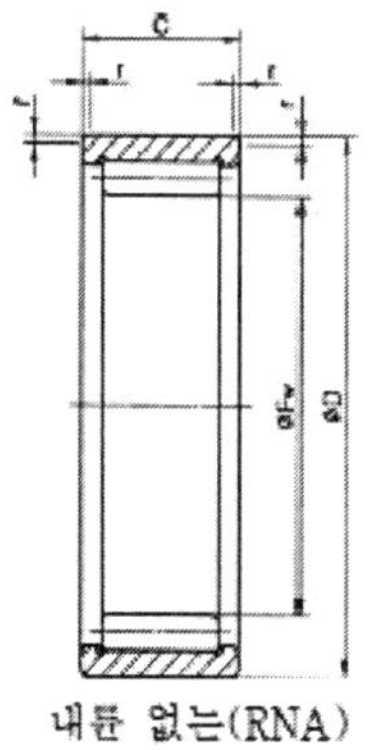

내륜 없는(RNA)

호칭 번호 (NA49계열)	d	D	B, C	r
NA498	8	19	11	0.2
NA499	9	20	11	0.3
NA4900	10	22	13	0.3
NA4901	12	24	13	0.3
NA4902	15	28	13	0.3
NA4903	17	30	13	0.3

호칭 번호 (RNA49계열)	Fw	D	C	r
RNA493	5	11	10	0.15
RNA494	6	12	10	0.15
RNA495	7	13	10	0.15
RNA496	8	15	10	0.15
RNA497	9	17	10	0.15
RNA498	10	19	11	0.2
RNA499	12	20	11	0.3
RNA4900	14	22	13	0.3
RNA4901	16	24	13	0.3

24. 평면 자리형 드러스트 볼 베어링-KS B 2022

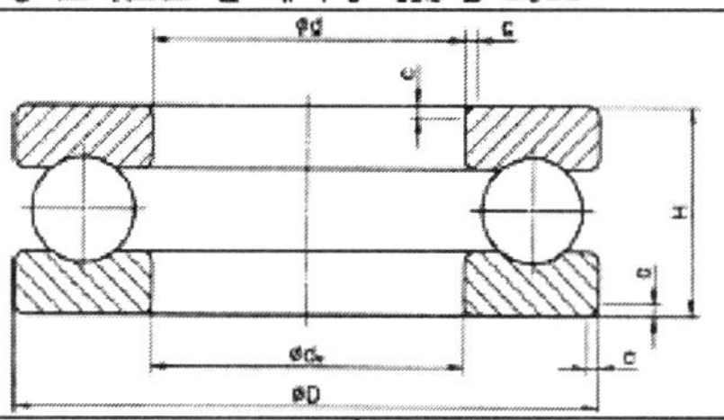

호칭 번호 (511계열)	치수				
	d	de	D	H	c
511 00	10	11	24	9	0.5
511 01	12	13	26	9	0.5
511 02	15	16	28	9	0.5
511 03	17	18	30	9	0.5
511 04	20	21	35	10	0.5
511 05	25	26	42	11	1

호칭 번호 (512계열)	치수				
	d	de	D	H	c
512 00	10	12	26	11	1
512 01	12	14	28	11	1
512 02	15	17	32	12	1
512 03	17	19	35	12	1
512 04	20	22	40	14	1
512 05	25	27	47	15	1

호칭 번호 (513계열)	치수				
	d	de	D	H	c
513 05	25	27	52	18	1.5
513 06	30	32	60	21	1.5
513 07	35	37	68	24	1.5
513 08	40	42	78	26	1.5
513 09	45	47	85	28	1.5
513 10	50	52	95	31	2

호칭 번호 (514계열)	치수				
	d	de	D	H	c
514 05	25	27	60	24	1.5
514 06	30	32	70	28	1.5
514 07	35	37	80	32	2
514 08	40	42	90	36	2
514 09	45	47	100	39	2
514 10	50	52	110	43	2.5

25. 평면 자리형 드러스트 볼 베어링(복식)-KS B 2022

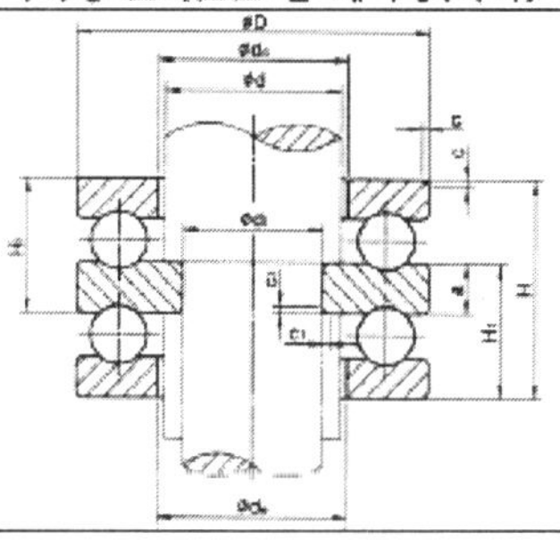

호칭 번호 (522계열)	치수								
	d	di	de	D	H	H_1	a	c	c_1
522 02	15	10	17	32	22	13.5	5	1	0.5
522 04	20	15	22	40	26	16	6	1	0.5
522 05	25	20	27	47	28	17.5	7	1	0.5
522 06	30	25	32	52	29	18	7	1	0.5
522 07	35	30	37	62	34	21	8	1.5	0.5
522 08	40	30	42	68	36	22.5	9	1.5	1

호칭 번호 (523계열)	치수								
	d	di	de	D	H	H_1	a	c	c_1
523 05	25	20	27	52	34	21	8	1.5	0.5
523 06	30	25	32	60	38	23.5	9	1.5	0.5
523 07	35	30	37	68	44	27	10	1.5	0.5
523 08	40	30	42	78	49	30.5	12	1.5	1
523 09	45	35	47	85	52	32	12	1.5	1
523 10	50	40	52	95	58	36	14	2	1

호칭 번호 (524계열)	치수								
	d	di	de	D	H	H_1	a	c	c_1
524 05	25	15	27	60	45	28	11	1.5	1
524 06	30	20	32	70	52	32	12	1.5	1
524 07	35	25	37	80	59	36.5	14	2	1
524 08	40	30	42	90	65	40	15	2	1
524 09	45	35	47	100	72	44.5	17	2	1
524 10	50	40	52	110	78	48	18	2.5	1

26. 베어링 구석 홈 부 둥글기-KS B 2051

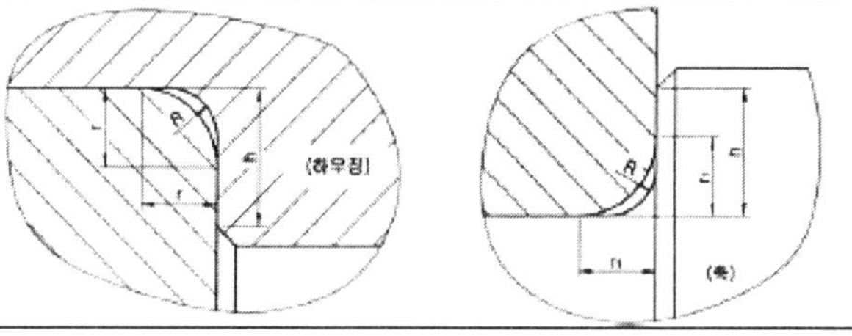

r 또는 r_1 (min)	축 또는 하우징		
	R(max)	레이디얼 베어링의 경우의 어깨 높이h	
		일반	특수
0.1	0.1	0.4	
0.15	0.15	0.6	
0.2	0.2	0.8	
0.3	0.3	1.25	1
0.6	0.6	2.25	2
1.0	1.0	2.75	2.5

27. 베어링의 끼워 맞춤-KS B 2051

내륜회전 하중 또는 방향 부정 하중(보통 하중)			
볼 베어링	원통, 테이퍼 롤러 베어링	자동조심 롤러 베어링	허용차 등급
축 지름			
18 이하	-	-	js5
18 초과 100 이하	40 이하	40 이하	k5
100 초과 200 이하	40 초과 100 이하	40 초과 65 이하	m5

내륜정지 하중			
볼 베어링	원통, 테이퍼 롤러 베어링	자동조심 롤러 베어링	허용차 등급
축 지름			
내륜이 축 위를 쉽게 움직일 필요가 있다.	전체 축 지름		g6
내륜이 축 위를 쉽게 움직일 필요가 없다.	전체 축 지름		h6

하우징 구멍 공차		
외륜 정지 하중	모든 종류의 하중	H7
외륜 회전 하중	보통하중 또는 중하중	N7

<table>
<tr><th colspan="5">스러스트 베어링</th></tr>
<tr><td colspan="5">축 지름</td></tr>
<tr><td colspan="2">중심 축 하중</td><td></td><td>전체 축 지름</td><td rowspan="2">js5</td></tr>
<tr><td rowspan="2">합성 하중
(스러스트 자동 조심롤러 베어링)</td><td>내륜정지하중</td><td colspan="2">전체 축 지름</td></tr>
<tr><td>내륜회전하중 또는 방향 부정 하중</td><td colspan="2">200 이하</td><td>k6</td></tr>
</table>

<table>
<tr><th colspan="3">스러스트 베어링</th></tr>
<tr><td colspan="2">중심 축 하중</td><td>H8</td></tr>
<tr><td rowspan="2">합성 하중
(스러스트 자동 조심롤러 베어링)</td><td>내륜정지하중</td><td>H7</td></tr>
<tr><td>내륜회전하중 또는 방향 부정 하중</td><td>K7</td></tr>
</table>

28. 그리스 니플-KS B 2801

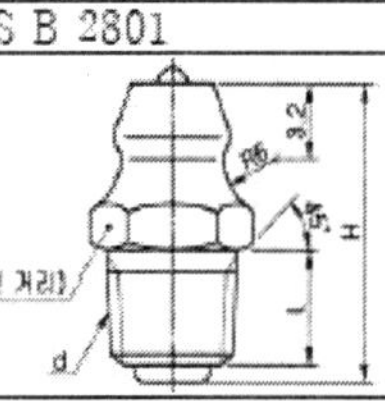

A형	
형식	나사의 호칭 지름
A-M6F	M6×0.75
A-MT6×0.75	MT6×0.75

29. O링(원통면)-KS B 2799

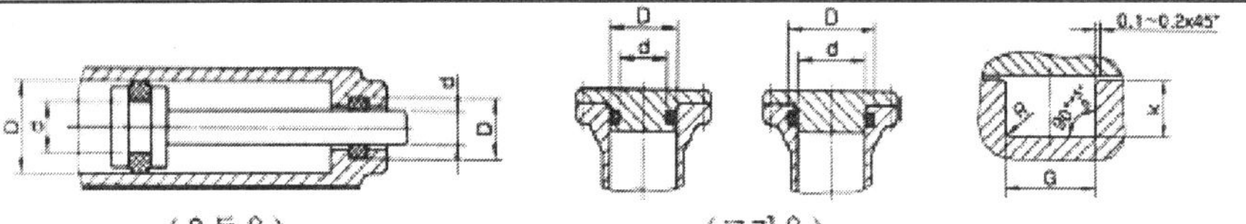

(운동용) (고정용)

O링의 호칭 번호	d		d의 끼워 맞춤	D		D의 끼워 맞춤	G $^{+0.25}_{0}$	R (최대)
P 3	3	$^{0}_{-0.05}$	h9	6	$^{+0.05}_{0}$	H10	2.5	0.4
P 4	4			7		H9		
P 5	5			8				
P 6	6			9				
P 7	7			10				
P 8	8			11				
P 9	9			12				
P10	10			13				
P10A	10	$^{0}_{-0.06}$	h9	14	$^{+0.06}_{0}$	H9	3.2	0.4
P11	11			15				
P11.2	11.2			15.2				
P12	12			16				
P12.5	12.5			16.5				
P14	14			18				
P15	15			19				
P16	16			20				
P18	18			22				
P20	20			24				
P21	21			25				
P22	22			26				
P22A	22	$^{0}_{-0.08}$	h9	28	$^{+0.08}_{0}$	H9	4.7	0.8
P22.4	22.4			28.4				
P24	24			30				
P25	25			31				
P25.5	25.5			31.5				
P26	26			32				
P28	28			34				
P29	29			35				
P29.5	29.5			35.5				
P30	30			36				
P31	31			37				
P31.5	31.5			37.5				
P32	32			38				
P34	34			40				
P35	35			41				
P35.5	35.5			41.5				
P36	36			42				
P38	38			44				
P39	39			45				

O링의 호칭 번호	d		d의 끼워 맞춤	D		D의 끼워 맞춤	G $^{+0.25}_{0}$	R (최대)
P40	40	$^{0}_{-0.08}$	h9	46	$^{+0.08}_{0}$	H9	4.7	0.8
P41	41			47				
P42	42			48				
P44	44			50				
P45	45			51				
P46	46			52				
P48	48			54				
P49	49			55				
P50	50			56				
P48A	48	$^{0}_{-0.10}$	h9	58	$^{+0.10}_{0}$	H9	7.5	0.8
P50A	50			60				
P52	52			62				
P53	53			63				
P55	55			65				
P56	56			66				
P58	58			68				
P60	60			70				
P62	62			72				
P63	63			73				
P65	65			75				
P67	67			77				
P70	70			80				
P71	71			81				
P75	75			85				
P80	80			90				

O링의 호칭 번호	d		d의 끼워 맞춤	D		D의 끼워 맞춤	G $^{+0.25}_{0}$	R (최대)
G 25	25	$^{0}_{-0.10}$	h9	30	$^{+0.10}_{0}$	H9	4.1	0.7
G 30	30			35				
G 35	35			40				
G 40	40			45				
G 45	45			50				
G 50	50			55				
G 55	55			60				
G 60	60			65				
G 65	65			70				
G 70	70			75				
G 75	75			80				
G 80	80			85				
G 85	85			90				
G 90	90			95				
G 95	95			100				
G100	100			105				

30. O링 부착 부의 예리한 모서리를 제거하는 설계 방법-KS B 2799

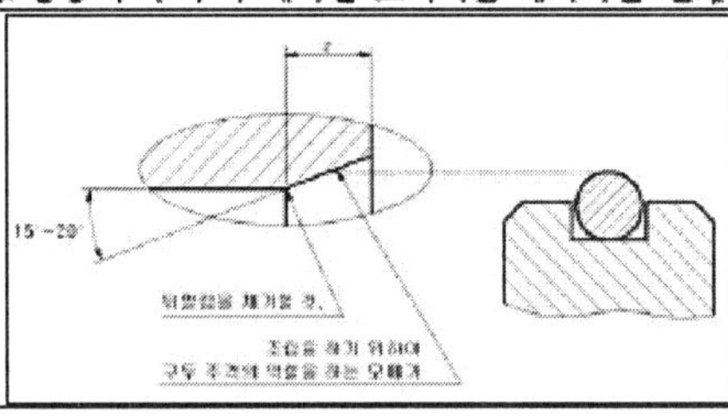

O링의 호칭 번호	O링의 굵기	Z(최소)
P 3 -P 10	1.9±0.08	1.2
P 10A -P 22	2.4±0.09	1.4
P 22A -P 50	3.5±0.10	1.8
P 48A -P 150	5.7±0.13	3.0
P 150A-P 400	8.4±0.15	4.3
G 25 - G 145	3.1±0.10	1.7
G150 - G 300	5.7±0.13	3.0

31. O링(평면)-KS B 2799

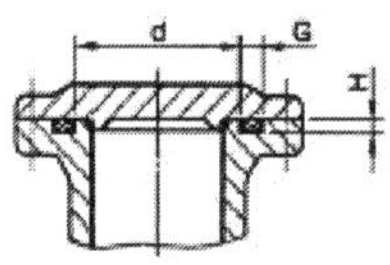

(외압용)

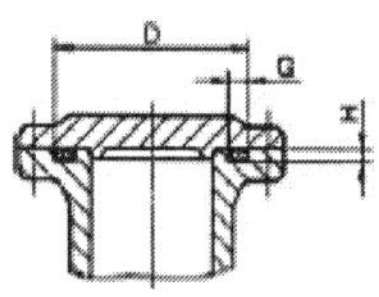

(내압용)

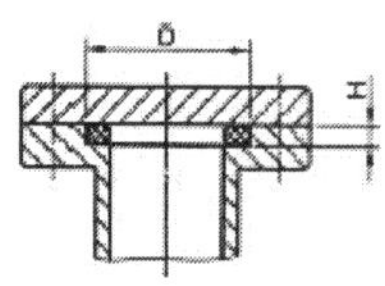

(내압용)

O링의 호칭 번호	d (외압용)	D (내압용)	G $^{+0.25}_{0}$	H ±0.05	R (최대)
G25	25	30	4.1	2.4	0.7
G30	30	35			
G35	35	40			
G40	40	45			
G45	45	50			
G50	50	55			
G55	55	60			
G60	60	65			
G65	65	70			
G70	70	75			
G75	75	80			
G80	80	85			
G85	85	90			
G90	90	95			
G95	95	100			
G100	100	105			
G105	105	110			
G110	110	115			
G115	115	120			
G120	120	125			
G125	125	130			
G130	130	135			
G135	135	140			
G140	140	145			
G145	145	150			

O링의 호칭 번호	d (외압용)	D (내압용)	G $^{+0.25}_{0}$	H ±0.05	R (최대)
P3	3	6.2	2.5	1.4	0.4
P4	4	7.2			
P5	5	8.2			
P6	6	9.2			
P7	7	10.2			
P8	8	11.2			
P9	9	12.2			
P10	10	13.2			
P10A	10	14	3.2	1.8	0.4
P11	11	15			
P11.2	11.2	15.2			
P12	12	16			
P12.5	12.5	16.5			
P14	14	18			
P15	15	19			
P16	16	20			
P18	18	22			
P20	20	24			
P21	21	25			
P22	22	26			
P22A	22	28	4.7	2.7	0.8
P22.4	22.4	28.4			
P24	24	30			
P25	25	31			
P25.5	25.5	31.5			
P26	26	32			
P28	28	34			
P29	29	35			
P29.5	29.5	35.5			
P30	30	36			
P31	31	37			
P31.5	31.5	37.5			
P32	32	38			
P34	34	40			
P35	35	41			
P35.5	35.5	41.5			
P36	36	42			
P38	38	44			
P39	39	45			
P40	40	46			
P41	41	47			
P42	42	48			

O링의 호칭 번호	d (외압용)	D (내압용)	G $^{+0.25}_{0}$	H ±0.05	R (최대)
P44	44	50	4.7	2.7	0.8
P45	45	51			
P46	46	52			
P48	48	54			
P49	49	55			
P50	50	56			
P48A	48	58	7.5	4.6	0.8
P50A	50	60			
P52	52	62			
P53	53	63			
P55	55	65			
P56	56	66			
P58	58	68			
P60	60	70			
P62	62	72			
P63	63	73			
P65	65	75			
P67	67	77			
P70	70	80			
P71	71	81			
P75	75	85			
P80	80	90			
P85	85	95			
P90	90	100			
P95	95	105			
P100	100	110			
P102	102	112			
P105	105	115			
P110	110	120			
P112	112	122			
P115	115	125			
P120	120	130			
P125	125	135			
P130	130	140			
P132	132	142			
P135	135	145			
P140	140	150			
P145	145	155			
P150	150	160			

32. 오일 실-KS B 2804

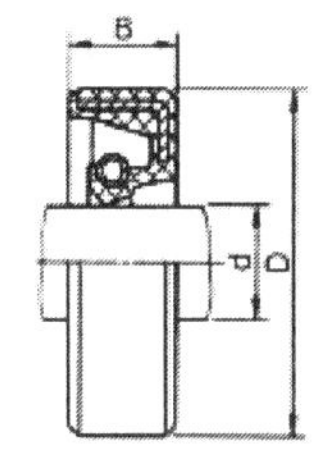

S, SM, SA, D, DM, DA 계열치수

호칭 안지름 d	D	B
7	18	7
	20	
8	18	7
	22	
9	20	7
	22	
10	20	7
	25	
11	22	7
	25	
12	22	7
	25	
*13	25	7
	28	
14	25	7
	28	
15	25	7
	30	
16	28	7
	30	
17	30	8
	32	
18	30	8
	35	
20	32	8
	35	
22	35	8
	38	
24	38	8
	40	
25	38	8
	40	
*26	38	8
	42	
28	40	8
	45	
30	42	8
	45	
32	52	11
35	55	

G, GM, GA 계열치수

호칭 안지름 d	D	B
7	18	4
	20	7
8	18	4
	22	7
9	20	4
	22	7
10	20	4
	25	7
11	22	4
	25	7
12	22	4
	25	7
*13	25	4
	28	7
14	25	4
	28	7
15	25	4
	30	7
16	28	4
	30	7
17	30	5
	32	8
18	30	5
	35	8
20	32	5
	35	8
22	35	5
	38	8
24	38	5
	40	8
25	38	5
	40	8
*26	38	5
	42	8
28	40	5
	45	8
30	42	5
	45	8
32	45	5
	52	11
35	48	5
	55	11

33. 오일 실 부착 관계 (축 및 하우징 구멍의 모떼기와 둥글기)-KS B 2804

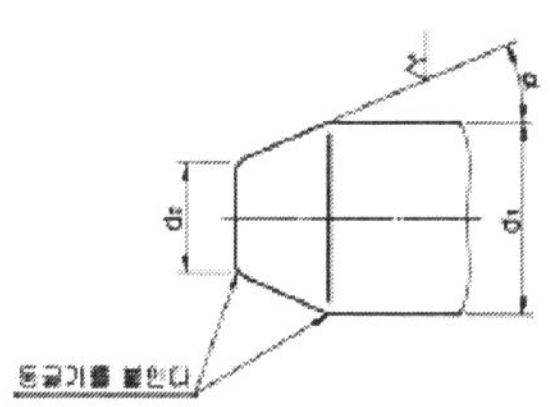

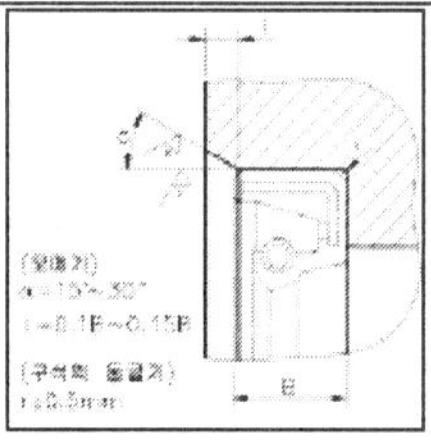

d_1	d_2(최대)	d_1	d_2(최대)	d_1	d_2(최대)
7	5.7	17	14.9	35	32
8	6.6	18	15.8	38	34.9
9	7.5	20	17.7	40	36.8
10	8.4	22	19.6	42	38.7
11	9.3	24	21.5	45	41.6
12	10.2	25	22.5	48	44.5
* 13	11.2	* 26	23.4	50	46.4
14	12.1	28	25.3		
15	13.1	30	27.3		
16	14	32	29.2		

비고 *을 붙인 것은 KS B 0406에 없다.

– 바깥지름에 대응하는 하우징의 **구멍** 지름의 허용차는 원칙적으로 KS B 0401의 **H8**로 한다.

– **축**의 호칭 지름은 오일시일에 적합한 지름과 같고 그 허용차는 원칙적으로 KS B 0401 **h8**로 한다.

34. 롤러체인, 스프로킷-KS B 1408

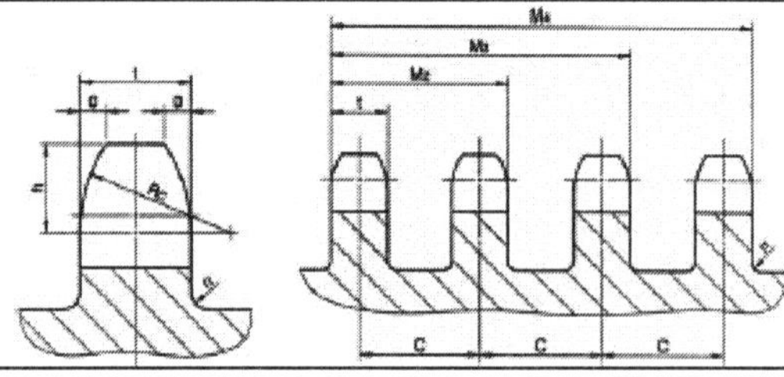

호칭 번호	가로치형 모떼기폭 g (약)	모떼기 깊이 h (약)	모떼기 반지름 Rc (최소)	둥글기 rf (최대)	이나비 t(최대) 단열	2열, 3열	4열 이상	가로 피치 c	적용 롤러 체인(참고) 피치 p	롤러 바깥 지름 d1 (최대)	안쪽 링크 안쪽 나비 b1 (최소)
25	0.8	3.2	6.8	0.3	2.8	2.7	2.4	6.4	6.35	3.30	3.10
35	1.2	4.8	10.1	0.4	4.3	4.1	3.8	10.1	9.525	5.08	4.68
41	1.6	6.4	13.5	0.5	5.8	–	–	–	12.70	7.77	6.25
40	1.6	6.4	13.5	0.5	7.2	7.0	6.5	14.4	12.70	7.95	7.85
50	2.0	7.9	16.9	0.6	8.7	8.4	7.9	18.1	15.875	10.16	9.40
60	2.4	9.5	20.3	0.8	11.7	11.3	10.6	22.8	19.05	11.91	12.57
80	3.2	12.7	27.0	1.0	14.6	14.1	13.3	29.3	25.40	15.88	15.75
100	4.0	15.9	33.8	1.3	17.6	17.0	16.1	35.8	31.75	19.05	18.90
120	4.8	19.0	40.5	1.5	23.5	22.7	21.5	45.4	38.10	22.23	25.22
140	5.6	22.2	47.3	1.8	23.5	22.7	21.5	48.9	44.45	25.40	25.22
160	6.4	25.4	54.0	2.0	29.4	28.4	27.0	58.5	50.80	28.58	31.55
200	7.9	31.8	67.5	2.5	35.3	34.1	32.5	71.6	63.50	39.68	37.85
240	9.5	38.1	81.0	3.0	44.1	42.7	40.7	87.8	76.20	47.63	47.35

35. V 벨트 풀리-KS B 1400

d_p=피치원 지름 (홈의 나비가 l_o인 곳의 지름)

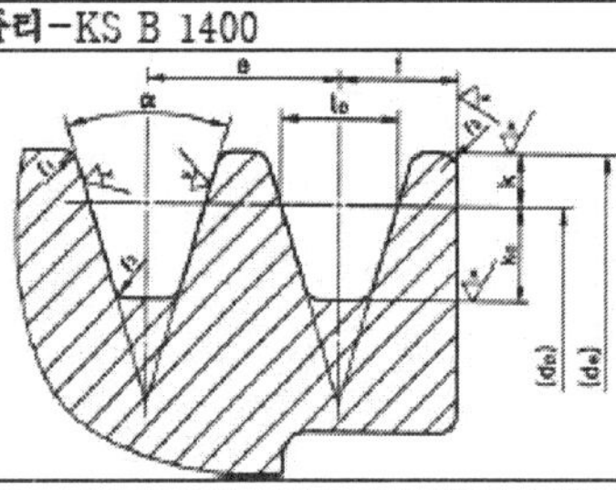

V벨트의 형별	α의 허용차(°)	k의 허용차	e의 허용차	f의 허용차
M	±0.5	+0.2 / 0	—	±1.0
A			±0.4	
B				

V 벨트 형별	호칭 지름	α(°)	L_0	k	k_0	e	f	r_1	r_2	r_3	비 고
M	50이상~71이하 71초과~90이하 90초과	34 36 38	8.0	2.7	6.3	—	9.5	0.2－0.5	0.5－1.0	1－2	M형은 원칙적으로 한 줄만 걸친다.(e)
A	71이상~100이하 100초과~125이하 125초과	34 36 38	9.2	4.5	8.0	15.0	10.0	0.2－0.5	0.5－1.0	1－2	
B	125이상~165이하 165초과~200이하 200초과	34 36 38	12.5	5.5	9.5.	19.0	12.5	0.2－0.5	0.5－1.0	1－2	

36. 가는 나비 V벨트 풀리-KS B 1401

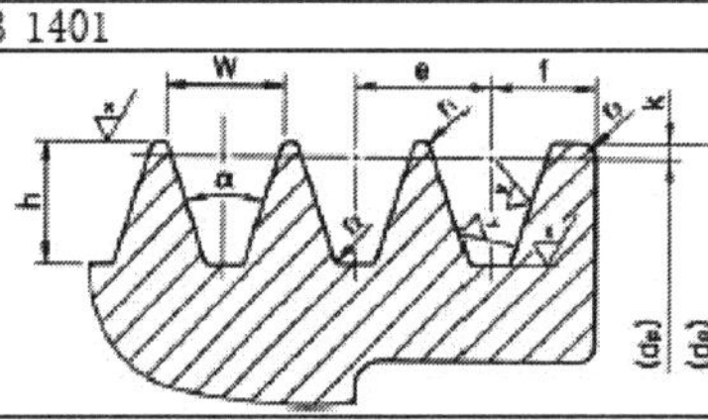

가는나비 V 벨트의 종류	호칭 바깥 지름 d_e	a(도)	W	h	k (기준 치수)	e(¹)	f (최소 치수)	r_1	r_2	r_3	비 고
3V	90이하 90초과~150이하 150초과~305이하 305초과	36±0.5 38±0.5 40±0.5 42±0.5	8.9 ±0.13	9+0.5 0	0.6	10.3 ±0.25	8.7	0.2－0.5	0.5－1	1－2	V풀리 1개 중에서 e치수 오차의 누적은 3V, 5V, 8V 모두 ±0.8㎜ 이내로 한다.

37. 지그용 부시 및 그 부속 부품 (고정 라이너)-KS B 1030

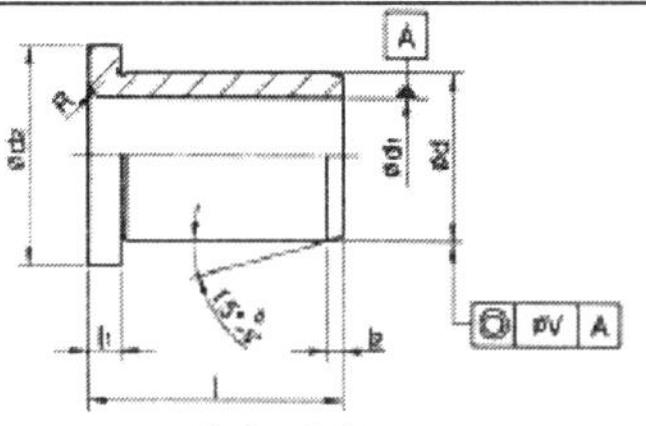

(칼라 있음)

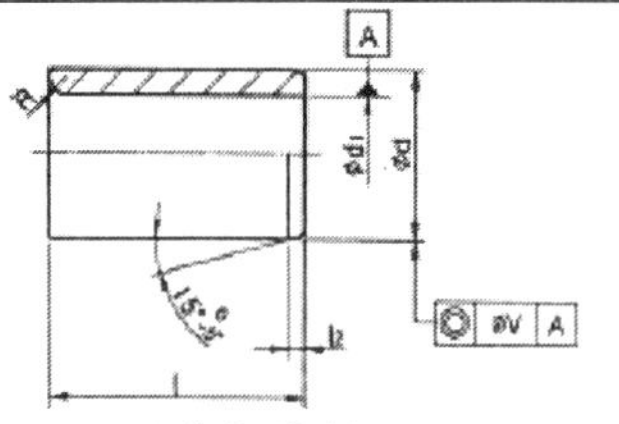

(칼라 없음)

d_1		d		d_2		l	l_1	l_2	R
기준치수	허용차	기준치수	허용차	기준치수	허용차				
8	F7	12	p6	16	h13	10 12 16	3	1.5	2
10		15		19		12 16 20 25			
12		18		22			4		
15		22		26		16 20 28 36			
18		26		30					
22		30		35		20 25 36 45	5		3
26		35		40					
30		42		47		25 36 45 56			

38. 지그용 부시 및 그 부속 부품 (고정 부시)-KS B 1030

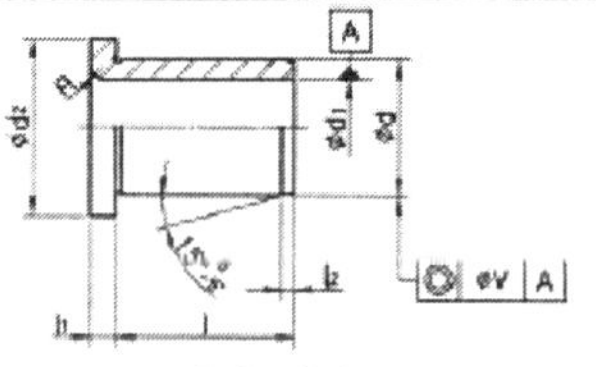

(칼라 있음)

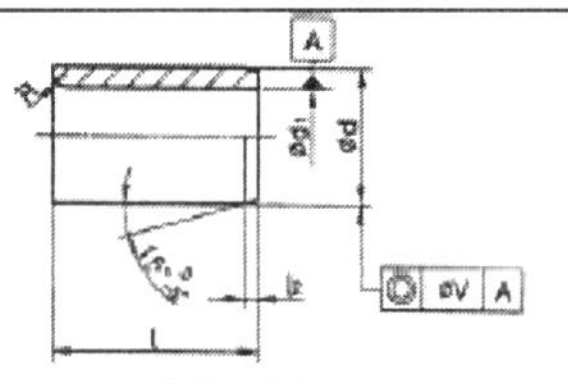

(칼라 없음)

d_1		d		d_2		l	l_1	l_2	R
초과	이하	기준치수	허용차	기준치수	허용차				
2	3	7	p6	11	h13	8 10 12 16	2.5	1.5	0.8
3	4	8		12					1.0
4	6	10		14		10 12 16 20	3		
6	8	12		16					2.0
8	10	15		19		12 16 20 25			
10	12	18		22			4		
12	15	22		26		16 20 28 36			
15	18	26		30		20 25 36 45			

39. 지그용 부시-KS B 1030

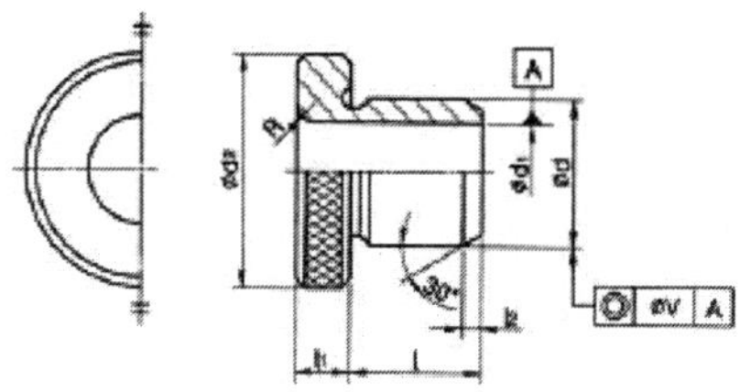

(둥근형)

d1 초과	d1 이하	d 기준치수	d 허용차	d2 기준치수	d2 허용차	l	l1	l2	R
−	4	12	m5	16	h13	10 12 16	8	1.5	2
4	6	15		19		12 16 20 25			
6	8	18		22			10		
8	10	22		26		16 20 (25) 28 36			
10	12	26		30					
12	15	30		35		20 25 (30) 36 45	12		3
15	18	35		40					

*드릴용 구멍 지름 d1의 허용차는 KS B 0401에 규정하는 G6으로 하고, 리머용 구멍지름 d1의 허용차는 KS B 0401에 규정하는 F7로 한다.

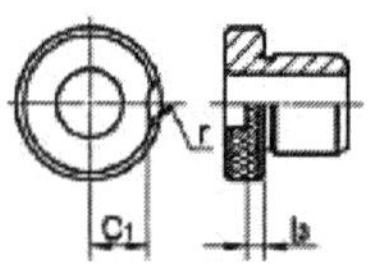

(노치형)

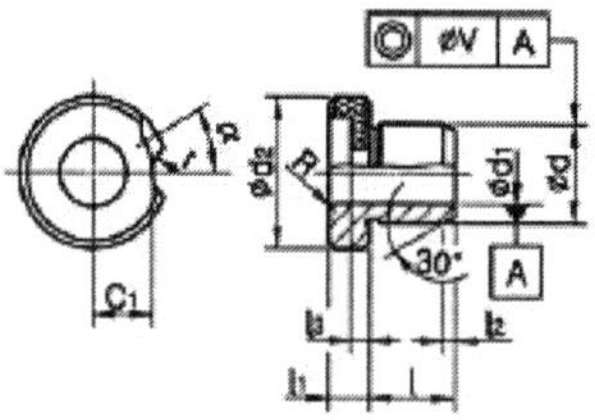

(우회전용 노치형)

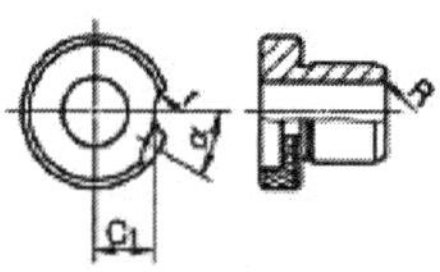

(좌회전용 노치형)

d1 초과	d1 이하	d 기준치수	d 허용차	d2 기준치수	d2 허용차	l	l1	l2	R	l3 기준치수	l3 허용차	C1	r	α (°)
	4	8	m6	15	h13	10 12 16	8	1.5	1	3	−0.1 −0.2	4.5	7	65
4	6	10		18		12 16 20 25						6		
6	8	12		22			10		2	4		7.5	8.5	60
8	10	15		26		16 20 28 36						9.5		50
10	12	18		30								11.5		
12	15	22		34		20 25 36 45	12			5.5		13	10.5	35
15	18	26		39								15.5		
18	22	30		46		25 36 45 56			3			19		30
22	26	35		52								22		
26	30	42		59		30 35 45 56						25.5		
30	35	48		66			16		4	7		28.5	12.5	
35	42	55		74								32.5		25
42	48	62		82		35 45 56 67						36.5		
48	55	70		90								40.5		
55	63	78		100		40 56 67 78						45.5		
63	70	85		110								50.5		20
70	78	95		120		45 50 67 89						55.5		
78	85	105		130								60.5		

*드릴용 구멍 지름 d1의 허용차는 KS B 0401에 규정하는 G6으로 하고, 리머용 구멍지름 d1의 허용차는 KS B 0401에 규정하는 F7로 한다.

40. 부시와 멈춤쇠 또는 멈춤나사의 중심 거리 및 부착 나사의 가공 치수–KS B 1030

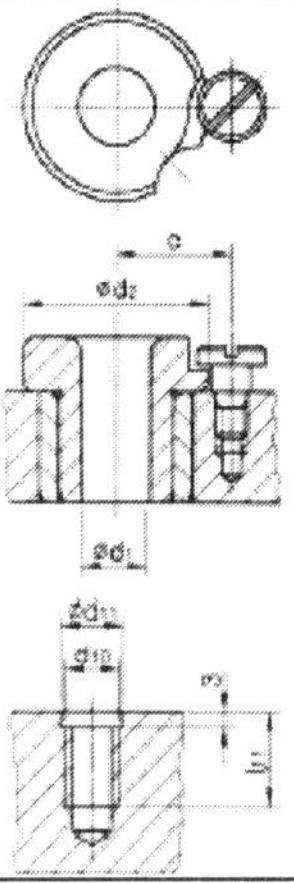

d_1 초과	d_1 이하	d_2	d_{10}	c 기준치수	c 허용차	d_{11}	l_{11}
	4	15	M5	11.5	±0.2	5.2	11
4	6	18		13			
6	8	22		16			
8	10	26		18			
10	12	30		20			
12	15	34	M6	23.5		6.2	14
45	18	39		26			
48	22	46		29.5			
22	26	52	M8	32.5		8.2	16
26	30	59		36			
30	35	66		41			
35	42	74		45			
42	48	82	M10	49		10.2	20
48	55	90		53			
55	63	100		58			
63	70	110		63			
70	78	120		68			
78	85	130		73			

41. 분할 핀–KS B ISO 1234

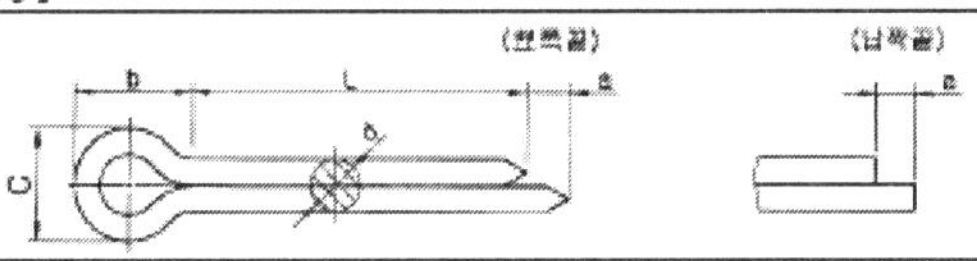

호칭 지름		1	1.2	1.6	2	2.5	3.2	4
d	기준 치수	0.9	1	1.4	1.8	2.3	2.9	3.7
	허용차	0 −0.1				0 −0.2		
적용하는 볼트	초과	3.5	4.5	5.5	7	9	11	14
	이하	4.5	5.5	7	9	11	14	20

42. 주서 (예)

주서

1,일반공차 가)가공부 KS B 2768–m

나)주조부 KS B 0250–CT11

2,도시되고 지시없는 모따기 1x45˚, 필렛과 라운드 R3

3,일반 모따기 0,2x45˚

4, $\checkmark$ 부위 외면 명녹색 도장

내면 광명단 도장

5,파커라이징 처리

6,전체 열처리 HRC 50±2

7,표면 거칠기 $\checkmark$ = $\checkmark$

$\overset{w}{\checkmark}$ = $\overset{12.5}{\checkmark}$, N10

$\overset{x}{\checkmark}$ = $\overset{3.2}{\checkmark}$, N8

$\overset{y}{\checkmark}$ = $\overset{0.8}{\checkmark}$, N6

$\overset{z}{\checkmark}$ = $\overset{0.2}{\checkmark}$, N4

43. 양끝 센터 (예)-KS B 0410

[센터 구멍]

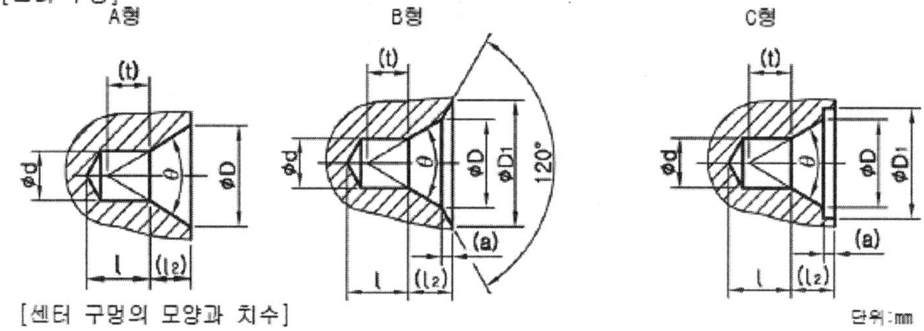

[센터 구멍의 모양과 치수]

단위:mm

구 분	d 호칭지름	D	D_1	D_2 (최소)	l* (최대)	b (약)
60도 센터구멍 θ 60° (최대)	(0.5)	1.06	1.6	1.6	1	0.2
	(0.63)	1.32	2	2	1.2	0.3
	(0.8)	1.7	2.5	2.5	1.5	0.3
	1	2.12	3.15	3.15	1.9	0.4
	(1.25)	2.65	4	4	2.2	0.6
	1.6	3.35	5	5	2.8	0.6
	2	4.25	6.3	6.3	3.3	0.8
	2.5	5.3	8	8	4.1	0.9
	3.15	6.7	10	10	4.9	1
	4	8.5	12.5	12.5	6.2	1.3
	(5)	10.6	16	16	7.5	1.6
	6.3	13.2	18	18	9.2	1.8
	(8)	17	22.4	22.4	11.5	2
	10	21.2	28	28	14.2	2.2

44. 양끝 센터 (예)- KS A ISO 6411

[센터 구멍]

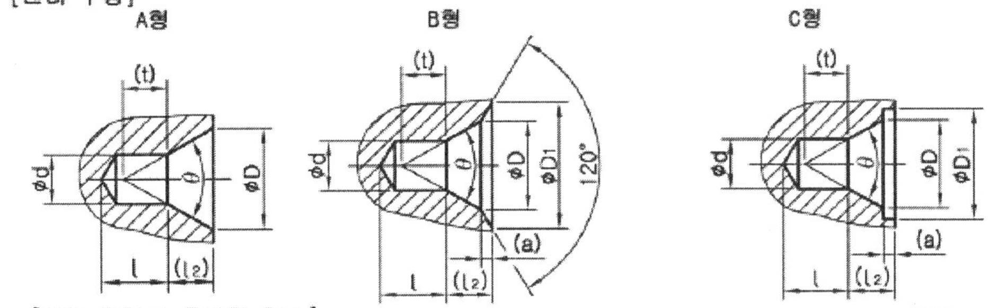

[센터 구멍의 모양과 치수]

단위:mm

구 분	d 호칭지름	D	D_1	D_2 (최소)	l* (최대)	b (약)
60도 센터구멍 θ 60° (최대)	(0.5)	1.06	1.6	1.6	1	0.2
	(0.63)	1.32	2	2	1.2	0.3
	(0.8)	1.7	2.5	2.5	1.5	0.3
	1	2.12	3.15	3.15	1.9	0.4
	(1.25)	2.65	4	4	2.2	0.6
	1.6	3.35	5	5	2.8	0.6
	2	4.25	6.3	6.3	3.3	0.8
	2.5	5.3	8	8	4.1	0.9
	3.15	6.7	10	10	4.9	1
	4	8.5	12.5	12.5	6.2	1.3
	(5)	10.6	16	16	7.5	1.6
	6.3	13.2	18	18	9.2	1.8
	(8)	17	22.4	22.4	11.5	2
	10	21.2	28	28	14.2	2.2

44. 양끝 센터 (예)- KS A ISO 6411

[센터 구멍의 표시 방법]

[센터 구멍의 도시 기호와 지시 방법]

센터 구멍 필요 여부 (도시된 상태로 다듬질되었을 때)	도시 기호	센터 구멍 규격 번호 및 호칭 방법을 지정하지 않는 경우	센터 구멍의 규격 번호 및 호칭 방법을 지정하는 경우	
			도시 방법	표시의 보기
반드시 남겨둔다	<	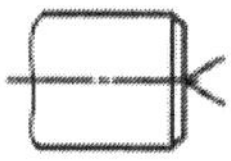	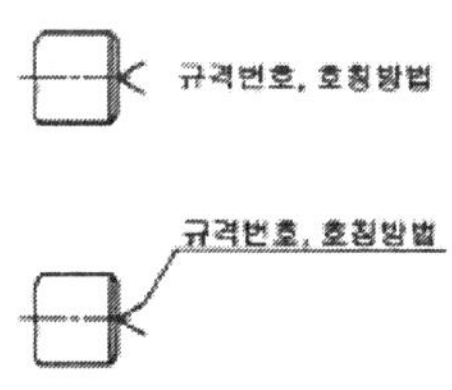	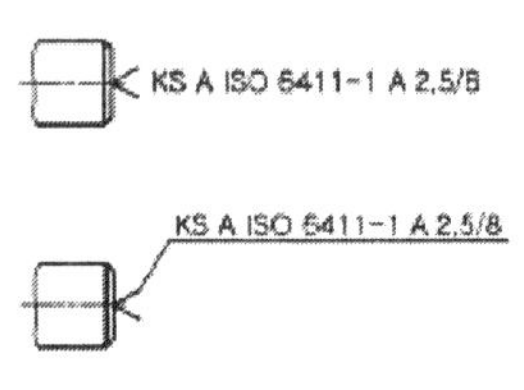
남아 있어도 좋다	—	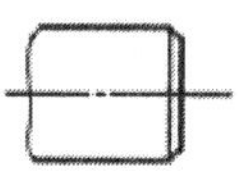		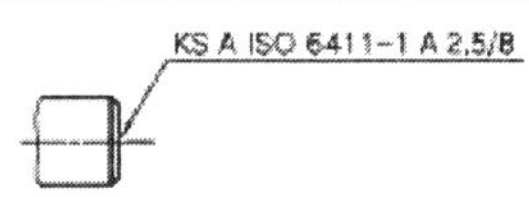
남아있어서는 안된다	K	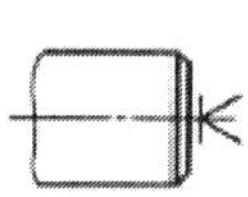	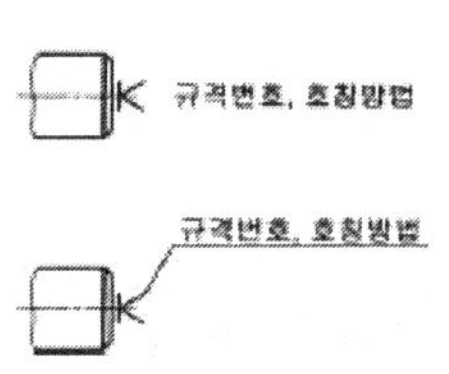	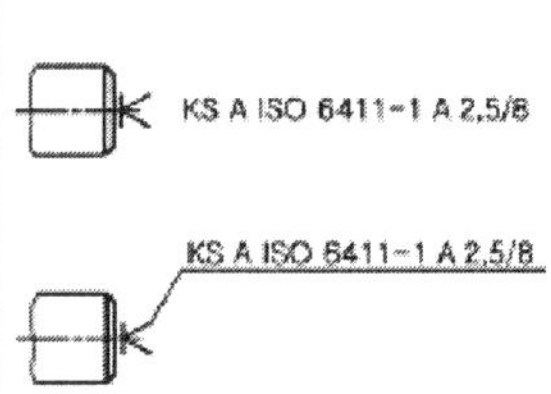

45. 요목표

스퍼기어 요목표		
기어 치형		표준
공 구	모듈	□
	치형	보통이
	압력각	20°
전체 이 높이		□
피치원 지름		□
잇 수		□
다듬질 방법		호브절삭
정밀도		KS B ISO 1328-1, 4급

베벨 기어 요목표	
기어 치형	글리슨 식
모듈	□
치형	보통이
압력각	20°
축 각	90°
전체 이 높이	□
피치원 지름	□
피치원 추각	□
잇 수	□
다듬질 방법	절삭
정밀도	KS B ISO 1328-1, 4급

헬리컬 기어 요목표		
기어 치형		표준
공 구	모듈	□
	치형	보통이
	압력각	20°
전체 이 높이		□
치형 기준면		치직각
피치원 지름		□
잇 수		□
리 드		□
방 향		□
비틀림 각		15°
다듬질 방법		호브절삭
정밀도		KS B ISO 1328-1, 4급

웜과 웜휠 요목표		
품번 / 구분	① (웜)	② (웜휠)
원주 피치	-	□
리 드	□	-
피치 원경	□	□
잇 수	-	□
치형 기준 단면	축직각	
줄 수, 방향	□	
압력각	20°	
진행각	□	
모 듈	□	
다듬질 방법	호브절삭	연삭

체인, 스프로킷 요목표		
종류	품번 / 구분	□
체인	호칭	□
	원주피치	□
	롤러외경	□
스프로킷	잇수	□
	치형	□
	피치 원경	□

래크와 피니언 요목표			
품번 / 구분		① (래크)	② (피니언)
기어 치형		표준	
공 구	모듈	□	
	치형	보통이	
	압력 각	20°	
전체 이 높이		□	□
피치원 지름		-	□
잇 수		□	□
다듬질 방법		호브절삭	
정밀도		KS B ISO 1328-1, 4급	

래칫 휠	
종류	품번 / 구분
잇 수	□
원주 피치	□
이 높이	□

46. 기계재료 기호 (KS D)

명 칭	기 호	명 칭	기호
회 주철품	GC100, GC150 GC200, GC250	탄소 단강품	SF390A, SF440A SF490A
탄소 주강품	SC360, SC410 SC450, SC480	청동 주물	CAC402
인청동 주물	CAC502A CAC502B	알루미늄 합금주물	AC4C, AC5C
침탄용 기계구조용 탄소강재	SM9CK, SM15CK SM20CK	기계구조용 탄소강재	SM25C, SM30C, SM35C, SM40C
탄소공구강 강재	STC85, STC90 STC105, STC120	탄소 공구강	SK3
합금공구강	STS3, STD4	화이트메탈	WM3, WM4
크롬 몰리브덴강	SCM415, SCM430 SCM435	니켈 크롬 몰리브덴강	SNCM415, SNCM431
니켈 크롬강	SNC415, SNC631	스프링강재	SPS6, SPS10
스프링강	SVP9M	스프링용 냉간압연강재	S55C-CSP
피아노선	PW1	일반 구조용 압연강재	SS330, SS440 SS490
알루미늄 합금주물	ALDC6, ALDC7	용접 구조용 주강품	SCW410, SCW450
인청동 봉	C5102B	인청동 선	C5102W

▢ 참고 문헌

1. 배원병, 정융호, 기계제도, 북스힐, 2014.

2. 유경곤, 김원중, 기계제도, 북스힐, 2013.

3. 송요풍, 기계제도(절삭), 한국산업인력공단, 2002.

4. 이종식, AutoCAD 도면작성법, 일진사, 2009.

5. 육은정, AutoCAD 도면 그리는법, 일진사, 2001.

6. 박승식, AutoCAD 도면 그리기 실무, 구민사, 2011.

7. 이철수, 개정판 기계제도, 북스힐, 2015.

8. 기계설계제도협의회, 도면작성의 기초와 실예, 2009.

9. 이상민, 프레스 금형설계 도면집, 기전연구사, 2008.

10. 이봉구, 오장석, 기계설계 및 도면해석, 도서출판 과학기술, 2008.

찾아보기

▢ 종합 도면 연습

[1]

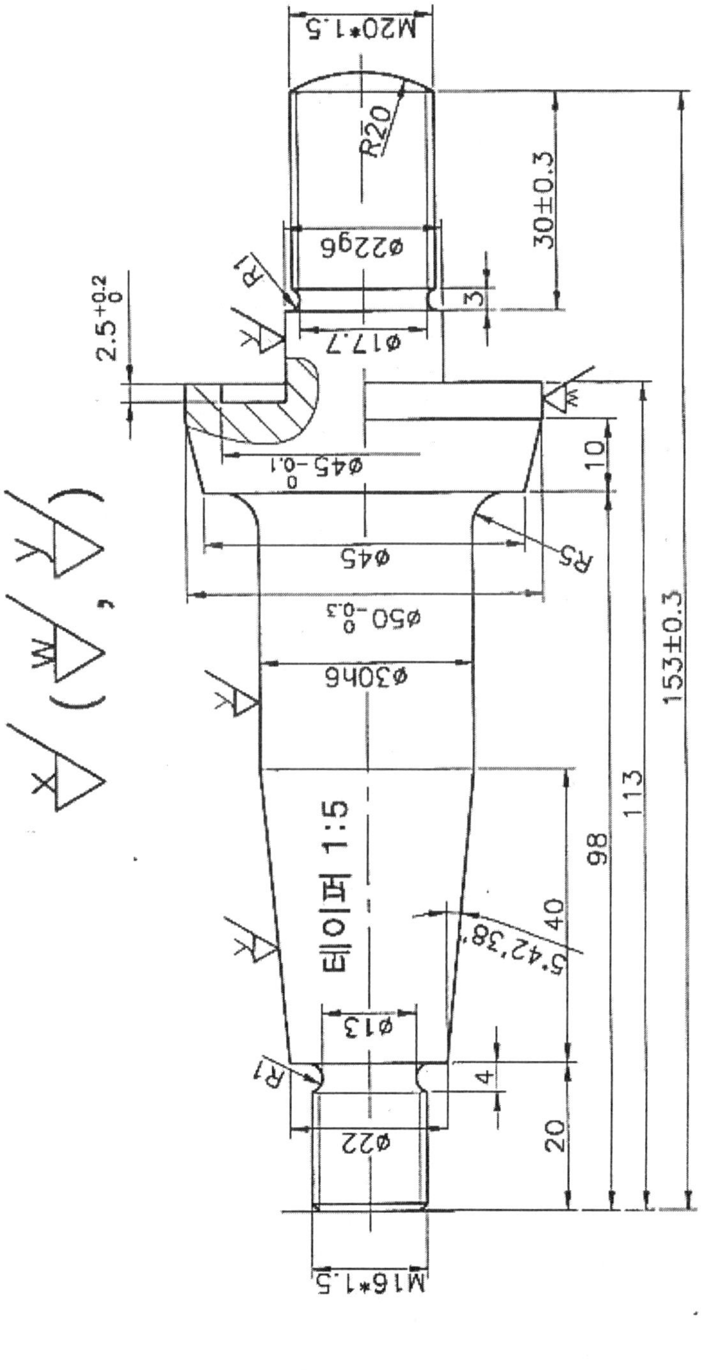
M20*1.5
R20
30±0.3
Ø22g6
R1
3
Ø17.7
2.5
Ø45
10
R5
Ø45
Ø50
Ø30h6
153±0.3
113
98
테이퍼 1:5
40
5°42'38"
Ø13
R1
4
20
Ø22
M16*1.5

[2]

응용명령어 MIRROR

- 긴 물체는 중간을 생략하는 기법이 사용된다. 이 때 중간생략임을 표현하기 위해 8자형 호를 그리고 해치한다.
- 중간이 생략되더라도 치수기입은 원래의 치수를 기입한다.

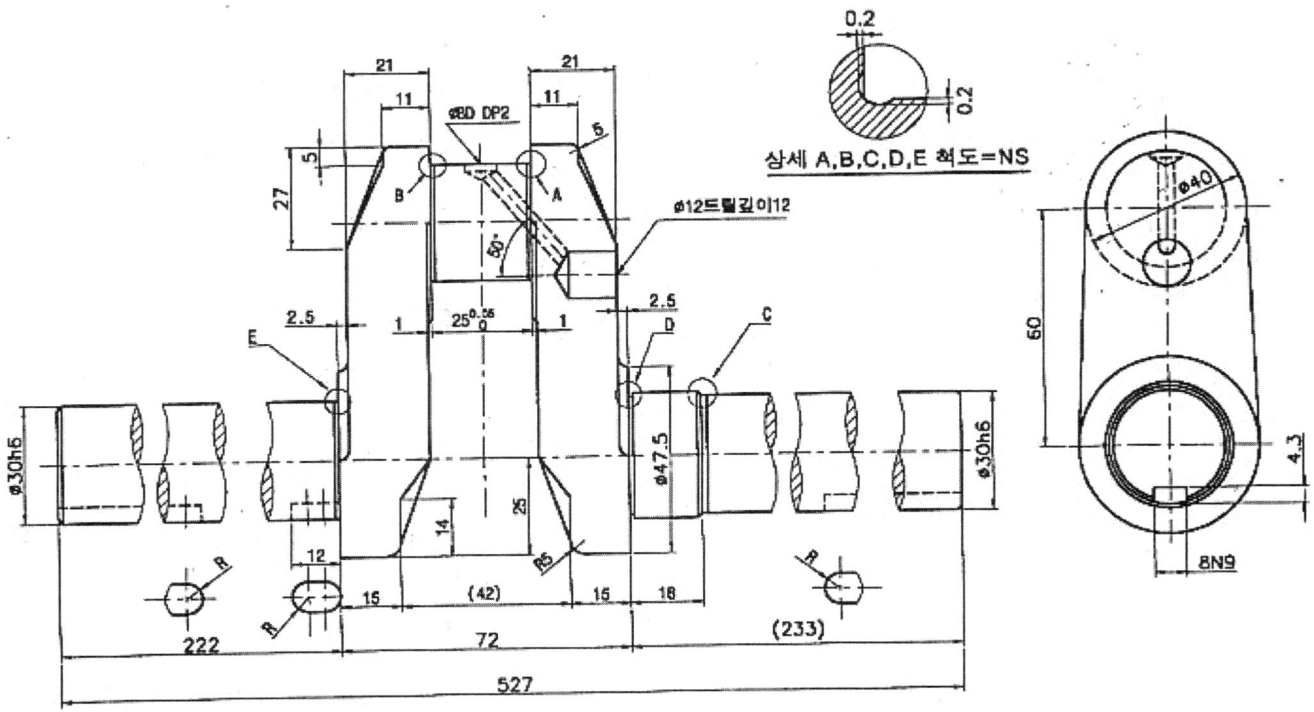

[3]

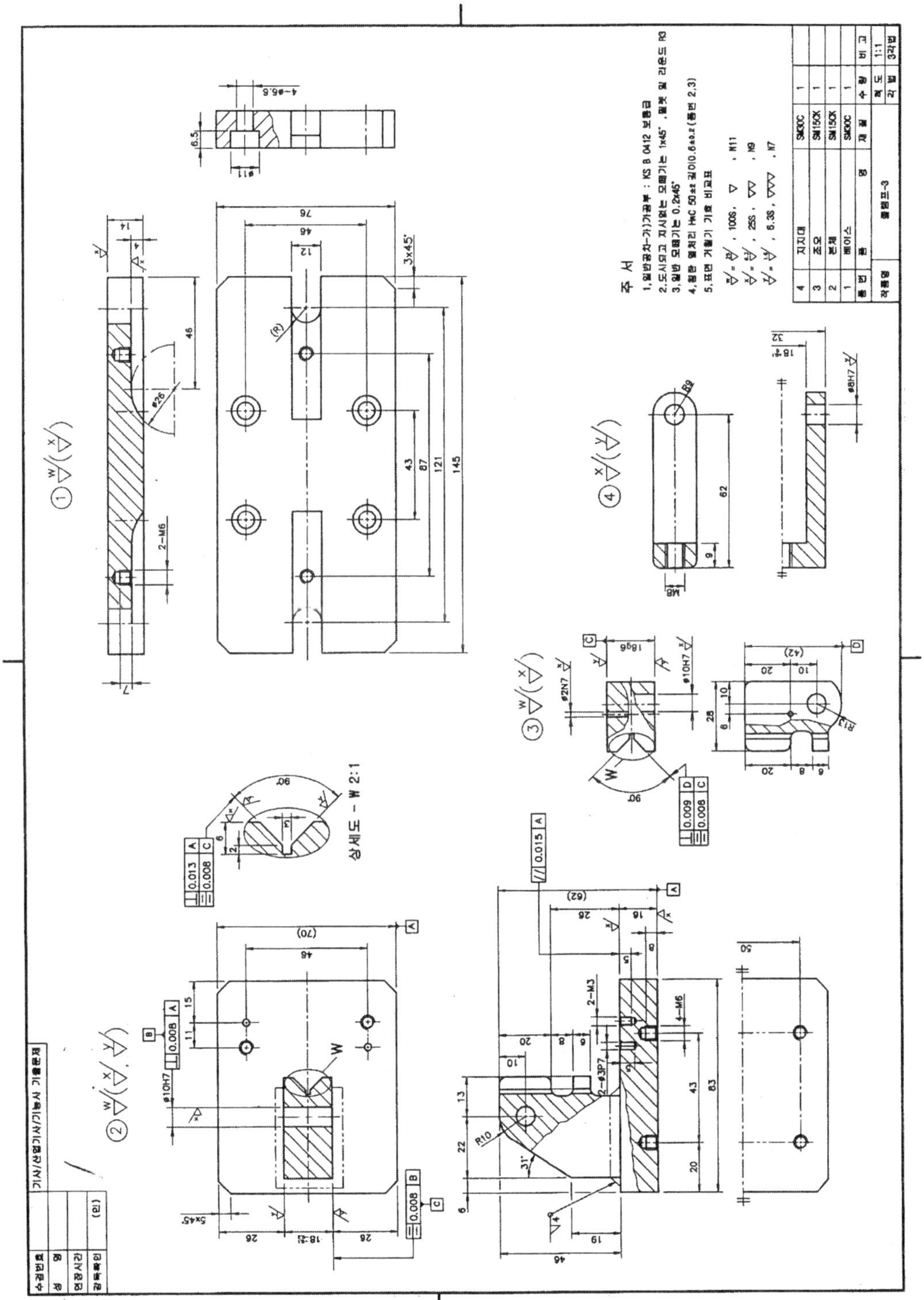

[4]

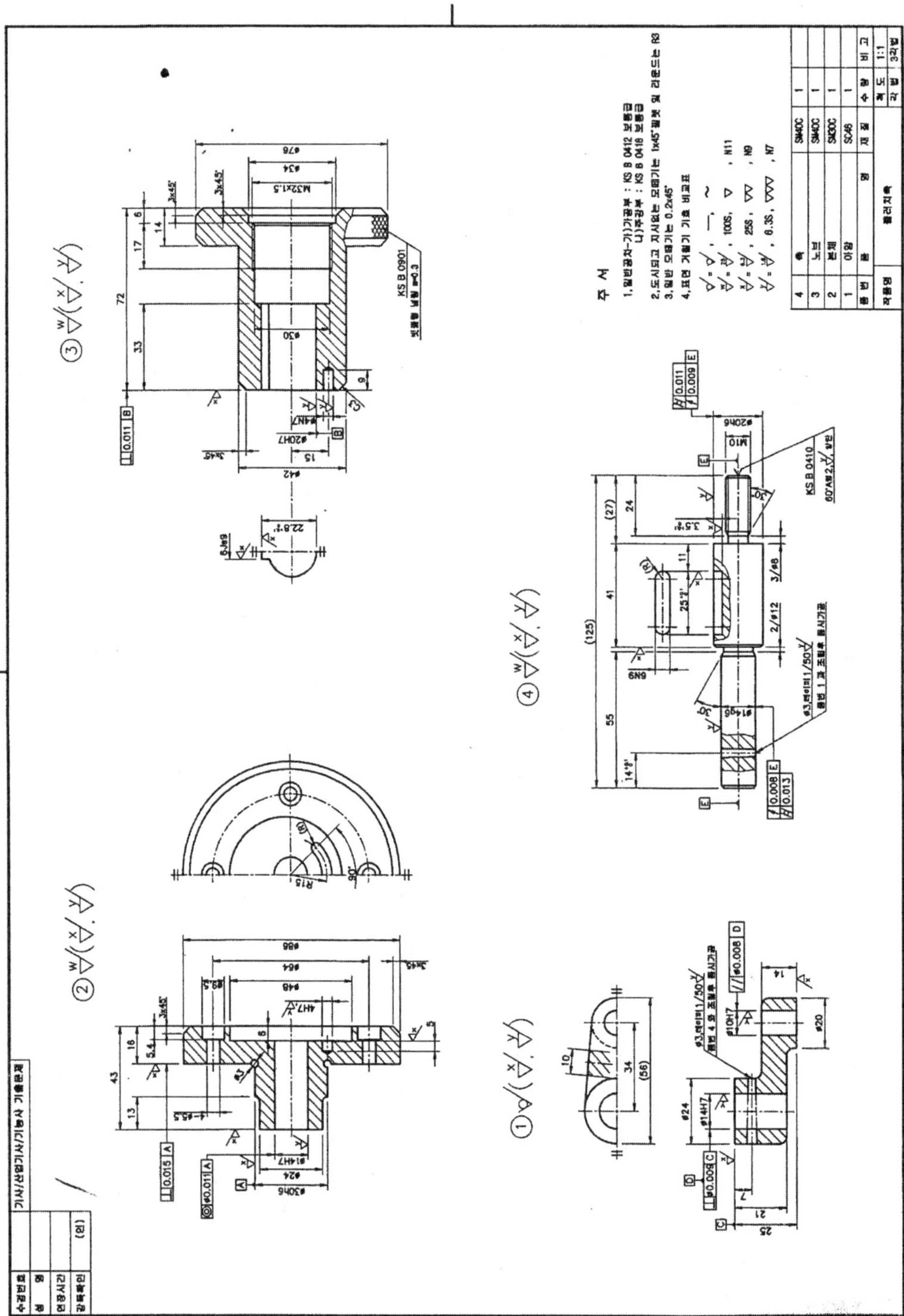

CAD와 함께하는

기계제도

초판인쇄 2017년 9월 20일
초판발행 2017년 9월 25일

지은이 이상우
펴낸이 박노일

총괄기획 김중용 · 최준규
편 집 심성보 · 김인숙

펴낸곳 pnc publishing and culture 피앤씨미디어
경기도 고양시 일산동구 강송로 153 310-1501
등록 제396-2012-000203호
전 화 070)7550-3758 팩 스 02)718-8554
홈페이지 www.pncmedia.co.kr 이메일 pnc@pncmedia.co.kr
ISBN 979-11-5730-442-4 93550

정 가 16,000원